国家出版基金项目
NATIONAL PUBLICATION FOUNDATION

风电场建设与管理创新研究丛书

风电场项目采购与合同管理

丁继勇　翟莎　杨高升　俞晶晶 等　编著

中国水利水电出版社
www.waterpub.com.cn
·北京·

内 容 提 要

  本书是《风电场建设与管理创新研究》丛书之一，共11章。除绪论外，在介绍风电场项目采购与合同管理相关概念的基础上，介绍了风电场项目采购总体策划与合同策划、风电场项目EPC采购与合同管理、风电场项目施工采购与合同管理、风电场项目设备采购与合同管理、风电场项目其他类型采购与合同管理，以及风电场项目工程变更与索赔管理等。全书在注重介绍风电场项目采购的基本概念与基本原理的同时，引进了一些实际案例，试图将基本原理介绍与实际案例分析相结合，使读者加快、加深对风电场项目采购与合同管理规律性的认识。

  本书可供从事风电场项目建设与管理的相关人员，如政府建设主管部门人员、风电场项目投资方/业主方人员，以及工程设计方、施工方、咨询/监理方的有关人员阅读参考；还可供项目采购与合同管理相关研究人员，以及工程管理、新能源科学与工程等专业本科生和研究生参考。

图书在版编目（CIP）数据

  风电场项目采购与合同管理 / 丁继勇等编著. —— 北京：中国水利水电出版社，2021.10
  （风电场建设与管理创新研究丛书）
  ISBN 978-7-5226-0009-3

  Ⅰ. ①风… Ⅱ. ①丁… Ⅲ. ①风力发电—发电厂—采购管理②风力发电—发电厂—经济合同—管理 Ⅳ. ①TM614

  中国版本图书馆CIP数据核字(2021)第202535号

书 名	风电场建设与管理创新研究丛书 **风电场项目采购与合同管理** FENGDIANCHANG XIANGMU CAIGOU YU HETONG GUANLI
作 者	丁继勇 翟 莎 杨高升 俞晶晶 等 编著
出版发行	中国水利水电出版社 （北京市海淀区玉渊潭南路1号D座 100038） 网址：www.waterpub.com.cn E-mail：sales@waterpub.com.cn 电话：(010) 68367658（营销中心）
经 售	北京科水图书销售中心（零售） 电话：(010) 88383994、63202643、68545874 全国各地新华书店和相关出版物销售网点
排 版	中国水利水电出版社微机排版中心
印 刷	天津嘉恒印务有限公司
规 格	184mm×260mm 16开本 17.25印张 357千字
版 次	2021年10月第1版 2021年10月第1次印刷
印 数	0001—3000册
定 价	**82.00元**

《风电场建设与管理创新研究》丛书

主 要 参 编 单 位

（排名不分先后）

河海大学

哈尔滨工程大学

扬州大学

南京工程学院

中国三峡新能源（集团）股份有限公司

中广核研究院有限公司

国家电投集团山东电力工程咨询院有限公司

国家电投集团五凌电力有限公司

华能江苏能源开发有限公司

中国电建集团水电水利规划设计总院

中国电建集团西北勘测设计研究院有限公司

中国电建集团北京勘测设计研究院有限公司

中国电建集团成都勘测设计研究院有限公司

中国电建集团昆明勘测设计研究院有限公司

中国电建集团贵阳勘测设计研究院有限公司

中国电建集团中南勘测设计研究院有限公司

中国电建集团华东勘测设计研究院有限公司

中国长江三峡集团公司上海勘测设计研究院有限公司

中国能源建设集团江苏省电力设计研究院有限公司

中国能源建设集团广东省电力设计研究院有限公司

中国能源建设集团湖南省电力设计院有限公司

广东科诺勘测工程有限公司

内蒙古电力（集团）有限责任公司

内蒙古电力经济技术研究院分公司

内蒙古电力勘测设计院有限责任公司

中国船舶重工集团海装风电股份有限公司

中建材南京新能源研究院

中国华能集团清洁能源技术研究院有限公司

北控清洁能源集团有限公司

国华（江苏）风电有限公司

西北水利水电工程有限责任公司

广东粤电阳江海上风电有限公司

江苏省风电机组结构工程研究中心

中国水利水电科学研究院

本 书 编 委 会

主　　编　丁继勇　翟　莎

副 主 编　杨高升　俞晶晶　杨志勇　宋亮亮

参编人员　万　欣　马天宇　高妙英　袁丙青　俞　琨　曹冬梅

　　　　　　翟武娟　王小琳　蔺　娜　王　维　王　浩　靖顺利

　　　　　　徐　磊　朱杭杰　孙夏思　骆光杰　王红梅　沈晓雷

　　　　　　荆小龙　王贝贝　冷向南　周琬艺　林　欣　黄燕林

　　　　　　钱　菲　丁雷杰　卢晓丹　王文宇　蒋欣慰　肖思雨

　　　　　　郭　健　田君芮

本书参编单位　河海大学

　　　　　　　　中国电建集团西北勘测设计研究院有限公司

　　　　　　　　中国电建集团华东勘测设计研究院有限公司

　　　　　　　　中国三峡新能源（集团）股份有限公司

丛书前言

随着世界性能源危机日益加剧和全球环境污染日趋严重，大力发展可再生能源产业，走低碳经济发展道路，已成为国际社会推动能源转型发展、应对全球气候变化的普遍共识和一致行动。

在第七十五届联合国大会上，中国承诺"将提高国家自主贡献力度，采取更加有力的政策和措施，二氧化碳排放力争于 2030 年前达到峰值，努力争取 2060 年前实现碳中和。"这一重大宣示标志着中国将进入一个全面的碳约束时代。2020 年 12 月 12 日我国在"继往开来，开启全球应对气候变化新征程"气候雄心峰会上指出：到 2030 年，风电、太阳能发电总装机容量将达到 12 亿 kW 以上。进一步对我国可再生能源高质量快速发展提出了明确要求。

我国风电经过 20 多年的发展取得了举世瞩目的成就，累计和新增装机容量位居全球首位，是最大的风电市场。风电现已完成由补充能源向替代能源的转变，并向支柱能源过渡，在我国经济发展中起重要作用。依托"碳达峰、碳中和"国家发展战略，风电将迎来与之相适应的更大发展空间，风电产业进入"倍速阶段"。

我国风电开发建设起步较晚，技术水平与风电发达国家相比存在一定差距，风电开发和建设管理的标准化和规范化水平有待进一步提高，迫切需要对现有开发建设管理模式进行梳理总结，创新风电场建设与管理标准，建立风电场建设规范化流程，科学推进风电开发与建设发展。

在此背景下，《风电场建设与管理创新研究》丛书应运而生。丛书在总结归纳目前风电场工程建设管理成功经验的基础上，提出适合我国风电场建设发展与优化管理的理论和方法，为促进风电行业科技进步与产业发展，确保工程建设和运维管理进一步科学化、制度化、规范化、标准化，保障工程建设的工期、质量、安全和投资效益，提供技术支撑和解决方案。

《风电场建设与管理创新研究》丛书主要内容包括：风电场项目建设标准化管理，风电场安全生产管理，风电场项目采购与合同管理，陆上风电场工程施工与管理，风电场项目投资管理，风电场建设环境评价与管理，风电场建设项目计划与控制，海上风电场工程勘测技术，风电场工程后评估与风电机组状态评价，海上风电场运行与维护，海上风电场全生命周期降本增效途径与实践，大型风电机组设计、制造及安装，智慧海上风电场，风电机组支撑系统设计与施工，风电机组混凝土基础结构检测评估和修复加固等多个方面。丛书由数十家风电企业和高校院所的专家共同编写。参编单位承担了我国大部分风电场的规划论证、开发建设、技术攻关与标准制定工作，在风电领域经验丰富、成果显著，是引领我国风电规模化建设发展的排头兵，基本展示了我国风电行业建设与管理方面的现状水平。丛书力求反映国内风电场建设与管理的实用新技术，创建与推广风电中国模式和标准，并借助"一带一路"倡议走出国门，拓展中国风电全球路径。

丛书注重理论联系实际与工程应用，案例丰富，参考性、指导性强。希望丛书的出版，能够助推风电行业总结建设与管理经验，创新建设与管理理念，培养建设与管理人才，促进中国风电行业高质量快速发展！

2020 年 6 月

本书前言

因地制宜地利用风能进行发电，前景非常可观，因此日益受到世界各国的重视。随着全球经济的发展，风能市场也迅速在世界各国发展起来。我国风电资源十分丰富，经过 30 余年的发展，目前风电装机总容量已居世界第一。2021 年，我国"十四五"规划首次将 2030 年前实现"碳达峰"、2060 年前实现碳中和的目标写进五年规划，而风电领域不断发展，可极大减少碳排放，是实现碳达峰、碳中和目标的重要举措。因此，在新一轮能源革命来临的背景下，我国风电从补充性能源向替代性能源持续转变将成为未来的重要产业趋势。

在市场经济条件下，风电场项目和其他建设项目类似，通常需要从市场上寻找相关企业承担项目建设任务，因此项目采购与合同管理成为风电场项目建设目标实现的关键环节之一。风电场项目技术较为成熟，环境效益好，建设周期短，这些特点决定了风电场项目采购与合同管理存在一定特殊性，有必要对其基本原理和方法进行系统性介绍。

本书共分 11 章，除绪论外，主要内容包括风电场项目采购与合同管理概述、风电场项目采购总体策划与合同策划、风电场 EPC 项目采购、风电场 EPC 项目合同管理、风电场项目施工采购与合同管理、风电场项目设备采购与合同管理、风电场项目其他类型采购与合同管理，以及风电场项目工程变更与索赔管理等。本书在介绍基本原理的同时，引进了部分实际案例，试图让读者在掌握基本知识点和基本原理的基础上，通过典型案例的分析加深对风电场项目采购与合同管理规律性的认识。

本书由河海大学、中国电建集团西北勘测设计研究院有限公司（西北院）、中国电建集团华东勘测设计研究院有限公司（华东院）、中国三峡新能源（集团）股份有限公司（三峡能源）等单位合作完成。其中，第1～4章、第7～8章及第11章由河海大学和三峡能源编写，主要编写人员包括丁继勇、杨高升、杨志勇、宋亮亮、万欣、袁丙青、曹冬梅、王维、王浩、朱杭杰等；第5～6章和第9章由西北院编写，主要编写人员包括翟莎、高妙英、王小琳、蔺娜、徐磊、孙夏思、王红梅、荆小龙、王贝贝、肖思雨等；第10章由华东院编写，主要编写人员包括俞晶晶、俞琨、靖顺利、骆光杰、沈晓雷、蒋欣慰、郭健等。研究生马天宇、翟武娟、林欣、冷向南、黄燕林、周琬艺、钱菲、丁雷杰、卢晓丹、王文宇、田君芮等也参与了本书部分编写工作。全书由丁继勇和杨志勇负责统稿。

在本书编写过程中，得到了河海大学蔡新教授、许昌教授的大力指导，以及中国水利水电出版社李莉、汤何美子、高丽霄等的大力支持。河海大学工程经济与工程管理系谈飞、简迎辉和欧阳红祥等诸位同仁也提出了宝贵的意见和建议。同时，本书参考了国内外许多专家学者的论文或专著，也引用了风电场项目的实践资料，包括三峡能源、中国长江三峡集团公司上海勘测设计研究院有限公司、中国电建集团中南勘测设计研究院有限公司提供的部分案例素材。在此，谨对同仁们及相关专家一并表示诚挚的谢意。

风电行业在不断发展，项目采购与合同管理的理论、方法及相关政策法规也在不断发展或调整，本书仅是结合当前现状对相关内容进行了总结和讨论。限于编著者的水平，疏漏与不当之处在所难免，敬请读者们批评指正。

作者

2021年5月

目 录

第1章 绪　论

持续推动风电产业高质量发展，对贯彻能源安全新战略，落实2030年前碳达峰、2060年前碳中和等目标任务，具有重要意义。本章主要介绍风力发电现状与趋势、风电场项目及其类型、风电场项目组成和内容、风电场项目采购现状、风电场项目合同管理现状，展望风电产业的基本发展形势，为进一步研究风电场项目采购与合同管理提供依据。

1.1　风力发电现状与趋势

风能是一种清洁无公害的可再生能源；是一种蕴量巨大的新能源，取之不尽，用之不竭，很早就被人们利用。对于缺水、缺燃料和交通不便的沿海岛屿、草原牧区、山区、高原地带以及广阔的海面，因地制宜地利用风力发电，前景非常可观，因此风能日益受到世界各国的重视。随着全球经济的发展，风能市场也迅速在世界各国发展起来。在全球可再生能源发电装机容量中，风力发电仅次于水力发电，位居第二。在新能源发电技术中，风电技术较为成熟，环境效益好，建设周期短，成为新能源发电中总装机容量最高的能源供给方式。

1.1.1　全球风电发展综述

风是人类最常见的自然现象之一，风也是一种潜力很大的新能源。风力发电就是把风的动能转换为电能，即通过风轮获取风能并转化为机械能，再通过风力发电机将机械能转化为电能并输出的生产过程，风力发电机能量转换图如图1-1所示。风轮有多种类型，风力发电机也有多种类型，但基本能量转换过程都是相同的。

图1-1　风力发电机能量转换图

用于实现该能量转换过程的成套设备称为风力发电机组（简称风电机组）。风电机组将气流在叶片上产生的升力作为驱动力，将风能转化为动能，再由发电机将动能转化成电能,经变压器升压后由输电线路送至电网。其输出的电能经由特定电力线路输送给用户或接入电网。目前兆瓦级并网型风电机组多采用三叶片、水平轴、上风向、变桨距调节等形式。按照发电机结构,主流机型多为双馈式风电机组和直驱式风电机组。

风力发电是全球发展最快的可再生能源利用技术之一。全世界的风能利用率正不断上升,其中部分原因是利用成本的下降。根据国际可再生能源署(International Renewable Energy Agency,IRENA)的最新数据,全球陆上和海上风电装机容量在过去20年增长了近75倍,从1997年的7.5GW跃升到2018年的约564GW[全球风能理事会(Global Wind Energy Council,GWEC)的统计数据为590.4GW,略有出入]。2009—2013年,风力发电量翻了一番,2018年,风力发电占可再生能源发电量的24%。

随着风电技术水平的不断提高,世界各国风电装机容量迅速增长,GWEC统计的全球历年累计风电装机容量如图1-2所示。截至2019年年底,全球风电累计装机容量已达650.8GW,新增装机容量60.4GW,同比增长19%。其中,中国、美国、德国、印度和西班牙装机容量分别位居前五。中国累计风电装机容量已达210.1GW,是第一个拥有超过200GW风力发电能力的国家。

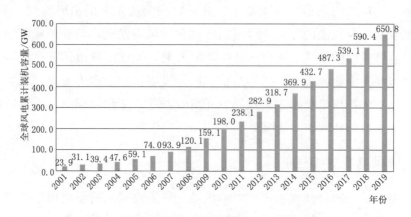

图1-2 全球历年累计风电装机容量(来源:GWEC)

近些年来,海上风电成为风电产业发展的新方向,到2019年年底,全球共17个国家开展了海上风力发电项目,全球海上风电新增装机容量6.1GW,占全球新增装机容量的10%,累计装机容量29.1GW,海上风电新增装机容量主要来自中国、英国和德国。2011—2018年全球累计海上风电装机容量如图1-3所示。

据GWEC预测,到2023年全球风电累计装机容量将达到900GW,2030年全球海上风电装机容量将达到220GW,年新增装机容量从目前4~5GW将上升到2030年的20GW,增长空间非常大。2030年的新增装机容量中,20%将会是海上风电。

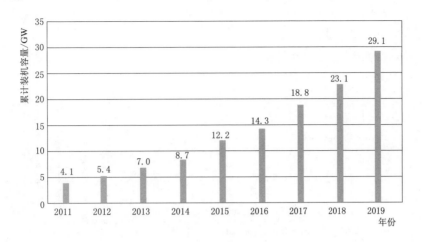

图 1-3 2011—2018 年全球累计海上风电装机容量（来源：GWEC）

1.1.2 我国风电发展综述

1. 总体规模

我国的风能资源十分丰富，发展风电适宜我国当前国情。根据国际上对风能资源技术开发量的评价指标，考虑了自然因素和政策因素的限制后，我国陆地 70m 高度层年平均风功率密度达 300W/m² 以上的风能资源技术可开发量为 2.6TW，70m 高度层年平均风功率密度达 200W/m² 以上的风能资源技术可开发量为 3.6TW。广阔的海面也同样蕴藏着丰富的风能，在我国沿海离岸距离不超过 50km 的近海海域、水深不超过 50m 的海上风力发电实际可装机容量约为 500GW。从"十二五"到"十三五"的 10 年间，我国风力发电年增长规模持续保持在 20GW 左右。我国历年风电累计装机容量如图 1-4 所示。

根据中国电力企业联合会统计数据，截至 2019 年 6 月底，我国前十大风电装机容量省份/自治区分别是内蒙古（2896 万 kW）、新疆（1926 万 kW）、河北（1465 万 kW）、甘肃（1282 万 kW）、山东（1191 万 kW）、山西（1134 万 kW）、宁夏（1011 万 kW）、江苏（927 万 kW）、云南（863 万 kW）、辽宁（789 万 kW）。

国家统计局 2020 年 2 月发布的《中华人民共和国 2019 年国民经济和社会发展统计公报》显示，2019 年全国并网风电装机容量 210.1GW，增长 14.0%。

2. 发展历程

我国风电发展起步于 20 世纪中期，在改革开放前，风电发展缓慢，改革开放后，风电进入快速发展期，并逐步向规模化、集约化的方向发展。我国风电发展重要节点见表 1-1。

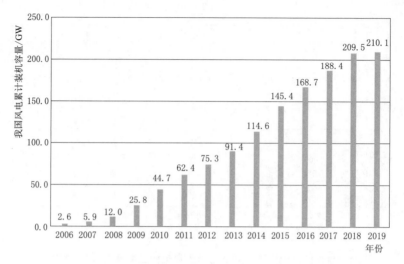

图 1-4 我国历年风电累计装机容量（来源：参考文献 [3]）

表 1-1 我国风电发展重要节点

年份	里 程 碑 事 件
1986	第一个风电场——马兰风电场并网
1989	第一座大型风电场——新疆达坂城风电场并网
2005	风电装机容量实现 1GW 突破
2007	风电规模化发展的起点，1.5MW 风电机组开始推出市场
2009	第一个千万千瓦级风电基地——酒泉风电基地开工建设
2010	2.5MW、3.0MW 容量机组开始量产
2015	并网装机容量超过 1 亿 kW
2018	成为第一个拥有超过 200GW 风力发电能力的国家

2012—2018 年上半年，风电产业取得快速发展和成长。2012 年，我国风电总装机容量达 6266 万 kW。截至 2018 年 6 月底，总装机容量超过 1.7 亿 kW，接近 2012 年的 3 倍，我国风电总装机容量已居世界第一。风电行业完成了两个完整成长周期（第一个周期是 2007—2012 年；第二个周期是 2012—2017 年），正在步入第三个成长周期。

2018 年，全国可再生能源发电量和发电占比继续保持稳定增长，可再生能源发电量达 1.87 万亿 kW·h，其中风电为 3660 亿 kW·h，对化石能源的替代作用逐渐增强。2018 年，我国风电发展平稳，新增并网容量回升，发电量稳步增长，全国平均利用小时数大幅上升，弃风电量和弃风率继续保持"双降"。2018 年 1 月 30 日，国内首家高空风能发电项目在绩溪县开工，电量并入国家电网，为华东地区提供了高品质的清洁能源。

据统计，2019 年，我国风电新增并网装机容量 2574 万 kW，其中：陆上风电新增装机容量 2376 万 kW，海上风电新增装机容量 198 万 kW。截至 2019 年年底，我国风电累计装机容量 2.1 亿 kW，其中：陆上风电累计装机容量 2.04 亿 kW，海上风电累计装机容量 593 万 kW，风电装机容量占全部发电装机容量的 10.4%。2019 年风电发电量 4057 亿 kW·h（差不多相当于 4 个三峡电站 2019 年的发电量），首次突破 4000 亿 kW·h，占全部发电量的 5.5%。

近 10 年来，我国风电发电量及利用小时数逐年增长，如图 1-5 所示。其中，2019 年，我国风电平均利用小时数为 2082h，风电平均利用小时数较高的地区是云南（2808h）、福建（2639h）、四川（2553h）、广西（2385h）和黑龙江（2323h）。2019 年弃风电量 169 亿 kW·h，同比减少 108 亿 kW·h，平均弃风率 4%，同比下降 3 个百分点，弃风限电状况进一步得到缓解。

图 1-5　我国风电发电量及利用小时数（2011—2019 年）
（来源：国家可再生能源中心）

3. 近期重要政策

随着风电的迅速发展，我国风电技术水平也不断提升。风电机组单机容量不断增加，风电机组机型种类多样，低风速风电机组技术不断进步，风电机组控制技术不断提高，风电场集控中心、大数据平台、故障诊断技术等不断应用，大大促进了我国风电行业的健康发展，为我国清洁能源的发展提供了持续动力。但是我国风电产业也存在着一些问题，风电开发模式粗放、风电设备可靠性差、风电场运维管理水平差、风电技术研发能力弱等，这些都给风电行业的健康发展带来了诸多挑战。

为继续改善"弃风"问题，2017 年 11 月，国家发展和改革委员会、国家能源局发布《解决弃水弃风弃光问题实施方案》（发改能源〔2017〕1942 号）。其中明确提出了具体地区风、光、水具体弃电的年度目标，对完善可再生能源开发利用机制提出具体的实施策略，全面树立能源绿色消费理念。随着实施方案中各项工作的落实，弃风限电从范围和规模上均呈减弱趋势，这一现象得到控制并整体好转，弃风电量和弃风率继续实现"双降"。

为促进可再生能源开发利用，科学评估各地区可再生能源发展状况，确保实现国家2020 年非化石能源占一次能源消费比重达到 15％的战略目标，2019 年 6 月 4 日，国家能源局发布了 2018 年全国可再生能源电力发展监测评价报告，鼓励各省（自治区、直辖市）能源主管部门高度重视可再生能源电力发展和全额保障性收购工作，采取有效措施推动提高可再生能源利用水平，为完成全国非化石能源消费比重目标做出积极贡献。2020 年 12 月 12 日，我国在气候雄心峰会上提出：中国将力争于 2030 年前二氧化碳排放达到峰值，努力争取 2060 年前实现碳中和。到 2030 年，非化石能源占一次能源消费比重将达到 25％左右，风电、太阳能发电总装机容量将达到 12 亿 kW 以上。

为推动风电产业健康可持续发展，以及实现 2021 年陆上风电项目全面平价上网的目标，国家发展和改革委员会（简称"国家发展改革委"）、国家能源局、国家林业和草原局等部门密集发布了多项涉及风电项目用地（林）、上网电价、竞争性配置等方面的规定，规范和促进了风电项目发展。我国风电发展政策环境正在发生巨大的变化，由之前的补贴鼓励到现在驱动平价上网，这标志着我国风电已经迈向成熟。

2019 年 1 月 9 日，国家发展改革委与国家能源局下发《关于积极推进风电、光伏发电无补贴平价上网有关工作的通知》，明确了对无补贴平价上网风电项目提供多项支持政策，进一步推进风电平价上网。

2019 年 4 月 4 日，国家能源局下发《关于完善风电供暖相关电力交易机制扩大风电供暖应用的通知》，要求在已有风电清洁供暖试点经验基础上，要进一步完善风电供暖相关电力交易机制，扩大风电供暖应用范围和规模。

2019 年 5 月 24 日，国家发改委公布《关于完善风电上网电价政策的通知》（发改价格〔2019〕882 号），明确了 2019 年、2020 年两年陆上风电和海上风电新核准项目的电价政策。这是我国首次调低海上风电电价，2021 年新核准陆上风电再无补贴。该文件还进一步明确了海上风电建设项目全部采用竞价的机制确定上网价格。对于分散式风电的价格也做出明确规定：参与分布式市场化交易的分散式风电上网电价由发电企业与电力用户直接协商形成，不享受国家补贴。不参与分布式市场化交易的分散式风电项目，执行项目所在资源区的指导价。与此同时，全国层面未再发布单独针对分散式风电的政策，而是在《国家能源局关于 2019 年风电、光伏发电项目建设有关事项的通知》中，明确采取多种方式支持分散式风电建设：鼓励各省（自治区、直辖市）按照《国家发展改革委国家能源局关于积极推进风电、光伏发电无补贴平价上网有关工作的通知》（发改能源〔2019〕19 号）有关政策，创新发展方式，积极推动分散式风电参与分布式发电市场化交易试点。对不参与分布式发电市场化交易试点的分散式风电项目，可不参与竞争性配置，按有关管理和技术要求由地方政府能源主管部门核准建设。

欧洲风电的发展最早是以分布（散）式为主，但我国走的是一条以集中式风电为主率先发展的道路，现在应推进分布（散）式风电发展。分布（散）式风电如何完善有关政策和政府服务，使之获得一个良好的发展环境，是仍待解决的问题。

1.1.3 陆上风电场建设概况及发展趋势

根据陆上风能资源的分布，陆上风电场主要建于风能资源丰富的草原或戈壁区域、沿海地区以及内陆拥有较为丰富风能资源的山地、丘陵和湖泊等特殊地形区域。自20世纪七八十年代以来，随着风电技术及配套设备迅速发展，陆上风电开发已从小规模陆上风电场发展到目前的千万千瓦级风电基地。单机容量及叶片长度也越趋于大型化。

1. 国内陆上风电场发展现状

我国陆上风电场主要集中在三大风能丰富带。一是"三北"地区（东北、华北和西北地区），这些地区风电场地形平坦，交通方便，没有破坏性风速，是我国连成一片的最大风能资源区，有利于大规模开发风电场；二是东南沿海地区，受台湾海峡狭管效应（也称峡谷效应）的影响，冬春季的冷空气、夏秋季的台风会影响到沿海及其岛屿，是我国风能资源最丰富区；三是内陆局部风能资源丰富区，内陆地区普遍风能资源一般，但在山地、丘陵、湖泊等局部区域，受特殊地形影响，风能资源也较为丰富。

（1）内蒙古。内蒙古是我国风力发电量较多的地区，一直在风电开发领域居于领先地位，风能资源主要分布在典型的草原、荒漠草原及荒漠区域。内蒙古地域辽阔，风能资源丰富，是我国开发建设百万及千万千瓦级风电基地的重要地区。

（2）甘肃。甘肃省的理论风能资源储量约237GW，技术可开发资源近40GW，约占我国储量的4.5%。酒泉地区位于河西走廊的西部，其风能资源理论开发量约占全省的85%，其中，酒泉地区的瓜州、金塔、玉门、乌鞘岭等河西地区的风能资源分布约占全省的23%。甘肃酒泉千万千瓦级风电基地是我国确定的首个千万千瓦级风电基地。

（3）河北。河北省风能资源储量达74GW，陆上风电开发量超过25GW，主要分布地区为张家口、承德、坝上、秦皇岛、苍山以及太行山燕山山区。

（4）江苏。江苏是我国沿海风能资源非常丰富的省份，同时也是尝试低风速风电场建设的省份之一。江苏的风能资源总储量约34.7GW，陆上风能资源主要集中在沿海的连云港市、盐城市和南通市。

长期以来，"三北"地区由于风能资源充沛、建设条件简单、可成片开发等优势，一直是我国陆上风电发展的主要地区，但随着不断增加的限电、"弃风"以及低风速风电机组研发技术的提高,沿海及内陆省份风电场的优势渐渐凸显。目前,我国风电场建设已遍布全国,云南、广东、贵州、湖南等省份的风电场建设逐渐发展,风电场开发正向更多的不同气候和资源条件的区域发展。

2. 国外陆上风电场发展现状

(1) 欧洲。欧洲风电发展一直处于全球前列,其中丹麦是最早利用风电的国家之一。19 世纪末,丹麦首先研制成功了风电机组,并建成了世界上第一座风电站。丹麦陆上风电的特征是装机容量大,风电机组技术提升很快。欧洲陆上风电装机容量在西班牙、瑞典和希腊等国的带动下,表现出 30% 的年增长率。

(2) 北美洲。美国和加拿大是北美洲利用风能情况最好的国家,美国的陆上风电场大都建在西海岸的加利福尼亚州地区和中西部的大平原地区。

(3) 亚洲。在亚洲,利用风能资源最好的国家是中国。印度是亚洲风电发展的第二大国。长期来看,印度的电力需求和对可再生能源的需求都很大,风电发展前景依然较好。2019 年,亚太地区的陆上风电总装机容量为 28.1GW,位列全球首位,超过了全球陆上总装机总量的一半。

(4) 非洲。非洲拥有较为丰富的风资源,特别是在沿海地区和东部高地,如东非裂谷地带。尽管非洲风电发展较为缓慢,但越来越多的国家开始认识到风电的重要性,南非、埃塞俄比亚、摩洛哥、坦桑尼亚等国均提出了长期的风电建设方案。

1.1.4 海上风电场建设概况及发展趋势

1. 我国海上风电场发展现状

我国拥有丰富的海风资源,可利用海域面积达 300 多万 km²,岛屿 6000 多个,还有 1.8 万 km 大陆海岸线可供开发利用。海上风电较之光伏、陆上风电等形式,具有不占土地资源、风能资源持续稳定、单机功率大等优势。2009 年 1 月,国家能源局组织召开全国海上风电工作会议,正式启动海上风电规划工作。海上风电在我国虽然起步较晚,但由于现有资源和技术等条件的加快推进,也取得了较快的发展。

我国东部沿海地区经济发达、技术实力较强,充分利用丰富的海上风能资源,将极大促进我国清洁能源的利用和发展。2009 年 4 月,国家能源局发布《海上风电场工程规划工作大纲》,提出了以资源定规划、以规划定项目的原则,要求对沿海地区风能资源进行全面分析,初步提出具备风能开发价值的滩涂风电场、近海风电场范围及可装机容量。2016 年,国家能源局和国家海洋局共同下发《海上风电开发建设管理办法》,优化了海上风电项目的管理制度。2017 年,我国首座大型海上风电场开始运营。各沿海省市如广东省、山东省以及大连市等,也将海上风电纳入规划。2018 年,国家能源局印发《2018 年能源工作指导意见》,提出要积极稳妥推动海上风电建设,探索推进相关产业的发展。2020 年起，海上风电地方补贴政策陆续发布，以确保在 2022 年海上风电项目中央补贴取消后，继续支持海上风电有序开发及相关产业可持续发展。

近年来，我国海上风电新增装机容量呈逐年上升趋势，如图 1-6 所示。2019 年，我国海上风电新增装机容量 198 万 kW，累计装机容量为 593 万 kW。然而，即便是在势头良好的现在，海上风电的发展仍然面对很多挑战，例如：海上风电"资源换产业"的问题严重；海上风电消纳困难；海上风电项目建设中的环境问题等。

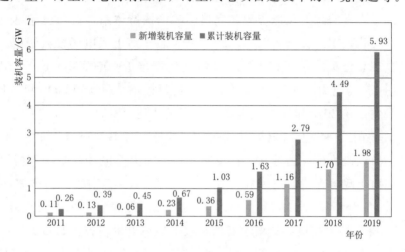

图 1-6　我国海上风电历年装机容量

（来源：中国可再生能源学会风能专业委员会）

2. 国外海上风电场发展现状

（1）欧洲。在人口密集的沿海地区，海上风电是经济、有效地减少能源生产环节碳排放的重要技术之一。欧洲是世界海上风电发展的先驱和海上风电产业中心。20 世纪 70 年代初，欧洲国家就提出了利用海上风电的设想。和陆上风电相比，海上风电具有风况更好、风速强、设备利用率高、风力稳定，面积辽阔可大规模开发、可采用超大型风电机组提高规模效益、远离居住区等优点，海上风电虽然起步较晚，但是凭借海风资源的稳定性和大发电功率的特点，近年来正在世界各地飞速发展。2008 年之后，欧洲国家逐渐开始重视海上风电。2018 年世界海上风电装机容量累计约 23.1GW，年增长 4.3GW。由于主客观条件和政策的正确引导，欧洲海上风电产业链快速发展逐步健全，并通过引入竞价机制，已率先实现海上风电平价上网。欧洲已成为世界海上风电规模最大、技术最先进的地区。

按照海上风电产业的发展规律，结合目前国际上已建成的海上风电项目情况，欧洲海上风电产业发展可分为研发阶段、示范阶段和商业扩展阶段 3 个阶段。目前，欧洲海上风电产业正处于示范阶段向商业扩展阶段转换的过渡时期。从欧洲各国建设规模来看，由于受资源禀赋条件影响，风能资源较好的区域位于欧洲北海，该区域海上风电多以集群化发展为主。

1991 年，丹麦成为世界首个建设海上风电场的国家。预计在 2027 年之前，丹麦将在其海域建成总容量为 800MW 的海上风电场。1997 年，丹麦政府制定了海上风电发展计划。从 2010 年开始，丹麦累计装机容量居欧洲前列，2011 年海上风电发展达到巅峰，风电机组数量全球第一。

2020 年，英国海上风电累计装机容量仍保持全球第一。英国海上风电虽然起步比丹麦晚，但由于丰富的海上风能资源和完善的政策扶持体系，目前已超越丹麦。英国于 2000 年 12 月开始建设海上风电场，2003 年，首个海上风电场投入使用。英国海上风能资源占欧洲总资源的比例相当大，其海上风能接近 1000TW·h。英国海上风电目前提供了约 7% 的电力。2019 年 3 月 7 日，英国宣布，预计到 2030 年，1/3 的电力将来自海上风电，在 2030 年海上风电的装机容量达到 30GW。

2010 年，德国首座海上风电场开始运营。德国海岸线 15n mile 之内不允许开发海上风电场，导致造价预算远远高于丹麦和荷兰的海上风电场。虽然德国海上风电起步比较晚，但由于政策支持，发展相对领先。截至 2017 年年底，德国累计海上风电机组装机容量 5355MW，居欧盟第一、世界第二，而丹麦海上风电发展则停滞不前。2018 年，德国海上风电装机容量增速有所放缓，但风电机组技术含量大幅提高，大容量风电机组占比越来越高，海上风电行业成本有下降趋势。截至 2018 年 12 月 31 日，德国共有 22 个海上风电项目进入运营阶段。

2019 年，欧洲海上风电合计新增并网装机容量 3627MW。包括英国的 1764MW、德国的 1111MW、丹麦的 374MW、比利时的 370MW 以及葡萄牙的 8MW。英国的海上风电累计装机容量处于欧洲领先地位，占比 45%。德国以 34% 位居第二，其次是丹麦（8%）、比利时（7%）和荷兰（5%）。

（2）北美洲。美国发展海上风电产业始于 2009 年，美国政府提出，应大力开发美国沿海大陆架可再生能源，推动大陆架可再生能源的利用。2011 年，美国设立了海洋能源管理、法规和实施局（Bureau of Ocean Energy Management, Regulation and Enforcement, BOEM），简称为海洋能源管理局，用以推进开发海上风电资源，系统推进海上风电产业的发展。2015 年，美国开始商业化海上风电业务；2016 年，美国奥巴马政府计划将风力发电定位为主要发电方式，还将强化起步晚于欧洲的海上风力发电，同年建成美国第一座海上风电场，并将于秋季投入运行。2019 年，美国首个大型海上风电场"葡萄园风"（Vineyard Wind）开工建设。同时，新泽西州正在研讨 1100MW 的海上风电计划，这是美国州层面上最大装机容量的风电项目，预计到 2030 年将达 3500MW；纽约州的目标是到 2030 年，总装机容量达到 2400MW。

（3）亚洲。2019 年亚太地区海上风电装机容量 2.5GW。日本预计到 2028 年，新增海上风力发电能力将达 4.5GW。韩国尽管风速较低，但也有超过 3.5GW 的浮风在管道中运行。随着海上风电价格的迅速下跌，海上风电对新兴市场的吸引力也日益增强。印度、菲律宾、土耳其、斯里兰卡和越南等国也对海上风能所能带来的经济和环境方面的利益加以重视。

3. 海上风电场发展趋势

海上风能资源十分丰富，各国纷纷制定鼓励政策和措施，积极推动海上风电的发展。德国实行风电固定上网电价，推动了德国风电产业的迅猛发展。英国通过对可再生能源政策体系的不断尝试和改革，逐步成为海上风电大国。丹麦政府制定和采取了一系列政策和措施，支持风电的发展，通过强化风能研发团队、财政补贴、税收优惠、绿色认证、市场准入等多重政策，促进了丹麦风电技术的日益成熟和市场化。

我国在推进海上风电发展和管理方面，开展了大量积极有效的工作，出台了一系列规定，并采取了一些举措，海上风电规划及建设等的政策和标准不断完善，有力地加快了海上风电开发的步伐。目前，我国海上风电已经进入了规模化、商业化发展阶段，且呈现由近海到远海、由浅水到深水、由小规模示范到大规模集中开发的特点。为获取更多的海上风能资源，未来海上风电项目将逐渐向深远海发展。

在海上风电 20 多年的发展历程中，海上风电场开发、建设和运行维护的技术水平不断进步，经验不断积累，但同时海上风电场也面临了成本、技术和环境保护等诸多方面的挑战。未来风电场的发展主要有以下趋势：

（1）单机容量趋向大型化。海上风电的主流规模化商业机型一般为 4~8MW，国内最大的 10MW 机型及国际上的 11MW、12MW 风电机组均已经下线试验，并且都已有商业订单。这些无不表明海上风电机组将继续向单机容量大型化的方向发展。

（2）海上风电场规模趋向大型化。随着海上风电场开发、建设和运行维护技术水平的不断进步和经验的不断积累，海上风电场规模逐步由最初的 1~2 台试验机组发展到如今的上百兆瓦机组群。未来海上风电场将朝着更大型化发展。

（3）海上风电场由近海向深海发展。目前，由于海上风电开发技术的局限性，海上风电场多建在近海海域。但近海海域通常还有海洋保护、港口、航运、渔业、军事设施等多种服务功能，海上风电场的建设需协调与其他用海功能的关系，尤其是近海区域一般分布有野生动植物栖息地和海洋保护区，海上风电场的选址必须要远离保护区。德国由于其海域的特殊情况，尤其是北海地区，很大一部分已经被划为自然保护区，因此德国的海上风电场比其他国家的海上风电场离岸距离更远。可以预见的是，为了避免对其他海洋活动的干扰，并实现海上风电大规模开发，随着海上风电施工及输配电技术的不断进步，未来海上风电场将逐步扩展到深海海域。

2018 年 6 月 14 日，海上风电领袖峰会在福州召开，以挪威为代表的欧洲海上风电强国的专家们积极希望与我国合作。愿与我国在分享海上风电开发经验、技术研发、机组测试、融资等方面展开深入合作。

2018 年 12 月 18 日，全球首个致力于促进海上风电发展的非营利性组织——世界离岸风电论坛（World Forum Offshore Wind，WFO）在德国正式成立。WFO 由来自全球海上风电产业的 10 家机构和公司联合成立，其成员范围涵盖海上风电产业链的各个环节。WFO 号召拓展新兴市场，促进海上风电发展，以应对气候变化，加速实现二氧化碳减排目标。

2019 年 6 月 1 日，全球海上风电发展大会在广东阳江举行。来自全球十多个国家（地区）的政府、企业、学术界、民间团体的代表，围绕"国际合作，产业协同，创新驱动——加快海上风电高质量发展"的主题，致力于推动全球海上风电发展，完善国际合作交流机制，通过了《全球海上风电发展大会阳江宣言》。旨在建立稳定、畅通的全球合作交流机制，进一步加快各国海上风电发展。目前，已有涵盖制造、开发、运维、金融保险、产业研究等环节的 20 多家世界知名机构加入该宣言所提倡的合作机制中，未来还将吸引更多机构参与其中。

由此可以看出，世界各国对海上风电的重视程度日益提升，重视风电产业带来的经济效益与生态效益，更加强调各国间政治、经济、生态的密切联系及风电建设全过程的交流与合作，从而推动风电产业的高效率发展。

1.2 风电场项目及其类型

风电是当今世界新能源发电技术中最成熟、最具规模化开发条件和商业化发展前景的发电技术。在世界上的 5 个风能大国中，我国风能资源丰富，与美国接近，远高于印度、德国和西班牙。在全球资源危机日趋严重的背景下，近年来风电在我国已经成为继水电之后最重要的可再生能源，陆上风电场建设得到快速发展，海上风电开发不断推进。

1.2.1 风电场项目

风电场是在一定的地域范围内由同一单位经营管理的所有风电机组及配套的输变电设备、建筑设施等共同组成的集合体。选择风能资源良好的场地，根据地形条件和主风向，将多台风电机组按照一定的规则排成阵列，组成风电机组群，并对电能进行收集和管理，统一送入电网，是建设风电场的基本思想。风电场是大规模利用风能的有效方式，是使风能成为补充能源和发挥规模效益的主要方式。目前，风电场的分布几乎遍布全球，风电场的数目已成千上万。我国风电场主要分布在"三北"地区和东南部沿海地区，"三北"地区（西北、东北、华北）以内蒙古和东北三省等分布较为密集。按照风电场的装机规模，风电场大致可分为小型、中型和大型（特大型）风电场。按装机规模分类的风电场见表1-2。

表1-2　按装机规模分类的风电场

风电场分类	风能资源	场地	说　　明
小型	较好	较小	可建几兆瓦容量的风电场,接入35～66kV及以下电压等级的电网
中型	较好	合适	可建几十兆瓦容量以下风电场,接入110kV及以下电网
大型(特大型)	丰富	开阔	可建容量100～600MW或更大的风电场,例如我国的特许权风电项目

　　风电场项目,即风电场工程建设项目,是指以形成风电场为目标的一类建设项目。风电场项目属工业类项目,涉及国土资源、矿产资源、水资源等方面,与生态环境紧密相连,与其他社会公共利益密切相关。风电场项目建设程序包括客观规律性程序(风电场内生性管理)与主观调控性程序(政府约束性管理)。

1.2.2　风电场项目类型

　　风电场按区域总体上分为陆上风电场、海上风电场和空中风电场。由于空中风电场的技术研发还处于初级阶段,因此本文不作具体介绍,而主要讨论陆上风电场和海上风电场。其中,陆上风电场又包括平原风电场、山地风电场、高原风电场、滩涂风电场,海上风电场按水深又可分为潮间带风电场、近海风电场和深海风电场。

1.2.2.1　陆上风电场

　　1. 陆上风电场及其类型

　　依据《风力发电场设计规范》(GB 51096—2015),陆上风电场是指在平原、丘陵、山丘及滨海狭窄陆地地带、位于平均大潮高潮线以上的风力发电场。我国不同类型陆上风电场分布及其主要特点见表1-3。

表1-3　不同类型陆上风电场分布及其主要特点

风电场类型	主要分布地区	主要特点
风沙草原型	内蒙古、河西走廊	多分布在荒漠戈壁或草原上,地势平坦广阔,不需占用耕地,投资成本低
山地丘陵型	相对较广,内陆及沿海省份山地区域均有分布	开放式,无具体场界,根据风力资源特点,主要分布于山脊和山梁上
滨海型	广东、福建、浙江、上海、山东、河北、辽宁、江苏等省(直辖市)沿海地区	地形平坦,风能资源分布及变化规律较为一致

　　2. 陆上风电场分布的环境特点

　　陆上风电场一般分布在风能资源较为丰富的区域,以我国为例,常分布于草原、荒漠、山脉、丘陵和沿海等地区。风电机组根据其单机容量大小,一般间隔为几百米至1km以上,呈线性布置。

　　分布在山脉和丘陵地区的风电场,由于山区具有生物物种丰富、易产生水土流失、发生泥石流和山体滑坡等特点，工程分析中应重点关注项目建设导致的生物尤其是鸟类迁徙通道阻隔、植被破坏造成的水土流失，以及桩基基础施工造成的局部地质灾害等。此外，因陆上风电场风电机组线性布置，施工距离较远，临时施工场地、施工便道设置一般较多，且基本为临时征地，工程分析还需重点关注临时占地是否占用国家级重点保护物种、古树名木的生境等问题。

分布在沿海平原地带的风电场，由于地处我国相对较为发达的东部沿海地区，居民分布密度大，沿海鸟类丰富。环境问题主要在于风电机组噪声及电磁辐射对鸟类迁徙的影响、占用湿地资源影响等。工程分析应重点关注风电机组噪声及电磁辐射对周围居民、学校等环境敏感目标的影响、风电机组叶片旋转对鸟类的趋避作用、占用滩涂湿地破坏鸟类繁殖与觅食生境等问题。

陆上风电场的输电线路一般分架空和地埋两种形式。其中：架空线路多影响地区景观；地埋线路则涉及开挖占地、破坏地表植被、改变地貌特征等。当风电场输电线路为地埋形式时，还应注意电缆管线不同穿越方式可造成的不同影响，具体如下：

（1）大开挖方式。管沟回填后多余土方一般就地平整，基本不产生弃方问题。

（2）定向钻穿越方式。存在施工期泥浆处理处置问题。

（3）隧道穿越方式。除隧道工程弃渣外，还可能对隧道区域的地下水和坡面植被产生影响；若有施工爆破则可能产生噪声、振动影响，甚至引起局部地质灾害。

1.2.2.2　海上风电场

海上风电场指的是在沿海多年平均大潮高潮线以下海域的风电场，包括在相应开发海域内无居民的海岛上开发建设的风电场。

1. 海上风电场的类型

（1）潮间带风电场。潮间带风电场指在沿海多年平均大潮高潮线以下至理论最低潮位以上5m水深内的泥沙质沉积地带区域开发建设的风电场，包括在相应海域内无固定居民的海岛和海礁上开发建设的风电场。

（2）近海风电场。近海风电场指在理论最低潮位以下5～50m水深的海域开发建设的风电场，包括在相应海域内无固定居民的海岛和海礁上开发建设的风电场。

（3）深海风电场。深海风电场指在理论最低潮位以下大于50m水深的海域开发建设的风电场，包括在相应海城内无固定居民的海岛和海礁上开发建设的风电场。

2. 海上风电场分布的环境特点

目前海上风电场一般分布在近岸海域，离岸5～30km，有些位于潮间带，如江苏如东潮间带风电场；有些位于潮下带，如东海大桥海上风电场。海上风电场环境较陆域环境更为复杂，较陆域风电场施工难度更大，并需要考虑基础结构稳定性、海洋腐蚀、航运船舶误撞、后期维修等一系列难题。

海上风电场的升压变电站分陆上变电站和海上变电站两种。当风电场距离岸线较近时，一般选择将升压变电站设置在岸边的海堤内侧；当风电场距离岸线较远时，从输电线路连接便捷程度和工程投资考虑，将升压变电站设置在海上。

1.3 风电场项目组成和内容

1.3.1 风电场项目的一般组成

风电场是将风能捕获、转换成电能并通过输电线路送入电网的场所，主要由五个部分构成。

（1）风电机组及其基础：风电场的风能采集装置及发电装置。

（2）道路：风电机组旁的检修通道、变电站站内站外道路、风电场内道路及风电场进出通道、道路及其附属设施。

（3）集电线路：分散布置的风电机组所发电能的汇集、传送通道。

（4）变电站：风电场的运行监控中心及电能配送中心。

（5）风电场集控中心：集成了信息与网络技术的风电场群监控中心。

本质上，陆上风电场是"机组＋电网＋一般性电力工程"，海上风电场则是"风电项目＋海洋工程"，海上风电场与陆上风电场的组成有较大差异。

1.3.2 陆上风电场的组成

陆上风电场工程项目可划分为建筑工程、设备及安装工程和施工辅助工程。其中，建筑工程包括发电场工程、升压变电站工程、房屋建筑工程、交通工程、其他工程5项；设备及安装工程包括发电场设备及安装工程、升压变电站设备及安装工程、控制设备及安装工程、其他设备及安装工程4项；施工辅助工程包括施工交通工程、施工供电工程、施工供水工程、其他施工辅助工程4项，具体组成如图1－7所示。

1. 建筑工程

（1）发电场工程。发电场工程指发电场内各建筑物工程，包括风电机组基础、风电机组变电站基础、集电电缆线路工程、集电架空线路工程、接地工程。

（2）升压变电站工程。升压变电站工程指升压变电站内构筑物，包括场地平整、主变压器基础、电气设备基础及配电设备构筑物等。

（3）房屋建筑工程。房屋建筑工程指升压变电站房屋建筑和其他永久房屋建筑工程，包括生产建筑、辅助生产建筑、现场办公及生活建筑、集中生产运行管理设施、室外工程等。

（4）交通工程。交通工程指风电场对外交通和场内运行管理交通工程，包括对外交通公路和场内交通道路。

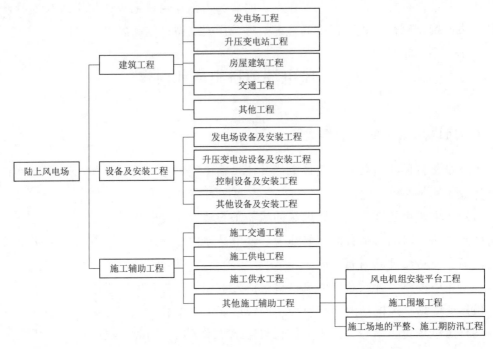

图 1-7 陆上风电场组成

（5）其他工程。其他工程指除上述以外的其他工程，包括环境保护工程、水土保持工程、劳动安全与工业卫生工程、安全监测工程、消防设施以及生产生活供水工程和其他等。

2. 设备及安装工程

设备及安装工程指构成风电场固定资产的全部设备及安装工程，包括发电场设备及安装工程、升压变电站设备及安装工程、控制设备及安装工程、其他设备及安装工程。

（1）发电场设备及安装工程。其包括风电机组、塔筒（架）、风电机组变电站、集电线路等设备及安装工程。

（2）升压变电站设备及安装工程。其包括主变压器系统、配电装置设备系统、无功补偿系统、升压站用电系统、电力电缆及母线等。

（3）控制设备及安装工程。其包括监控系统、直流系统、通信系统、远程自动控制系统及电量计量系统等。

（4）其他设备及安装工程。其指上述工程之外的其他设备及安装工程，包括采暖通风及空调系统、照明系统、消防系统、劳动安全与工业卫生设备、环境保护及水土保持设备、安全监测设备、风电功率预测系统、国家风电信息上报系统、风电场运行管理系统、生产车辆、接地设备等。

3. 施工辅助工程

施工辅助工程指为辅助主体工程施工而修建的临时性工程，包括：

（1）施工交通工程。其指为风电场工程建设服务的临时交通设施工程，包括公路、桥（涵）的新建、改（扩）建及加固等。

（2）施工供电工程。其指从现有电网向场内施工供电的高压输电线路、施工场内 10kV 及以上线路工程和出线 10kV 及以上的供电设施工程。

（3）施工供水工程。其指取水建筑物、水池、输水干管敷设和拆除等工程。

（4）其他施工辅助工程。其指除上述以外的施工辅助工程，包括风电机组安装平台工程（塔筒、风电机组等设备在现场组装和安装时需修建的场地工程），施工围堰工程（防止海水或湖水涌入施工场地而修建的临时挡水工程），施工场地的平整、施工期防汛工程等。

1.3.3 海上风电场的组成

海上风电场工程项目同样可划分为建筑工程、设备及安装工程和施工辅助工程。其中，建筑工程包括发电场工程、升压变电站工程、房屋建筑工程、交通工程和其他工程 5 项；设备及安装工程包括发电场设备及安装工程、升压变电站设备及安装工程、登陆海缆工程、控制设备及安装工程和其他设备及安装工程 5 项；施工辅助工程包括施工交通工程、风电设备组（安）装工程、施工围堰工程、施工供电工程、施工供水工程和其他施工辅助工程 6 项，具体组成如图 1-8 所示。

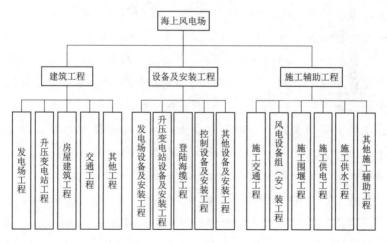

图 1-8　海上风电场组成

1. 建筑工程

（1）发电场工程。发电场工程指发电场内各建筑物工程，包括风电机组基础工程和海缆穿堤工程。

（2）升压变电站工程。升压变电站工程指海上或陆上升压变电站建筑物，海上升压站包括升压站基础工程、升压站平台等。陆上升压站包括场地平整、主变压器基础、电气设备基础及配电设备构筑物等。

（3）房屋建筑工程。房屋建筑工程指升压变电站房屋建筑和其他永久房屋建筑工程，包括场地平整工程、生产建筑工程、辅助生产建筑工程、现场办公及生活建筑、集中生产运行管理设施和室外工程等。

（4）交通工程。交通工程指风电场的永久对外交通工程，包括对外交通公路和对外交通桥梁。

（5）其他工程。其他工程指除上述以外的其他工程，包括环境保护工程、水土保持工程、劳动安全与工业卫生工程、安全监测工程、消防设施及生产生活供水工程以及其他等。

2. 设备及安装工程

海上风电场的设备及安装工程包括发电场设备及安装工程、升压变电站设备及安装工程、登陆海缆工程、控制设备及安装工程、其他设备及安装工程。

（1）发电场设备及安装工程。发电场设备及安装工程指风电场内的发电、集电线路等设备及安装工程，包括风电机组、塔筒（架）、集电海缆线路等。

（2）升压变电站设备及安装工程。升压变电站设备及安装工程包括主变压器系统、配电装置设备系统、无功补偿系统、变电站用电系统、电力电缆及母线等。

（3）登陆海缆工程。登陆海缆工程指海上升压站高压侧至登陆点的海缆工程，包括海缆敷设、海缆终端头、海缆保护管和穿越大堤的门型构架等。

（4）控制设备及安装工程。控制设备及安装工程指风电场控制设备及安装工程，包括监控系统、直流系统、通信系统、远程自动控制系统及电量计量系统等。

（5）其他设备及安装工程。其他设备及安装工程指除上述工程之外的其他设备及安装工程，包括采暖通风及空调系统、照明系统、消防系统、劳动安全与工业卫生设备、环境保护及水土保持设备、安全监测设备、风电功率预测系统、国家风电信息上报系统、风电场运行管理系统、接入系统配套设备、接地设备等。

3. 施工辅助工程

（1）施工交通工程。施工交通工程指为风电场工程建设服务的临时交通设施工程，包括码头、公路、桥（涵）的新建、改（扩）建及加固，码头租赁等。

（2）风电设备组（安）装工程。风电设备组（安）装工程指为风电机组、塔筒、升压变电站平台等设备在陆上组装、拼装及堆放修建的场地。

（3）施工围堰工程。施工围堰工程指为防止海水或湖水涌入施工场地而修建的临时挡水工程。

（4）施工供电工程。施工供电工程指从现有电网向场内施工供电的高压输电线路、施工场内 10kV 及以上线路工程和出线 10kV 及以上的供电设施工程。

（5）施工供水工程。施工供水工程指取水建筑物、水池、输水干管敷设和拆除等工程。

（6）其他施工辅助工程。其他施工辅助工程指除上述以外的施工辅助工程，包括施工场地的平整、施工排水、水上施工安全警戒浮标、施工场地整理以及施工期防汛、防潮和防冰工程。

1.4 风电场项目采购现状

1.4.1 项目采购的基本模式及项目采购方式

风电场项目采购的主要内容包括勘察、设计、工程施工、设备制造、工程咨询等。总体而言，以往风电场项目的建设采用的采购模式仍然以传统的设计-招标-施工（design - bid - build，DBB）模式为主，即风电场项目的设计、监理、施工、设备采购与安装等业务分别委托给不同单位承担。而目前有部分风电场项目采用了设计采购施工总承包（engineering procurement construction，EPC）模式，且该种模式的应用有进一步扩大的趋势。

根据《中华人民共和国招标投标法》，风电场项目采购包括项目的勘察、设计、施工、监理，以及相关重要设备和材料的采购，通常均采用公开招标的采购方式。其中，设备及其辅助配件在风电场项目采购成本中占比较高。早些时候，多数风电企业奉行"唯价格论"，过分追求比价、压价等环节，认为应选择出价最低的供应商，但近几年各大风电企业都调整了招标策略，重视机型和平准化度电成本（levelized cost of energy，LCOE），强调综合性价比第一，价格其次。2019 年 5 月 21 日，国家发改委发布《关于完善风电上网电价政策的通知》，对国家补贴的风电项目范围进行了限制。这一政策的发布直接推动了"风电抢装潮"，风电项目的数量大大增加，有限的风电设备供应商难以满足"风电抢装潮"下过多的市场需求，于是风电设备招投标价格呈现上升趋势，如图 1-9 所示。

1.4.2 项目设备选型

风电设备采购环节是设备选型实现的手段。在可研阶段，设计单位在评估风能资源后，根据当时主流设备的技术参数，初步进行技术经济分析，提出设备选型的推荐方案。但由于风电设备技术的不断进步，以及可研报告编制时间与风电设备招标时间间隔长等情况，招标采购时，项目公司会对风电设备提出新的机型要求，招标方确定中标单位后，最终采用的是投标机型而非可研报告中提出的推荐机型方案，这意味着

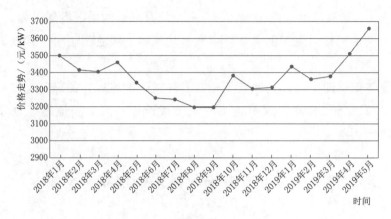

图 1-9 某整机 2MW 投标价格走势

(来源：北京领航智库咨询有限公司)

风电场项目实际发电量与可研报告计算出的发电量存在出入。另外，国家能源局 2014 年 9 月 5 日发布《关于规范风电设备市场秩序有关要求的通知》，从 2015 年 7 月 1 日起，未获得型式认证的机组将不得参加招投标。但目前仍存在供应商为业主所提供的风电设备及配件的技术参数，与其产品认证证书所列参数不符的现象。

1.4.3 项目设备供应商

2005 年 7 月 4 日，国家发改委发布的《关于风电建设管理有关要求的通知》规定，风电设备国产化率要达到 70% 以上。该政策的初衷是为扶持国内风电设备厂商，但为促进我国风电产业规范有序发展，同时也为满足我国风电产业发展和建立统一开放、竞争有序的风电市场的需要，2010 年 1 月 13 日，国家能源局正式对外确认，取消这一规定。目前，国内的风电设备供应商主要包括三大类。

(1) 国外独资企业。如丹麦的维斯塔斯（Vestas），美国的通用电气公司（GE）及德国的西门子歌美飒（Siemens Gamesa）。

(2) 合资企业。如上海电气集团和西门子合资成立的西门子风电设备（上海）有限公司。

(3) 自主研发。我国自主品牌有金风科技（Goldwind）、远景能源（Envision）、运达风电（Windey）、东方电气（Dongfang Electric）等，实力均较强。

据彭博新能源财经 2020 年 2 月 21 日发布的《2019 年全球风电整机制造商市场份额报告》显示：2019 年全球陆上风电新增装机容量为 53.2GW，其中海上风电新增装机容量达 7.5GW 的历史最高水平；中国企业在亚太地区占有最大市场份额，中国 2019 年新增装机容量占亚太地区的 80%。在 2019 年全球风电整机制造商榜单中，Vestas、Siemens Gamesa、金风科技、GE 分别位居前四。在全球陆上风电制造商市场份额榜单中，金风科技得益于中国风电补贴政策调整促成的市场增长，位居全球第二大陆上风电整机制造商。随着中国海上风电市场的快速崛起，国内企业的发展迅速。在全球海上风电整机制造商榜单中，上海电气、远景能源、金风科技和明阳智能分别位列第三至第六。可见，目前可供选择的风电整机供应商品牌很多。

风电机组由叶片、轮毂、主控系统、齿轮箱、发电机、变流器、变桨系统、偏航系统、塔筒等系统和部件组成，不同厂家不同机型的每个系统和部件都有不同的零部件供应商。在风电场项目的采购中，业主直面风电整机供应商，风电整机供应商则负责选择零部件供应商。因此，风电场项目采购既要考虑可供选择的风电整机供应商，又要考虑可供选择的各零部件供应商，其所涉及的供应商及配置数量将较为庞大。

1.5　风电场项目合同管理现状

经过近 10 年的发展，我国风电的产业体系和政策体系基本建立，风电装机规模平稳增长，已是全球装机规模最大的国家，风电设备制造能力明显增强，基本满足风电场建设的需要。随着我国风电行业的快速发展，风电场项目数量的增长和规模的扩大，所涉及的合同关系也越来越复杂。在这种趋势下，合同管理工作在风电场项目建设中就显得尤为重要。然而，纵观我国目前风电场项目合同管理情况，合同管理的作用还未受到普遍重视，管理水平与国家要求、风电行业要求、国际惯例相比仍存在较大差距。

我国风电场项目合同主要包括 EPC 总承包合同、勘察设计合同、招标代理合同、工程建设监理合同、设备及材料采购合同、工程施工合同、质量检测合同、风电场运维服务合同等类型。尽管风电行业迅速发展，市场逐渐完善，产业体系基本建立，但风电行业还没有专门的风电项目建设合同示范文本。大多数风电场项目采用或参考国家发展改革委、住房和城乡建设部（以下简称住建部）、水利部等九部委联合编制的《中华人民共和国标准施工招标文件》（2007 年版）等，或住建部的合同示范文本，如《建设工程施工合同（示范文本）》（GF - 2017 - 0201）、《建设项目工程总承包合同（示范文本）》（GF - 2020 - 0216）、《建设工程监理合同（示范文本）》（GF - 2012 - 0202）等。在风电场项目的合同履行方面，据调查资料显示，风电场项目建设的质量、成本和进度，基本能按合同约定的目标进行控制。目前，我国风电场行业还未出现过大的合同纠纷，对于合同条款理解上的差异以双方协调解决为主。

在我国政策引导下，风电场项目在山地、平原、海上等不同地区都得到了快速发展。风电场项目投资主体及承建单位众多，业主管理水平及施工单位施工能力良莠不齐，合同签订方式不一，加上地域、气候等环境因素影响，导致合同管理过程不易控制，存在较大风险；且经济投资成本较大，经济效益容易受到国家经济政策、市场经济环境变化的影响，导致合同管理的难度大。总体来看，我国风电场项目合同管理人才仍较为缺乏，已有部分企业意识到这个问题，并采取加强合同管理人才培训等措施，培训内容包括专业知识、行业标准、相关的法律法规以及行业相关政策，以便发生合同纠纷时能更专业地进行应对。

第 2 章　风电场项目采购与合同管理概述

在风电场项目建设全过程中，项目采购是项目管理的重要环节，采购为项目的实施提供原材料、产品和服务的供给，采购工作的结果直接表现为选择哪些单位参与到项目的实施中来，是对项目的设计、施工、材料设备采购等具体任务的落实；而合同管理工作贯穿整个风电场项目建设过程，是项目管理的核心，作为其他管理工作的指南，对项目建设起总控与总保证的作用。因此，做好项目采购与合同管理工作对保证风电场项目目标的实现具有重大意义。

本章从风电场项目采购与合同管理的基本概念入手，介绍风电场项目采购及其内容、采购模式与程序、合同及其管理等内容。

2.1　风电场项目采购及其内容

与一般建设项目类似，风电场项目也具有"边生产、边交易"的特点，这决定了项目采购工作贯穿于项目全生命期。按照风电场项目的建设程序和内容，可将风电场项目采购分为风电场项目前期咨询采购、风电场项目勘察设计采购、风电场项目材料设备采购、风电场项目施工采购、风电场项目监理采购、风电场 EPC 项目采购等。

2.1.1　风电场项目采购及其特点

风电场项目采购是指为完成风电场项目建设而从组织外部获得货物或服务过程，具体内容包括对风电场项目勘察设计、施工、设备物资以及咨询服务等进行的采购。由于风电场项目的独特性，决定其相对于其他项目采购活动具有不同的特点。

（1）采购标的物中设备材料占比较大。与一般建设项目不同，设备材料采购是风电场项目采购的重点内容，目前在风电场项目的投资中，各类设备（如风电机组的塔筒、主机、叶片、升压站设备、集电线路设备）约占风电场项目总造价的70％。

（2）采购对象复杂。风电场项目采购从总体上看是混合型的采购，包括工程、服务和货物采购等，而各类采购之间有着十分复杂的关系，且其建设周期相对于其他工程项目而言比较短。这意味着一个风电场项目需要在较短时间内协调所有的采购活动，因此采购需要有严密的计划。

（3）采购供应过程复杂。要保证风电场项目的顺利实施，必须经过一系列的招标过程、合同实施过程和资源供应过程，每个环节都不能出问题，总体过程较为复杂。

（4）采购是一个动态过程。风电场项目采购计划是项目总计划的一部分，它随项目的范围、技术要求，以及项目总体实施计划和环境的变化而变化。

2.1.2　风电场项目采购内容

风电场项目的采购不仅包括采购各类材料设备，而且还包括雇佣承包商来实施风电场项目建设和聘用咨询专家从事咨询服务，一般是以合同方式有偿取得整个风电场项目的采办过程，包括购买、租赁、委托、雇佣等。风电场项目采购的执行组织一般是风电场项目业主或总承包商。按照风电场项目的建设程序和内容，可将风电场项目采购分为风电场项目前期咨询采购、风电场项目勘察设计采购、风电场项目材料设备采购、风电场项目施工采购、风电场项目监理采购、风电场 EPC 项目采购等。

1. 风电场项目前期咨询采购

风电场项目前期咨询采购是指风电场项目业主对风电场项目的可行性研究任务进行的采购。符合业主要求的咨询单位向业主方提供拟建风电场项目的可行性研究报告，并对其结论的准确性负责。咨询单位提供的可行性研究报告应获得业主方的认可，认可的方式通常为专家组评估鉴定。

2. 风电场项目勘察设计采购

风电场项目勘察设计采购是指根据批准的可行性研究报告，择优选择勘察设计单位以获得勘察设计服务的采购。勘察和设计是两种不同性质的工作，可由勘察单位和设计单位分别完成。勘察单位最终提供包括施工现场的地理位置、地形、地貌、地质、水文等在内的勘察报告；设计单位最终提供设计图纸和成本预算结果。

3. 风电场项目材料设备采购

风电场项目材料设备采购是指业主为获得风电场建设所需的投入物而通过招标等形式选择供货商，例如工程主机采购、塔筒及附件采购、电缆采购、主变压器及附属设备采购、箱式变压器采购、高低压开关柜设备采购、GIS 设备采购等。实施工程总承包的风电场项目，设备、材料的采购由总承包商负责，少量设备由业主自行采购。

4. 风电场项目施工采购

风电场项目施工采购指业主通过招标或其他方式选择一家或数家合格的承包商来完成风电场建设的全过程。风电场项目施工主要包括工程道路和风电机组工程、吊装工程、集电线路及箱式变压器安装工程、变电站土建及安装工程、接地设计及施工、风电场送出工程设计及施工以及一些施工辅助工程（如施工供电工程、施工供水工程）等。

5. 风电场项目监理采购

风电场项目监理采购是指业主通过一定方式选择监理人为其提供监理服务的采购，例如利用公开招标或邀请招标的方式进行监理人的选择，不同风电场项目采用的采购方式不同，视项目具体情况而定。监理采购的服务范围也很广，包括但不限于施工监理、调试监理、试生产监理以及其他工作。监理服务的采购要在规定的时间、规定的地点按照法定的程序进行。

6. 风电场 EPC 项目采购

风电场 EPC 项目采购是指风电场业主在可行性研究报告完成之后，从项目勘察设计到施工交付使用进行的一次性采购，即业主将风电场项目的勘察设计、材料设备的采购、土建施工设备安装和调试、生产准备和试运行、交付使用均交由一个承包商负责。

2.2 风电场项目采购模式与程序

工程项目采购模式有狭义和广义之分，狭义的工程项目采购模式，即工程发包方式（也称工程交易方式或交付方式），是指工程业主方/发包人采购工程对象或客体的组织方式。基本的发包方式通常可分为设计施工相分离的发包方式，即 DBB 方式，以及设计施工一体化的发包方式，包括设计-施工（Design - Build，DB）和 EPC 等方式。

广义的工程项目采购模式不仅包括工程的发包方式，还包括工程的采购策略，主要涉及业主选择项目设计、施工、供货等各阶段实施方的方式，以及确定彼此间的合同管理关系。本书中风电场项目采购模式采用工程项目采购模式的广义内涵。

2.2.1 风电场项目发包方式

风电场项目发包方式的选择是风电场项目实施阶段的一项重要工作内容，是指风电场项目业主方/发包人采购风电场项目的组织方式。风电场项目基本的发包方式主要包括设计施工相分离的 DBB 方式，以及设计施工一体化的 EPC 方式。

（1）DBB 方式，指建设单位将风电场项目或其子项目的设计与施工分开，分别交由设计企业和施工企业去完成的发包方式。工程项目或其子项目的实施一般要经过设计、施工两个阶段，且是依次进行。显然，这种发包方式一般要经过设计—招标—施工的实施程序。其是目前国际上最为通用，也是最为经典的工程发包方式之一。世界银行、亚洲开发银行贷款项目和采用国际咨询工程师联合会（Fédération Internationale Des Ingénieurs Conseils，FIDIC）《土木工程施工合同条件》的项目均采用这种发包方式。

（2）EPC 方式，即设计施工一体化的交易方式，或称工程总承包方式，常指建设单位将风电场项目或其子项目的设计、采购与施工作为一个整体进行交易，并将这个整体交由具有设计、采购和施工能力的一个企业（或设计、采购和施工企业的一个联合体）去完成的交易方式。采用该方式时，一般业主方首先聘请咨询顾问公司，明确拟建项目的功能要求或设计大纲，然后通过招标的方式选择 EPC 总承包方，并签订相应的总承包合同。

2.2.2　风电场项目采购方式

风电场项目采购方式，是指风电场项目业主单位或采购人在进行风电场项目采购活动时，鼓励潜在的设备、施工、服务等不同类型的企业参与竞争，或鼓励潜在投标人参与竞争所运用的方法及形式的总称。从我国风电场项目采购实践情况来看，现阶段风电场项目所采用的采购方式主要有招标采购和非招标采购两种。

《中华人民共和国招标投标法》（以下简称《招标投标法》）中将工程招标采购分为公开招标和邀请招标两种方式，而且一般要求进行公开招标。非招标采购主要包括竞争性谈判、询价采购、单一来源采购 3 种方式。

1. 招标采购

（1）公开招标，也称无限竞争性招标，是指招标人以招标公告的方式邀请不特定的法人或者其他组织投标的招标方式。它由招标人按照法定程序，在公开出版物或者指定网站上发布或者以其他公开方式发布招标公告，所有符合条件的企业都可以平等参加投标竞争，招标人从中择优选择中标者。

（2）邀请招标，也称有限竞争性招标，是指招标人以投标邀请书的方式邀请特定的法人或者其他组织投标，接到投标邀请书的法人或者其他组织才能参加投标的一种招标方式，其他潜在的投标人则被排斥在投标竞争之外。邀请招标必须向 3 个以上的潜在投标人发出邀请。

2. 非招标采购

（1）竞争性谈判，是指采购人或者采购代理机构直接邀请 3 家以上潜在承包人就项目采购事宜进行谈判，并确定中标人的采购方式。其特点有：一是可缩短采购的时间，并减少采购的程序；二是透明度低、竞争性差。竞争性谈判这种采购方式一般在工程勘察、设计和施工采购中不被采用，而在《中华人民共和国政府采购法》（以下简称《政府采购法》）中被列为政府采购的方式。因此，在政府与社会资本合作项目，即 PPP（public private partnership）项目中，有时采用竞争性谈判方式选择社会资本方。

（2）询价采购，是指向 3 个以上供应商发出报价邀约，对供应商报价进行比较以确定合格供应商的一种采购方式，适用于合同价值较低且价格弹性不大的标准化货物或服务的采购。对这种方式，国内外均规定了严格的适用条件。

（3）单一来源采购，是指只能从唯一供应商处采购。一般而言，这种方法的采用都是出于紧急采购的时效性或者只能从唯一的供应商或承包商处取得货物、工程或服务的客观性。由于单一来源采购只同唯一的供应商、承包商或服务提供者签订合同，因此就竞争程度而言，采购方处于不利的地位，有可能增加采购成本。而且在谈判过程中容易滋生索贿或受贿问题，因此对这种采购方式，国内外均规定了严格的适用条件。

2.2.3 风电场项目采购程序

2.2.3.1 招标采购的采购程序

风电场项目招标是以招标人或招标人委托的招标代理机构为主体进行的活动，工程招标程序如图 2-1 所示。

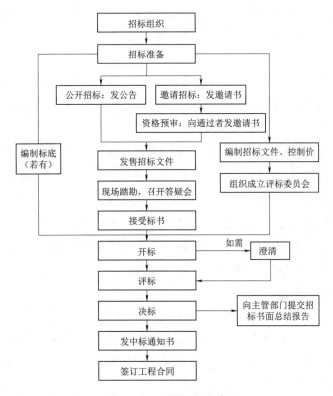

图 2-1 工程招标程序

（1）招标组织。对于风电场，建设单位一般要构建招标领导小组和工程招标管理机构。领导小组对招标过程的重大问题进行决策，招标管理机构则负责工程招标实施。

（2）招标准备。招标人进行招标首先必须做好招标准备，内容包括落实招标条件、建立招标机构和确定招标计划 3 个方面。招标条件是指招标前必须具备的基本条件，如：招标项目按照国家有关规定需要履行项目审批手续的，应当先履行审批手续，取得批准；招标人应当有进行招标项目的响应资金或者资金来源已经落实等。施工招标计划一般包括确定招标的范围、招标方式和招标工作进程等。

（3）招标公告、投标邀请、资格审查、招标文件发售。公开招标，一般要求招标人在报刊上或其他场合发布工程招标公告；经批准的邀请招标，一般向特定的 3 家以上潜在承包人发送投标邀请书。在招标公告（或邀请书）中一般要说明工程建设项目概况、工程分标情况、投标人资格要求等信息。对公开招标，招标人经过对送交资格预审文件的所有投标人进行认真的审核之后，通知那些招标人认为有能力承包本工程的投标人前来购买招标文件。

（4）接受标书，即招标人接受投标人递交投标书的过程。通过资格预审的投标人购买招标文件后，一般先仔细研究招标文件，进行投标决策分析，若决定投标，则派人员赴现场考察，参加建设单位召开的标前会议，仔细研究招标文件，制定施工组织设计，做工程估价，编制投标文件等，并按照招标文件规定的日期和地点把投标书送达招标人。

（5）开标，指在招标投标活动中，由招标人主持、邀请所有投标人和政府行政监督部门或公证机构人员参加，并在预先约定的时间和地点，当众开启投标文件的过程。工程施工开标时，一般要宣布各投标人的报价。

（6）评标，指招标人组织评标委员会，由该委员会按照招标文件规定的标准和方法，对各投标人的投标文件进行评价、比较和分析，从中选出中标候选人的过程。评标的最后结果文件是评标报告，其中包括推荐具有排序的 3 个中标候选人。

（7）决标，指在评标委员会推荐的中标候选人的基础上，由招标人最终确定中标人的过程。评标委员会一般推荐 3 个中标候选人，并有明确排序，招标人一般确定排名第一者中标，并与其签订工程合同。

2.2.3.2　非招标采购的采购程序

1. 竞争性谈判

竞争性谈判是指在购货方与多个供应商进行直接谈判并从中选择满意供应商的一种采购方式。这种采购方式主要用于紧急情况下的采购或特殊产品（如高科技应用产品）的采购，竞争性谈判采购程序如图 2-2 所示。

（1）成立谈判小组。

（2）制定谈判文件。谈判文件应当明确谈判程序、谈判内容、合同草案的条款以及评定中选的标准等事项。

（3）谈判邀请。向立项确定的拟邀请供应商（不少于 3 家）提供谈判文件。

（4）谈判并形成谈判报告。谈判过程中谈判小组应对供应商提供的信息保密。经过谈判，谈判小组应从满足采购文件实质性响应要求的供应商中，按照最后报价由低到高的顺序推荐 3 名中标候选人，并编写谈判报告，所有谈判小组成员签字确认。

（5）确定中标供应商。将评审结果报相应决策机构确定中标供应商，并将结果通知所有参加谈判的未中标供应商。

2. 询价采购

询价采购适用于对合同价值较低的标准化货物或服务的采购，一般通过对国内外若干家（不少于 3 家）供应商的报价进行比较分析，综合评价各供应商的条件和价格，并最终选择一个供应商签订采购合同，其采购程序如下：

（1）采购机构设置。

（2）采购计划的编制。

（3）采购信息的收集。

（4）确定供货厂商名单。

（5）编制询价文件。

（6）评审报价文件。

（7）确定供货厂商，向业主报批。

（8）采购合同的签订及履行。

（9）设备材料的检验和签证。

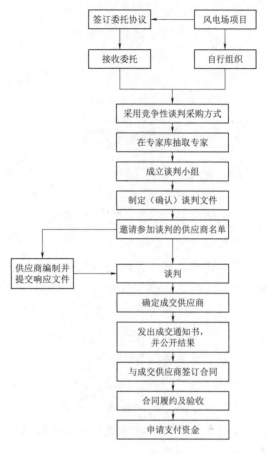

图 2-2　竞争性谈判采购程序

3. 单一来源采购

单一来源采购是指只能从唯一供应商处采购，这种采购方式一般是出于紧急采购的时效性或者只能从唯一的供应商或承包商处取得货物、工程或服务的客观性，其采购程序如下：

（1）成立采购小组。

（2）起草合同草案及谈判要点。

（3）协商谈判。采购小组与立项时确定的协商谈判对象按照约定时间进行协商谈判，协商谈判对象在规定时间内提出最后报价和相关承诺文件，在保证采购项目质量和双方商定合理价格的基础上进行采购。

（4）采购小组评审。采购小组根据采购需求对协商谈判对象的报价和相关承诺进行评审，并编写单一来源采购协商谈判评审报告，所有采购小组成员签字确认。

（5）确定中选供应商。将评审结果报相应决策机构确定中选供应商。

2.3　风电场项目合同及其管理

2.3.1　风电场项目合同及其特征

2.3.1.1　风电场项目合同

1. 合同的概念

我国于 1999 年 3 月 15 日第九届全国人民代表大会第二次会议通过并颁布《中华人民共和国合同法》（简称《合同法》）。在我国，《合同法》是调整平等主体之间交易关系的法律，它主要规定合同的订立、合同的效力及合同的履行、变更、解除、保全、违约责任等问题。2020 年 5 月 28 日，第十三届全国人大三次会议表决通过了《中华人民共和国民法典》，自 2021 年 1 月 1 日起施行。《中华人民共和国民法典》第四百六十四条规定，合同是民事主体之间设立、变更、终止民事法律关系的协议。

2. 建设工程合同的概念

《中华人民共和国民法典》规定：建设工程合同是承包人进行工程建设，发包人支付价款的合同。在工程勘察、设计、施工过程中，承包人根据合同要求进行工程建设，发包人按合同约定给予承包人相应的酬金或费用，在特殊情况下双方可根据约定进行合同变更或终止。

3. 风电场项目合同的概念

风电场项目属于建设工程项目的一种，依据《中华人民共和国民法典》第七百八十八条对建设工程合同的规定，风电场工程建设合同即风电场项目承包方进行风电场工程建设，由业主方支付价款的合同。

2.3.1.2　风电场项目合同特征

风电场项目合同的主要特征如下：

1. 风电场项目合同主体的严格性

风电场项目合同主体一般是法人。发包人一般是经过批准进行风电场项目建设的法人，发包人必须有国家批准建设的风电场项目和落实的投资计划，并且应当具备相应的协调能力。承包人则必须具备法人资格，而且应当具备相应的从事勘察设计、施工、监理等资质。无营业执照或无承包资质的单位不能作为风电场项目合同的主体，资质等级低的单位不能越级承包建设风电场项目。

2. 风电场项目合同标的的特殊性

风电场项目合同的标的是各类建筑产品。建筑产品是不动产，其基础部分与大地相连，不能移动。这就决定了每个风电场项目合同的标的都是特殊的，相互间具有不可替代性，这还决定了承包人工作的流动性。建筑物所在地就是勘察、设计、施工生产的场地，施工队伍、施工机械必须围绕建筑产品不断移动。另外，建筑产品的类别庞杂，其外观、结构、使用目的、使用人都各不相同，这就要求每一个建筑产品都需单独设计和施工（即使是可重复利用的标准设计或可重复使用的图纸，也应采取必要的修改设计才能施工），即建筑产品是单体性生产，这也决定了风电场项目合同标的的特殊性。

3. 风电场项目合同履行期限的长期性

风电场项目由于结构复杂、设备材料类型多、工作量大，使得合同履行期限都较长（与一般工业产品的生产相比）。在合同的履行过程中，还可能因为不可抗力、工程变更、材料供应不及时等原因而导致合同期限顺延。所有这些情况，都决定了风电场项目合同的履行期限具有长期性。

4. 风电场项目计划和程序的严格性

由于风电场项目建设对国家的经济发展、公民的工作和生活都有重大的影响，因此，国家对风电场项目的计划和程序都有严格的管理制度。订立风电场项目合同必须以国家批准的投资计划为前提，即使是国家投资以外的、以其他方式筹集的投资也要受到当年的贷款规模和批准限额的限制，纳入当年投资规模，并经过严格的审批程序。风电场项目合同的订立和履行还必须符合国家关于工程建设程序的规定。

5. 风电场项目合同形式的特殊要求

我国《中华人民共和国民法典》对合同形式确立了以不要式为主的原则，即在一般情况下对合同形式采用书面形式还是口头形式没有限制。但是，考虑到风电场项目的重要性和复杂性，在建设过程中经常会发生影响合同履行的纠纷，因此，风电场项目合同应当采用书面形式，即采用要式合同。

2.3.2 风电场项目合同的订立

合同的订立是指缔约人做出意思表示并达成合意的行为和过程。《中华人民共和国民法典》第四百七十一条规定："当事人订立合同，可以采取要约、承诺方式或者其他方式。"依此规定，合同的订立包括要约和承诺两个阶段，当事人为要约和承诺的意思表示均为合同订立的程序。

2.3.2.1 要约

1. 要约的概念

要约又称为发盘、出盘、发价或报价等。《中华人民共和国民法典》第四百七十二条规定："要约是希望和他人订立合同的意思表示"。可见，要约是一方当事人以缔结合同为目的，向对方当事人所做的意思表示。发出要约的人称为要约人，接受要约的人则称为受要约人、相对人和承诺人。

要约的主要构成要件如下：

（1）要约是由具有订约能力的特定人做出的意思表示。《中华人民共和国民法典》第一百四十四条规定："无民事行为能力人实施的民事法律行为无效。"

（2）要约必须具有订立合同的意图。根据《中华人民共和国民法典》第四百七十二条，要约是希望和他人订立合同的意思表示，要约中必须表明要约经受要约人承诺，要约人即受该意思表示约束。

（3）要约必须向要约人希望与其缔结合同的受要约人发出。要约人向谁发出要约也就是希望与谁订立合同，要约只有向要约人希望与其缔结合同的受要约人发出才能够唤起受要约人的承诺。要约原则上应向一个或数个特定人发出，即受要约人原则上应当特定。

（4）要约的内容必须具体确定。根据《中华人民共和国民法典》第四百七十二条，要约的内容必须具体确定。所谓"具体"，是指要约的内容必须具有足以使合同成立的主要条款；所谓"确定"，是指要约的内容必须明确，而不能含糊不清，使受要约人不能理解要约人的真实意图。

2. 要约的法律效力

要约的法律效力又称要约的拘束力。《中华人民共和国民法典》第四百八十二条规定，"要约以信件或者电报作出的，承诺期限自信件载明的日期或者电报交发之日开始计算。信件未载明日期的，自投寄该信件的邮戳日期开始计算。要约以电话、传真、电子邮件等快速通讯方式作出的，承诺期限自要约到达受要约人时开始计算。"另外要约的期限问题完全由要约人决定，如果要约人没有确定，则只能以要约的具体情况来确定合理期限；要约可以通过口头、书面、电话或电子邮件等网络通信设备来进行。

3. 要约邀请

要约邀请又称为要约引诱，是指希望他人向自己发出要约的意思表示，其目的在于邀请对方向自己发出要约。如寄送的价目表、拍卖公告、招标公告、商业广告等为要约邀请。在工程建设中，工程招标即要约邀请，投标报价属于要约，中标函则是承诺。要约邀请是当事人订立合同的预备行为，它既不能因相对人的承诺而成立合同，也不能因自己做出某种承诺而约束要约人。要约与要约邀请两者之间主要有以下区别：

（1）要约是当事人自己主动愿意订立合同的意思表示；而要约邀请则是当事人希望对方向自己提出订立合同的意思表示。

（2）要约中含有当事人表示愿意接受要约约束的意旨，要约人将自己置于一旦对方承诺，合同即宣告成立的无可选择的地位；而要约邀请则不含有当事人表示愿意承担约束的意旨，要约邀请人希望将自己置于一种可以选择是否接受对方要约的地位。

4. 要约撤回与撤销

（1）要约撤回。要约撤回是指在要约发生法律效力之前，要约人取消要约的行为。根据要约的形式拘束力，任何一项要约都可以撤回，只要撤回的通知先于或者与要约同时到达受约人，都能产生撤回的法律效力。允许要约人撤回要约，是尊重要约人的意志和利益。由于撤回是在要约到达受约人之前作出的，因此此时要约并未生效，撤回要约也不会影响到受约人的利益。

（2）要约撤销。要约撤销是指在要约生效后，要约人取消要约，使其丧失法律效力的行为。在要约到达后、受约人作出承诺之前，可能会因为各种原因，如要约本身存在缺陷和错误、发生了不可抗力、外部环境发生变化等，促使要约人撤销其要约。允许撤销要约是为了保护要约人的利益，减少不必要的损失和浪费。但是，《中华人民共和国民法典》中规定，有下列情况之一的，要约不得撤销：

1）要约人以确定承诺期限或者其他形式明示要约不可撤销。

2）受约人有理由认为要约是不可撤销的，并且已经为履行合同做了准备工作。

5. 要约失效

要约失效，即要约丧失了法律约束力，不再对要约人和受约人产生约束。要约消灭后，受约人也丧失了承诺的效力，即使向要约人发出承诺，合同也不能成立。《中华人民共和国民法典》规定，有下列情形之一的，要约失效：

（1）要约被拒绝。

（2）要约被依法撤销。

（3）承诺期限届满，承诺人未作出承诺。

（4）受要约人对要约的内容作出实质性变更。

2.3.2.2　承诺

1. 承诺概念

承诺，是指受要约人同意接受要约的条件并以缔结合同的意思表示。承诺的法律效力在于一经承诺并送达于要约人，合同便告成立。承诺必须具备以下条件，才能产生法律效力：

（1）承诺必须由受要约人向要约人作出。

（2）承诺必须在规定的期限内达到要约人。

（3）承诺的内容必须与要约的内容一致。

（4）承诺的方式符合要约的要求。

（5）承诺必须标明受要约人的缔约意图。

2. 承诺方式

承诺原则上应采取通知方式，但根据交易习惯或者要约表明可以通过行为（如意思实现）作出承诺的除外。承诺不需要通知的，则根据交易习惯或者要约的要求以行为作出，一旦受要约人作出承诺的行为，即可使承诺生效。

3. 承诺生效时间

承诺生效时间以承诺通知到达要约人时为准。但是，承诺必须在承诺期限内作出。分为以下情况：

（1）承诺必须在要约确定的期限内作出。

（2）如果要约没有确定承诺期限，承诺应当按照下列规定到达：

1）要约以对话方式作出的，应及时作出承诺的意思表示。

2）要约以非对话方式作出的，承诺应当在合理期限内到达要约人。

2.3.3　风电场项目合同分类与结构

2.3.3.1　风电场项目合同分类

根据我国风电场基本建设程序，参与风电场项目的主要有发包人（建设单位）、咨询单位、勘察设计单位、监理单位、施工单位、设备供应商、材料供应商等。他们之间存在各式各样的经济法律关系，维系这种关系的纽带是合同，因此风电场项目中存在各式各样的合同。

1. 按照合同的"标的"性质进行分类

按照合同的标的性质，风电场项目合同主要类型如下：

（1）工程勘察设计合同。

（2）工程咨询合同。

（3）工程监理合同。

（4）工程材料采购合同。

（5）工程设备供应或生产合同。

（6）工程施工合同。

（7）施工专业分包合同。

（8）劳务分包合同等。

2. 按照合同签约各方的承包关系进行分类

按照合同签约各方的承包关系，风电场项目合同包括总包合同和分包合同。

（1）总包合同是指发包人将工程项目建设全过程或其中某个阶段的全部工作，发包给一个承包单位总包，发包人与总包方签订的合同称为总包合同。承包合同的当事人是发包方和总包方，工程建设中所涉及的权利和义务关系，只能在发包方和总包方之间发生。

（2）分包合同即总承包人与发包人签订了总包合同之后，将若干专业性工作分包给不同的专业承包单位去完成，总包方分别与几个分包方签订的分包合同。分包合同所涉及的权利和义务关系，只在总包方和承包方之间发生。发包方与分包方之间不直接发生合同法律关系。

3. 按照合同计价方式进行分类

按照合同计价方式可将风电场项目合同分为总价合同、单价合同和成本加酬金合同。

2.3.3.2　风电场项目合同结构

1. 风电场项目合同体系

风电场项目采用不同的采购模式时，其对应的合同体系也不同。风电场项目发展至今主要采用 DBB 和 EPC，不同发包方式下有不同的合同体系。

（1）DBB 方式下风电场项目合同体系。风电场项目的 DBB 发包方式是指风电场项目的业主将工程的设计、施工、风电机组设备采购、其他辅助设备材料采购的任务分解后，分别发包给若干个设计、施工、风电机组设备和其他辅助材料设备供应单位，并分别同各个承包单位签订各自的承包合同。在风电场项目建设过程中，各个承包单位之间的关系相互独立，是一种相互平行的关系。在风电场项目 DBB 发包方式下，各个分包单位在工程实施过程中接受风电场项目业主单位或其委托监理单位的管理。风电场项目 DBB 发包方式下的合同体系示意图如图 2-3 所示。

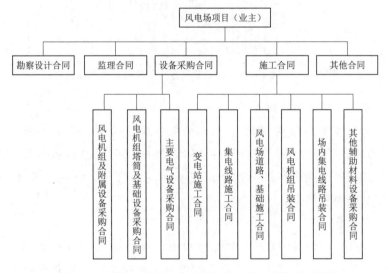

图 2-3　风电场项目 DBB 发包方式下的合同体系示意图

（2）EPC 方式下风电场项目合同体系。EPC 方式下，风电场项目的业主将工程的设计、施工、风电机组设备、其他材料设备采购等一系列工作全部发包给一家总承包单位，由其进行工程设计、施工和材料设备的采购工作，EPC 总承包单位在风电场全部风电机组并网发电运行后，将风电场项目整体移交业主。

风电场项目的 EPC 总承包单位，对工程项目的管理贯穿于项目实施全过程，包括设计、风电机组设备安装、风电机组调试运行阶段。风电场项目 EPC 总承包模式下，业主负责：风电场项目的立项审批等外部协调；控制项目的总投资金额和风电机组设备的选型；与 EPC 总承包单位就风电场并网发电后年度总发电量提出明确的要求。风电场项目 EPC 发包方式下的合同体系图如图 2-4 所示。

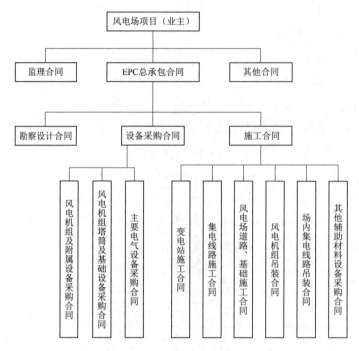

图 2-4　风电场项目 EPC 发包方式下的合同体系示意图

2. 风电场项目合同结构及组成

风电场项目合同主要包括 EPC 总承包合同、施工合同、设备采购合同及其他类型采购合同（如勘察设计合同、监理合同等），根据目前国家行政及建设管理部门推行使用的示范文本，这些合同的结构和组成有相同的部分，同时也有不同的侧重点，各合同结构和组成内容如下：

（1）EPC 总承包合同。

1）结构及组成：合同协议书；中标通知书；投标函及投标函附录；专用合同条款；通用合同条款；发包人要求；承包人建议书；价格清单；其他合同文件。

2）常用合同范本：《建设项目工程总承包合同（示范文本）》（GF-2020-0216）、《中华人民共和国标准设计施工总承包招标文件》（2012 年版）及 FIDIC《设计采购施工（EPC）合同条件（银皮书）》。

（2）施工合同。

1）结构及组成：合同协议书；中标通知书；投标文件；专用条款及附件；通用条款；技术标准和要求；图纸；已标价工程量清单；其他合同文件。

2）常用合同范本：《建设工程施工合同（示范文本）》及 FIDIC《施工合同条件（新红皮书）》。

（3）设备采购合同。

1）结构及组成：合同协议书；中标通知书；招投标文件；专用条款；通用条款；合同附件；补充协议书。

2）常用合同范本：《中华人民共和国标准设备采购招标文件》（2017 年版）。

（4）其他采购合同。

1）勘察设计合同。

a. 结构及组成：合同协议书；中标通知书/委托书；招投标文件；会议纪要；双方认可的来往传真；补充协议书。

b. 常用合同范本：《建设工程勘察/设计合同（示范文本）》及《业主/咨询工程师标准服务协议书（白皮书）》。

2）监理合同。

a. 结构及组成：合同协议书；中标通知书/委托书；招投标文件；专用条件；通用条件；合同附录；补充协议书。

b. 常用合同范本：《建设工程监理合同（示范文本）》及《业主/咨询工程师标准服务协议书（白皮书）》。

2.3.4 风电场项目合同管理

2.3.4.1 风电场项目合同管理概念

风电场项目合同管理是指发包方（建设单位）与承包方或服务方（咨询单位、勘察设计单位、监理单位、施工单位、材料设备供应单位等）依据合同、法律法规、规章制度、技术标准等，对合同关系进行组织指导、协调及监督，保护合同当事人的合法权益，处理合同纠纷，防止违约行为，保障合同按约定履行、实现合同目标的一系列活动。

风电场项目的合同管理贯穿整个风电场项目建设过程，是风电场项目管理的核心，作为其他管理工作的指南，对整个风电场项目建设起总控与总保证的作用。

2.3.4.2 风电场项目发包方的合同管理

1. 风电场项目发包方合同管理的重要性

发包方是通过签订合同而获得整个风电场项目的，而这些是完全依赖于合同的另一主体——承包方生产和服务的。因此，发包方通过合同管理，促使承包方提供符合合同规定的内容就显得十分重要。

2. 风电场项目发包方的合同管理目标

风电场项目发包方的合同管理目标是在合同约束下，获得合同规定范围内的品质优良的风电场项目。

3. 风电场项目发包方开展合同管理的障碍

风电场项目发包方开展合同管理会面临很多障碍，主要包括：

（1）风电场项目发包方对合同管理可能不专业，对承包方的监管效率较低，因此存在发包方直接监管难以到位的问题。

（2）风电场项目合同具有不完全性，这给发包方合同管理带来困难。合同在履行过程中可能存在变更的问题。合同变更，势必会出现重新定价等问题，这使发包方处于被动地位，增加了发包方合同管理的难度。

（3）风电场项目合同履行过程中，存在信息不对称现象，发包方可能面临"道德风险"问题。

4. 风电场项目发包方合同管理水平的提升

风电场项目发包方提升合同管理水平，最大化实现合同管理目标的途径主要包括：

（1）高质量完成风电场招标。其包括编制好招标文件，科学组织评标，目标是签订一份相对完备的、价格合理的合同，选择一个有能力、讲诚信的承包人。

（2）构建专业、高效的合同管理机构。一般工程发包方对合同管理并不专业，但其可选择助手，如监理工程师协助进行合同管理，也可将合同管理的任务完全交由专业公司完成。

（3）构建风电场项目合同激励机制。经济学的委托代理理论告诉我们，针对工程合同发包方和承包方这种委托代理关系，解决这类委托代理问题的途径之一是激励。发包方应构建一种考核与奖惩相结合的激励机制，以诱导承包方为实现发包方或合同的目标而努力。

2.3.4.3　风电场项目承包方的合同管理

1. 风电场项目承包方合同管理的特点

风电场项目合同是各承包方进行工程设计、提供材料设备、组织工程施工等工作的依据和边界。各承包方在合同框架下组织安排自身工作，在合同履行过程中当实际情况与合同规定相比存在差异之处，并存在成本增加情况时，承包方应向发包方要求补偿，并就补偿相关事项进行谈判。

2. 风电场项目承包方合同管理的主要任务

在合同规定时间内，各承包方的任务是按合同规定进行风电场项目的勘察设计、材料设备提供、工程施工等，以追求尽可能大的利润空间，任务完成后按合同规定向发包方申请支付，并接受发包人组织的各类检验、向发包方移交合同内规定的事项。

2.4 本 章 小 结

　　本章对风电场项目采购和合同管理进行了简要概述，主要内容包括风电场项目采购及其内容、采购模式与程序，以及风电场项目合同及其管理。风电场项目的采购内容与一般建设项目类似，主要包括风电场项目的前期咨询采购、EPC 项目采购、勘察设计采购、材料设备采购、监理采购以及施工采购，但采购的侧重点不同，材料设备采购是风电场项目采购的重点。风电场项目的发包方式有设计施工相分离和设计施工一体化两种发包方式，现阶段 EPC 总承包模式在我国较为流行。风电场项目的采购方式主要包括招标采购和非招标采购，并以公开招标为主要采购手段。另外，风电场项目的合同贯穿项目的整个建设过程，因此风电场项目的合同管理是各种管理工作的核心，在风电场建设过程中必须做好合同管理工作。

第3章　风电场项目采购总体策划

风电场项目采购总体策划是风电场项目采购管理的第一步，通过总体策划形成的采购策略或方案是后续相关采购工作实施的直接依据，直接影响着风电场项目采购目标能否成功实现。本章立足于项目立项后、实施前这一时间节点，从项目整体角度，介绍风电场项目采购总体策划的相关内容。

3.1　总体策划的内容及程序

3.1.1　总体策划内容及依据

3.1.1.1　总体策划的内涵

在借鉴项目管理知识体系（project management body of knowledge，PMBOK）中规划采购管理概念的基础上，本书对其中"采购"的内涵进行拓展，将风电场项目采购总体策划定义为：在风电场项目采购实施前，记录项目采购决策、明确项目采购方法，以及识别潜在卖方的过程。风电场项目采购总体策划是在明确项目采购内容的基础上，对项目采购的具体方式和策略进行设计的过程，是风电场项目采购实施的重要前提和依据。

3.1.1.2　总体策划内容

风电场项目采购总体策划是立足项目采购全过程的策划，不仅包括常见的招投标采购方式的策划，也包括对发包和分标等内容的策划。本书将风电场项目采购总体策划分为风电场项目发包方式策划、风电场项目分标策划、风电场项目采购方式策划、风电场项目投标人资格审查机制策划、风电场项目评标机制策划几个部分，如图 3-1 所示。

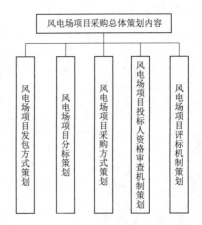

图 3-1　风电场项目采购总体策划内容

1. 风电场项目发包方式策划

市场经济条件下，为了完成工程项目的建设任务，业主方总是采用在建设市场上选择承包方（包括设计、施工企业和材料设备供应商）的方法，风电场项目也是如此。风电场项目由多个子项目组成，包括风电机组建设、集电线路铺设安装、升压变电站建设等，而建设阶段又基本可以分为设计、采购和施工。因此，项目业主方可以将整个工程的设计、施工任务分别选择不同的企业来完成，也可以选择一家工程总承包单位单独完成所有任务。风电场项目发包方式策划就是业主方将风电场项目的建设任务进行合理分解，并选择相应的承包商去完成的组织方式的策划。

2. 风电场项目分标策划

分标是指划分工程采购客体的过程。风电场项目的分标主要包括施工分标和材料、设备采购分标。施工招标项目需要划分标段、确定工期的，招标人应当合理划分标段、确定工期，并在招标文件中载明。对工程技术上紧密相连、不可分割的单位工程不得分割标段。招标人不得以不合理的标段或工期要求，限制或者排斥潜在投标人或者投标人。依法必须进行施工招标的项目的招标人不得利用划分标段规避招标。工程项目的实施以工程施工为主，一般而言，工程材料和通用设备招标时间、分标，以及招标工程材料和通用设备的供应时间和强度要与工程施工进度安排相适应。

工程材料和通用设备招标的分标要更多地考虑市场供应的因素。要通过合理分标，在保证材料或通用设备品质的基础上，扩大生产厂商或供应方的范围，以加强生产厂商或供应商间的竞争。工程（施工）监理招标的分标以工程施工合同为基本单元，即工程（施工）监理招标范围总是以施工合同的工程为基础。如一个工程（施工）监理招标的工程范围可以是一个施工合同范围的工程，也可以是多个施工合同范围的工程。

标段的划分应与风电场项目的具体情况相结合，分标过多不但会增加合同管理难度和施工临建设施的数量，还可能因施工干扰等原因引起合同纠纷进而增加索赔；分标过少又不利于充分体现竞争性，不利于引进先进的管理经验和施工技术，不利于提高工程质量、保证施工进度以及最终达到降低工程造价、提高效益的目的。

3. 风电场项目采购方式策划

项目采购方式是指业主方选择工程承包商、材料设备供应商、咨询服务提供者的具体方式。目前常见的项目采购方式分为公开招标、邀请招标、竞争性谈判、单一来源采购、询价5种方式。国际上普遍采用的项目采购方式是招标，风电场项目也通常采用招标的方式进行采购。《中华人民共和国招标投标法》将工程招标方式分为公开招标和邀请招标两种方式，而且一般要求进行公开招标。

4. 风电场项目投标人资格审查机制策划

风电场项目采购活动中，投标人是不可或缺的当事人之一，对其资格进行审查，是指招标人对潜在投标人或投标人的经营范围、专业资质、财务状况、技术能力、管理水平、业绩、信誉等多方面评估审查，以判定其是否具有投标、订立和履行合同的资格及能力。

　　资格审查的重点主要包括：①核对潜在投标人报名文件资料的符合性，即所提交的报名文件资料必须与招标公告要求的报名资格条件完全一致且有效；②甄别潜在投标人身份的真伪性，代理机构经常接触投标人，在项目相对固定、报名人员相对稳定的情况下，一般容易判别其身份的真伪；③评估潜在投标人履行合同的能力及信誉，投标人投标有一定的区域性，较容易以一定方式了解其履行合同的能力及信誉情况而作出较准确的资格判断。资格审查资料主要包括：①投标人基本情况表；②近三年财务状况表；③近年完成的类似项目情况表；④正在施工的和新承接的项目情况表；⑤近年发生的诉讼及仲裁情况。

　　投标人资格审查机制一般分为资格预审和资格后审两类。两种方式在实践中均有应用，需要依据项目具体特点作出选择。

　　5. 风电场项目评标机制策划

　　风电场项目评标的目的是根据招标文件中确定的标准和方法，对每个投标人的标书进行评审，以选出合理的中标人。由评标委员会根据评标办法对有效投标进行评审。工程评标机制即指在众多投标人中确定中标人，即选定工程承包人等采购对象提供者的机制。不同类型的采购，其评标机制存在差异。如通常情况下，对于工程设计招标，投标方提交的设计方案是主要评价因素，其他方面因素相对次要；而工程施工招标，工程施工报价是主要因素，其他方面因素相对次要。

　　（1）评标委员会。评标由招标人依法组建的评标委员会负责。评标委员会由招标人或其委托的招标代理机构中熟悉相关业务的代表，以及有关技术、经济等方面的专家组成。评标委员会成员有下列情形之一的，应当回避：①招标人或投标人的主要负责人的近亲属；②项目主管部门或者行政监督部门的人员；③与投标人有经济利益关系，可能影响投标公正评审的；④曾因在招标、评标以及其他与招标投标有关活动中从事违法行为而受过行政处罚或刑事处罚的。

　　（2）评标方法。常见的工程评标方法/机制包括专家评议法、综合评估法、经评审的最低投标价法、最低报价法（投标价最低的投标人中标，但投标价低于成本者除外）。《标准施工招标文件》（2007 年版）将工程施工招标的评标机制分为经评审的最低投标价法和综合评估法。

　　一般风电场项目中的施工招标和大型设备招标多采用综合评估法进行评标。评标委员会对满足招标文件实质性要求的投标文件，根据评标办法前附表规定的评分标准进行打分，并按得分由高到低顺序推荐中标候选人，或根据招标人授权直接确定中标人，但投标报价低于其成本的除外。综合评分相等时，以投标报价低的优先；投标报价也相等的，由招标人自行确定。对于标的额较小的设备招标，多采用经评审的低价中标法。

3.1.1.3 总体策划依据

对一个风电场项目进行采购总体策划时，必须符合国际或国家有关的政策法规，同时还要考虑项目具体工程的划分情况。

1. 政策法规

（1）国际法规。

1）联合国国际贸易法委员会的《货物、工程和服务采购示范法》。该法规定了供应商或承包商无论国籍如何，均可参与采购过程，但采购实体可以出于本国采购条例规定的理由或根据其他法律，决定根据国籍限制参与采购过程。

2）世界贸易组织（WTO）的《政府采购协议》。该法对非本土供应商进行了保护，缩小各实体间资格审查程序的差异。

3）国际复兴开发银行/世界银行的《国际复兴开发银行贷款和国际开发协会信贷采购指南》。该法主要使项目负责人了解在采购项目所需要的货物和工程时所作的安排。

（2）国内法规。

《中华人民共和国招标投标法》是国家用来规范招标投标活动，调整在招标投标过程中产生的各种关系的法律规范。该法对招标范围、招标项目的界定、遵循的原则、招标方式、投标人的资格条件、评标机制等做了详细的规定。为规范招标投标活动，《招标投标法实施条例》进一步明确了招标、投标、开标评标和中标以及投诉与处理等方面的内容，并鼓励利用信息网络进行电子招标投标。国内风电场项目采购必须在该法律规定的范围内进行。

2. 项目前期可行性研究

项目的可行性研究是整个项目建设中必不可少的环节。通过可行性研究找到建设风电场项目的最佳方案，能够为有关风电场的项目建设提供良好的基础和有力的参考。通常通过气象站风况分析、风能资源分析、环境影响评价、财务评价等手段来分析风电场项目的可行性。

（1）项目建设必要性。从自然条件入手，结合当地经济发展情况，运用理论与实际相结合的方法预测风电场项目周边及其辐射地区的用电需求。

（2）项目建设可行性。从项目建设环境、组织和实施机构、经济可行性等方面对风电场项目的可行性进行全面、系统的分析与论证，进行环境影响评价、投资估算、财务收益计算和其他社会效益评估。其中，环境影响评价方面，应根据国家有关环境评估标准，对风电场项目周边环境的影响进行分析。经济可行性方面，则通过调查基本资料，获得风电场项目财务能力、盈利能力、清偿能力等信息进行分析。

3. 风电场项目的划分

风电场项目通常可划分为设备及安装工程、建筑工程和施工辅助工程，具体内容因风电场项目类型的不同而存在差异。

3.1.2　总体策划程序

3.1.2.1　采购特点

由于风电场工程建设周期相对其他工程项目建设时间较短，平均在 8 个月左右，即要在一年的周期内完成所有手续办理、招标采购、施工建设等内容，因此其具有工程建设周期短、施工紧凑密集的特点，对招标采购的要求比较严格，具体需要注意以下方面：

（1）项目未核准的时候就需启动招标准备工作，缩短采购时间，待项目核准后就可以进入建设阶段。

（2）招标采购的依据是项目的初步设计，而工程留给招标采购的时间不多，因此项目的设计工作应尽早启动，尤其是涉及招标的设备技术规范、施工工程量等。

（3）施工工期紧凑，需在招标采购时计划好各标段的招标采购先后顺序、施工计划工期、设备排产交货时间。

（4）组织好招标方案设计，规划好标段划分和各标段工作界面等内容。

3.1.2.2　策划程序

项目采购各项工作的优先级和逻辑关系是确定项目采购总体策划程序的主要因素。风电场项目采购总体策划的主要内容中，项目发包方式是项目目标管理的基础性工作，因此先进行发包方式策划；然后确定项目发包方式；同时还应对项目进行合理的标段划分以明确具体采购范围，比如 DBB 方式下，将施工分为多个标段分别进行发包或采购。在此基础上，即可通过一定的采购方式和相关机制确定不同标段的承包商或提供者，即分别进行采购方式策划、投标资格审查策划和评标机制的策划，其顺序安排与一般工程的招投标程序类似。因此，风电场项目采购总体策划可按如下基本程序开展：项目发包方式策划、项目分标策划、项目采购方式策划、项目投标人资格审查机制策划、项目评标机制策划，如图 3-2 所示。

图 3-2　风电场项目采购总体策划程序

3.2　发　包　方　式　策　划

3.2.1　发包方式的主要类型

为了完成风电场项目的建设任务，业主方总是在建设市场上通过招标等方式选择承包方或设计方等市场主体。按照工程设计与施工是否搭接，通常可将工程发包方式分为设计施工相分离的发包方式和设计施工相搭接的发包方式。其中设计施工相分离的发包方式主要是指传统发包方式，即 DBB 方式，其又可分为平行发包和施工总包；设计施工相结合的发包方式包含 DB、EPC、CMR（Construction Management at Risk）以及他们的其他衍生方式。我国风电场项目起步较晚，国内现有的风电场项目，大多采用 DBB（平行发包）、DBB（施工总包）、EPC 总承包以及 m-EPC 总承包的发包方式，见表 3-1。

表 3-1 风电场项目常用的发包方式

序号	工程发包方式	特 点
1	DBB（平行发包）	设计施工相分离；工程设计完成后，业主将工程分成多个标段分别进行发包
2	DBB（施工总包）	设计施工相分离；工程设计完成后，业主将整个工程整合为一个标进行发包
3	EPC 总承包	设计施工相融合；设计、采购、施工搭接进行；有时还包括前期项目的论证工作；业主单独与 EPC 承包人签订合同
4	m-EPC 总承包	设计施工相融合；将工程合理分块；在不同块上进行设计、采购、施工一体化发包；业主与多个 EPC 承包人签订合同

1. DBB（平行发包）

风电场项目业主将设计、风电机组制造、工程施工等任务进行分解后分别发包给不同的设计单位、生产厂家、施工单位。与多个承包商分别签订合同，各个承包商之间的关系是相互平行、独立的。各个承包商与业主之间是合同关系，接受业主或者业主委托的监理单位的直接监督。

2. DBB（施工总包）

DBB（施工总包）是指风电场项目业主将风电场工程分为设计、风电机组制造、施工等，并将相应的工程发包给设计单位、采购单位、施工单位来完成，与一家施工单位签订施工总包合同而不再平行发包。设计单位负责整个风电场工程的设计任务。施工单位负责风电场工程的施工任务，也可以将一些非主要工程分包给其他施工单位。采购单位主要负责风电机组、升压器等主要设备的采购。在这种模式下，业主方直接与施工总承包方签订合同，与分包单位没有直接的关系。

3. EPC 总承包

EPC 总承包模式是指风电场项目业主将设计、采购、施工任务全部交由一家单位承包，业主方单独与其签订合同，由其进行实质上的设计、施工、采购甚至试运行等工作。风电场项目总承包单位完成设计、采购与施工后，进行并网发电等试验，最后将整个项目移交给业主方。该模式下，EPC 总承包商往往是一家具有独立设计、采购、施工能力的单位或设计企业、设备制造企业和施工企业组成的联合体。该单位或联合体往往具有很强的经济实力、管理能力、科研能力，能够承担各种具有风险的风电场建设项目。业主与其签订合同后，该单位或联合体全面负责项目设计、采购、施工，可以将非主要工程分包给其他单位。

4. m－EPC 总承包模式

该模式下，业主将风电场项目合理分块，在不同块上进行设计、采购、施工一体化发包，并与多个 EPC 承包人签订合同。

3.2.2　发包方式选择的影响因素

影响风电场项目发包方式的因素非常复杂，但均可以从工程交易基本要素出发。相关研究表明，风电场项目发包中，交易主体、交易客体和交易环境这几方面因素对发包方式选择的影响最为深刻。

3.2.2.1　交易主体

风电场项目建设的交易主体主要包括业主方和承包方。

1. 风电场项目业主方

风电场项目最终发包方式的选择是由业主方决定的。例如，风电机组、线路等设备如何采购，将风电场的设计与施工交由一家单位承担还是分成几个部分平行发包，这些都是由业主方决定的。因此，业主方是影响发包方式选择的直接因素，而其他因素，如项目规模、当地的政策法规等都是间接影响因素。业主方对发包方式的影响主要体现在以下几个方面：

（1）业主方的管理能力。业主方的管理能力包括对风电场项目建设相关技术的了解与项目管理等方面。风电场项目是一项复杂又庞大的工程，并不是所有的风电场项目建设业主都有相应的技术和管理能力。事实上，风电场建设项目很可能是一次性项目，一般不具有专门的技术与管理人才。若业主方的管理能力与技术能力都较强，可采用 DBB 分项发包模式，由业主自身或者委托专业监理单位对众多的 DBB 分包商进行监督和管理；业主方的管理能力与技术能力不足以管理项目的建设过程时，采用 EPC 模式较为适宜。例如澳大利亚亚塔斯马尼亚州的马斯洛风电场就采用 EPC 模式，其组织结构如图 3－3 所示。与国内项目相比，业主在马斯洛项目建设管理中，主要是通过业主工程师对设计、施工质量进行监督，通过 EPC 工程师执行 EPC 合同，进而掌握建设情况。

（2）业主方对项目的目标要求。目标也是影响业主方发包方式的因素之一。与一般的工程项目类似，风电场建设的目标也包括质量目标、进度目标、成本目标，还包括对

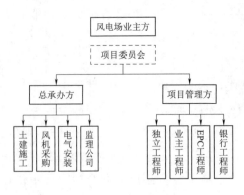

图 3－3　马斯洛风电场 EPC 模式组织结构图

项目全周期的风险控制目标。例如在马斯洛风电场发包方式设计中，与传统的施工总承包相比，EPC 模式在进度上可以缩短工期，在成本上可以降低工程造价，业主在综合分析后决定采用 EPC 模式，但在总承包招标前，要提供高质量的项目功能描述书，选取资信较好的总承包商，以防止偷工减料等现象发生。

（3）业主方的偏好。业主方的偏好包括对发包方式和工程风险的偏好。风电场项目发包方式最终是由业主方确定的，因此项目业主方各方面的偏好对项目的发包方式有着重要的影响。一般而言，业主方对风险的态度是厌恶的，因此在发包方式的选择上较为保守。在现有的风电场建设项目中，传统的平行分包仍然是部分业主方的选择之一，这样可以充分利用市场竞争机制选择专业化承包商，防止工程总承包模式下总承包商为了利润而降低设计标准与施工标准。

2. 风电场项目承包方

承包方对风电场建设的发包方式有一定的影响。当建设市场发育较为充分，有足够多的不同类型的承包人可供选择时，发包方式的选择限制性就小；当发育程度较低时，对发包方式选择的限制性就较大。总体而言，风电场建设市场上承包商较为充足，竞争激烈。如湖北省的荆门象河风电场，多家大型央企全面参与竞争，最后由湖北能源集团新能源发展有限公司以 EPC 模式拿到风电场特许经营权。该项目采用 EPC 方式的原因主要有两个：一是在市场经济条件下，参与竞争的总承包商多，承包条件成熟；二是总承包商业务能力较强，有相应的技术以及管理能力可确保工程建设水平。因此，选择风电场建设工程发包方式时，有必要考虑该地区风电场建设市场相应承包商数量的多少，承包商能力的强弱。

3.2.2.2 交易客体

交易客体是指风电场项目本身，包括项目的设计，设备的采购、施工等。风电场项目本身的特点对发包方式有一定的影响。

1. 风电场项目的经济属性

风电场项目按照经济属性可分为经营性项目、公益性项目和准公益性项目。从项目的经济属性来说，风电场项目经营性很强，建成后业主通过收取电费来获得相应的经济效益。对于像风电场这样具有经营效益的经营性项目，有明确的业主方，且业主方具有较强的项目管理能力时，可采用 DBB 等方式；当业主方缺乏项目管理能力时，业主方可能倾向于 EPC 等方式。例如，马斯洛风电场中，根据 EPC 合同，业主与总承包商成立了临时性组织——项目委员会，对风电场建设进行管理。总承包方将风电机组制造、土建施工及电气安装等工作，委托给具有相应资质的分包方。同时，聘用监理公司对分包方进行监督管理。

2. 风电场项目的复杂程度和规模

风电场工程项目的复杂程度包括工程技术难度、工程的不确定性、工程产品的特征、工程产品所处的地理环境等。当工程较为复杂时，工程设计与施工联系紧密，实行设计施工一体化对工程整体优化、提高"可建造性"具有明显的优势；但对工程承包方的能力、经验，以及信用等方面会提出较高的要求。因此，目前国际大型复杂的工程通常采用 DB 或者 EPC 的发包方式，并且选择经验丰富实力强的承包人。考虑到目前国内风电项目工程特征，首先选址一般在风能充足的地方，如高原、山地、海面等，同时还要考虑到地面粗糙程度、障碍物以及地形对风能的影响；其次，风电场项目的建设包含了设计、采购和施工等环节，各环节之间搭接较为紧密，一般不将采购交于单独的企业进行；再次，根据项目所处的地理环境，可以考虑将项目分块发包。因此，从项目的复杂程度考虑，m - EPC 和 DBB 分项发包模式较为适合目前的风电场项目建设。

工程规模通常可以用工程投资规模、工程结构尺寸等去衡量，并分成大型工程、中型工程和小型工程。大型建设工程对业主方和承包商的管理能力、经验会有更高的要求。风电场投资多为 1 亿元以上的项目，从工程规模来看，不论是工程投资还是工程尺寸，都属于大型工程项目。业主方根据工程结构特点，将风电场建设项目合理切块，对每块的独立子项采用 EPC 分项发包或施工分包。由于这些发包方式对承包人施工能力、资金垫付能力要求过高，可能会影响到投标竞争。在这种情况下，业主方有时就选择分项发包方式，以达到提高竞争力、降低工程造价的目的。

3. 2. 2. 3　交易环境

交易环境包括经济环境、社会环境和自然环境。风电场工程建设与实施过程相交织，对交易环境非常敏感。因此交易环境对发包方式的选择或设计会产生较大的影响。

1. 征地拆迁/移民的影响

征地拆迁和移民安置问题在工程建设中很常见，也会影响发包方式的选择。风电场工程实际占地少，对地形要求较低，在山丘、海边、荒漠等地都可以建设，与水电工程相比，不会淹没土地产生移民问题，因此可以不考虑移民的因素；征地拆迁上除了个别现象，不存在大面积的征地拆迁工作。

2. 工程实施现场条件的影响

工程实施现场条件包括施工场地占用、施工道路占用和施工临时设施布置等。风电场工程施工路线较长，工期紧，新建道路修建困难，需要新建施工主线以及通往各个风电机组基础的支线，且风电机组机位多、施工项目复杂，为施工增加了很大难度。由于工程交易与工程实施相交织，且在同步进行，显然，工程实施现场条件对发包方式的选择影响较大。

3. 国家和工程所在地政策法规的影响

工程采购是一种较为特殊的交易，经常关系到公共利益和公共安全，因此国家和工程所在地政府会通过相关政策法规去规范或者限制交易行为，这对工程发包方式会产生不同程度的影响。如，2019 年 2 月 27 日，国家林业和草原局印发了《关于规范风电场项目建设使用林地的通知》，其目的是进一步规范风电场项目建设使用林地，减少对森林植被和生态环境的损害和破坏，实行最严格的生态保护制度。明确划出禁建区，严格保护生态功能重要、生态敏感区域的林地、自然遗产地、国家公园、自然保护区、森林公园、湿地公园、地质公园、风景名胜区、鸟类主要迁徙通道和迁徙地等区域以及沿海基干林带和消浪林带，这些区域为风电场项目禁止建设区。新规进一步压缩了用地空间，实践中为赶工期，容易发生未批先占擅自改变林地用途等行为。业主方应合理选择发包方式并组建项目现场管理机构，对项目的实施进行管理。

4. 建设市场发育程度的影响

业主方通常根据工程特点、发包方式等在建设市场上选择承包人，而建设市场能提供什么样的承包商与建设市场的发育程度相关，这反过来将影响发包方式的选择。

3.3 分 标 策 划

3.3.1 分标及其缘由

风电场项目分标是指划分采购对象的过程。

项目的分标有利于业主方挑选优质的承包商，同时也可以缩短建设工期。风电场项目由多个子项目组成，包括风电机组建设、集电线路铺设安装、升压变电站建设等，是一个体量大、建筑单体多、占地面积大、平面分割较容易的群体工程。不同的建筑单体由专业领域不同的承包商分别承担建设，因此分块招标是其招标采购中常见的方式。项目的分标与发包方式也密不可分，不同工程的发包方式决定了项目是否分标并发包给不同的承包商。在 DBB 发包方式下，一般工程承包、工程物料或设备以及工程设计和监理等分别组织招标，存在分标的问题，对于大型风电场项目，由于工程规模大、施工专业多，仅工程的施工一般也分多个标段实施。在 EPC 发包方式下，工程项目总体上由单个主体承包，对业主方而言即组织一次招标，一般来说不存在分标的问题。但风电场项目也存在 m-EPC 发包方式，即将工程合理分块并分包给不同的 EPC 承包商。某风电场项目标段划分图如图 3-4 所示，风电场项目被划分为三个标段，每个标段均采用 EPC 承包。在市场条件下，工程项目实施过程分标是一种普遍现象。

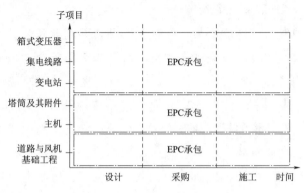

图 3-4 某风电场项目标段划分图

3.3.2 分标的影响因素

(1) 项目所需的管理与技术要求。在工程中,对施工场地集中、工程量不大,技术和管理上不复杂的工程,可不分标,让一家承包。但对工地场地大、工程量大,有特殊技术和管理要求的工程,应考虑分标。一般的风电场项目施工场地和工程量都较大,在平坦开阔的场地布置风电机组,并且按照典型的布置要求,即横向间距 $4D$ (D 为风轮直径),纵向间距 $8D$,则每台风电机组的占地面积为 $32D^2$。在开阔平坦地区每平方千米大约装机容量为 $8000\mathrm{kW}$,一个风电场的建设面积通常在数十公顷甚至数百公顷,对技术和管理能力的需求较高。

(2) 项目工程造价的高低。风电场这种大型工程项目,对承包人的施工能力、施工经验、施工设备等有较高的要求。在这种情况下,如不分标,就有可能使有资格参加此项工程投标的承包人数大大减少,竞争对手的减少可能导致造价上涨。

(3) 施工进度安排。施工总进度计划安排中,施工有时间先后顺序的子项工程可考虑单独分标。而某些子项工程在进度安排中是平行作业,则先考虑施工特性、施工干扰等要素,然后决定是否分标。

(4) 施工现场的地形地貌和主体建筑物的布置。应考虑对风电场施工现场的管理,尽可能避免承包人之间的相互干扰,对承包人的现场分配,包括生活营地、附属厂房、材料堆放场地、交通运输道路、弃渣场地等,要进行细致而周密的安排。

【案例 3-1】 在某风电场项目中,业主方根据实际情况,采用 DBB (分项发包)模式,并将该风电场项目招标划分为 17 个标段,见下表。

序号	标 段 名 称
1	××风电场(规模兆瓦级)工程监理
2	××风电场(规模兆瓦级)工程勘测设计
3	××风电场(规模兆瓦级)工程主机采购

序号	标 段 名 称
4	××风电场（规模兆瓦级）工程塔筒及附件采购
5	××风电场（规模兆瓦级）工程道路和风机基础工程
6	××风电场（规模兆瓦级）工程吊装工程
7	××风电场（规模兆瓦级）工程集电线路及箱式变压器安装工程
8	××风电场（规模兆瓦级）工程变电站土建及安装工程
9	××风电场（规模兆瓦级）工程接地设计及施工
10	××风电场（规模兆瓦级）工程送出工程设计及施工
11	××风电场（规模兆瓦级）工程电缆采购
12	××风电场（规模兆瓦级）工程主变压器及附属设备采购
13	××风电场（规模兆瓦级）工程箱式变压器采购
14	××风电场（规模兆瓦级）工程高低压开关柜设备采购
15	××风电场（规模兆瓦级）工程GIS设备采购
16	××风电场（规模兆瓦级）工程动态无功补偿装置采购
17	××风电场（规模兆瓦级）工程综合自动化系统设备采购

3.3.3 分标的一般原则

风电场工程分标的一般原则如下：

（1）应依据工程特性、施工工期、社会资源条件、项目法人对分标的要求进行标段划分。

（2）标段划分应考虑工程建设管理的要求，有利于工程质量控制、进度控制、投资控制和安全管理。

（3）标段划分应考虑当前风电场工程的施工技术水平和装备条件。

（4）风电场工程分标可采用单位工程划分和专业划分相结合的方式进行，各单位工程可按专业或工程量进一步进行标段划分。单位工程可分为风电机组、风电机组基础、机组升压配电装置、集电线路、交通工程、升压变电站工程等，其中升压变电站工程包括电气设备的采购与安装、土建工程等。

3.4 采 购 方 式 策 划

3.4.1 采购方式的主要类型及其比较

风电场项目采购可分为招标采购和非招标采购两类，其中招标采购是风电场采购的主要方式。

3.4.1.1　招标采购

1. 招标方式

招标方式，是指招标活动的组织方式，不同招标方式的主要区别是招标信息发布的形式和范围的差异。国家法律规定的招标采购方式主要包括公开招标和邀请招标两种。

（1）公开招标。

1）定义。公开招标指的是风电场项目发包人或其委托招标代理机构在合法的公共信息平台上发布招标公告，并对潜在投标人提出资质要求，只有满足资质要求的企业才能够进行投标。公开招标又称为无限竞争招标，由招标单位通过报刊、广播、电视等方式发布招标广告，有投标意向的承包商均可参与投标资格审查，审查合格的承包商可购买领取招标文件，参加投标。

2）公开招标的特点。公开招标的优点是投标承包商多，竞争范围大，业主有较大的选择空间，有利于降低工程造价、提高工程质量和缩短工期。其缺点是由于投标的承包商数量较多，招标工作量大，组织工作复杂，需要投入较多的人力、物力，招标过程所需时间较长，因而此类招标方式主要适用于投资额度大，工艺、结构复杂的较大型工程建设项目。不难看出，公开招标有利有弊，但优势十分明显。

3）公开招标中应当注意的问题。我国在推行公开招标实践中，存在不少问题，需要认真探讨和解决。

a. 公开招标的公告方式不具有广泛的社会公开性。公开招标不论采取何种招标公告方式，都应当具有广泛的社会公开性。但是，目前我国各地发布的部分招标公告还不能通过大众新闻媒介，而只是在单一的工程交易中心发布。一个行政区域只有一个工程交易中心，且相互信息不通，区域局限性十分明显。同时，即使对于知情的投标人来讲，必须每天或经常跑到一个固定地点来看招标信息，既不方便也增加了成本。因此，只在工程交易中心发布招标公告，不能算作真正意义上的公开招标。解决这个问题的办法，是将公开招标公告直接改为由大众传媒发布，或是将现有的工程交易中心发布的招标公告与大众传播媒体联网，使其像股市那样，具有广泛的社会公开性，使人们能方便、快捷地得到公开招标公告信息。总之，只有具有广泛社会公开性的公告方式，才能被认为是公开招标的符合性方式。

b. 公开招标的公平性、公正性受到限制。公开招标的一个显著特点，是投标人只要符合某种条件，就可以不受限制地自主决定是否参加投标。而在公开招标中对投标人的限制条件，按照国际惯例，只应是资质条件和实际能力方面的。但是，目前我国建设工程的公开招标中，常常出现因地方保护等原因对投标人附加了许多苛刻条件的现象。如有的限定，只有某地区、某行业或获得过某种奖项的企业，才能参加公开招标的投标等，这种做法是不妥当的。正确的方式，比如某项工程需要一级资质企业承担的，在公开招标时对投标人提出的限制条件，只应是持有一级资质证书，并有相应的实际能力。至于其他方面的要求，只应作为竞争成败（评标）的因素，而不宜作为可否参加竞争（投标）的条件。如果允许随意增加对投标人的限制条件，不仅会削弱公开招标的竞争性、公正性，而且也与资质管理制度的性质和宗旨背道而驰。

c. 招标评标实际操作方法不规范。由于我国处于市场经济完善阶段，法治建设不完善，招投标过程中存在某些不规范的行为，包括投标人经资格审查合格后再进行抓阄或抽签才能投标等。例如，有的地方认为公开招标的投标人太多，影响评标效率，采取在投标人经资格审查合格后先进行抓阄或抽签、抓阄与业主推荐相结合的办法，淘汰一批合格者，只有剩下的合格者才可正式参加投标竞争。资格审查合格本身就是有资格参加投标竞争的象征，人为采取任何办法进行筛选，都违背了招投标法的公开、公平、公正原则，且有悖公开招标的无限竞争精神。

公开招标实践中出现上述问题，究其原因是多方面的。从客观上讲，一方面是由于资金紧张，另一方面是工程盲目上马，导致工期紧迫。从主观上讲，招标人不愿意付出时间、金钱成本，想要缩短招投标周期，节省开销，也不排除极个别地想为个人谋私预留操作空间和便利等原因。上述问题，不仅限制了竞争，而且不能体现公开招标的真正意义。实际上，程序复杂、费时、耗财，都是公开招标的特点，否则无法形成无限竞争的局面。因此，目前在我国还需要进一步培育和发展工程建设竞争机制，进一步规范和完善公开招标的运作制度。

（2）邀请招标。

1）邀请招标的定义。邀请招标是招标人以投标邀请书邀请独立法人或者相关组织参加投标的一种招标方式。邀请招标，也可以称为有限制竞争招标，是一种由招标人选择若干供应商，向其发出投标邀请，由被邀请的供应商投标竞争，从中选定中标者的招标方式。邀请招标具有不公开邀标公告、受邀单位才能参与、投标人数量有限制等特点。这种方式不发布广告，业主根据自己的经验和所掌握的信息资料，向有承担该项目相关能力的 3 个以上（含 3 个）承包商发出投标邀请书，收到邀请书的单位有权利选择是否参加投标。邀请招标与公开招标一样必须先按规定的招标程序进行，要制订统一的招标文件，投标人都必须按招标文件规定进行投标。

2）邀请招标的特点。邀请招标的优点是参加竞争投标的投标商数目可由招标单位控制，目标集中，招标的组织工作较容易，工作量比较小；其缺点是由于参加的投标单位相对较少，竞争性较小，使招标单位对投标单位的选择余地较少，如果招标单位在选择被邀请的承包商前所掌握信息资料不足，则会失去发现最适合承担该项目承包商的机会。

3）邀请招标和公开招标的区别。邀请招标和公开招标的区别主要体现在如下方面：

a. 邀请招标程序上比公开招标简单，如无招标公告及投标人资格审查的环节。

b. 邀请招标在竞争程度上不如公开招标强。邀请招标参加人数是经过选择限定的，被邀请的承包商数目为 3～10 个，不能少于 3 个，也不宜多于 10 个。由于参加人数相对较少，易于控制，因此其竞争范围没有公开招标大，竞争程度也明显不如公开招标强。

c. 邀请招标在时间和费用上都比公开招标节省。邀请招标可以省去发布招标公告费用、资格审查费用和可能发生的更多的评标费用。但是，邀请招标也存在明显缺陷。它限制了竞争范围，由于经验和信息资料的局限性，会把许多可能的竞争者排除在外，不能充分展示自由竞争、机会均等的原则。鉴于此，国内外都对邀请招标的适用范围和条件，作出有别于公开招标的指导性规定。

2. 招标采购的特点

工程招标采购的特点是：①通过竞争机制，实行交易公开；②鼓励竞争、防止垄断、优胜劣汰，实现投资效益；③通过科学合理和规范化的监管机制与运作程序，可有效地杜绝不正之风，保证交易的公正和公平。

政府及公共采购领域通常推行强制性公开招标的方式来择优选择承包商和供应商。但由于各类建设工程招标投标的内容不尽相同，因而它们有不同的招标投标意图或侧重点，在具体操作上也有细微的差别，呈现出不同的特点。

工程项目招标投标的意义主要如下：

（1）招标人通过对各投标竞争者的报价和其他条件进行综合比较，有利于节省和合理使用资金，保证招标项目的质量。

（2）招标投标活动要求依照法定程序公开进行，有利于遏制承包活动中行贿受贿等腐败和不正当竞争行为。

（3）有利于创造公平竞争的市场环境，促进企业间公平竞争。采用招投标制，体现了在商机面前人人平等的原则。

3. 两类招标方式的差异

公开和邀请两类招标方式在工程实践中被较多采用，但它们在以下方面存在较大的差异：

（1）发布信息的方式不同。公开招标采用公告的形式发布，邀请招标采用投标邀请书的形式发布。

（2）选择的范围不同。公开招标针对的是一切潜在的对招标项目感兴趣的法人或其他组织，招标人事先不知道投标人的数量；邀请招标针对的是招标人已经了解的法人或其他组织，而且事先已经知道潜在投标人的数量。

（3）竞争的范围不同。由于公开招标使所有符合条件的法人或其他组织都有机会参加投标，竞争的范围较广，竞争性体现得也比较充分，招标人拥有绝对的选择余地，容易获得最佳招标效果；邀请招标中投标人的数目有限，竞争范围有限，招标人拥有的选择余地相对较小，有可能提高中标的合同价，也有可能将某些在技术上或报价上更有竞争力的供应商或承包人遗漏。

（4）公开的程度不同。公开招标中，所有的活动都必须严格按照预先指定并为大家所知的程序和标准公开进行，大大减少了作弊现象的发生；相比而言，邀请招标的公开程度逊色一些，产生不法行为的机会也就多一些。

（5）产生的成本不同。由于邀请招标不发公告，只给招标人邀请的投标单位提供招标文件，使整个招投标的时间大大缩短，招标费用也相应减少。公开招标的程序比较复杂，耗时较长，费用也比较高；同时参加投标的单位可能鱼龙混杂，增加了评标的难度。

由此可见，两种招标方式各有千秋，因此招标方式存在选择问题，应在招标准备阶段根据相关法律及建筑市场情况进行认真研究。

3.4.1.2 非招标采购

目前国家招投标法律法规中只是规定了可以不招标的情形和条件，未对非招标采购方式和操作程序进行规定，而财政部颁布的《政府采购非招标采购方式管理办法》（中华人民共和国财政部令第74号）中对非招标采购方式适用的条件、可以采用的采购方式和操作程序有详细的规定，虽然此办法只适用于政府机关和事业单位，但是企业在不违背招投标相关法规的前提下可以参照。

《政府采购非招标采购方式管理办法》中规定的非招标采购方式主要有竞争性谈判、询价采购、单一来源采购。

1. 法律规定可以不招标的情形

归纳招投标相关法律法规中条款，可以不招标的条件主要包括：

（1）不属于依法必须招标的项目。

（2）需要采用不可替代的专利或者专有技术。

（3）采购人依法能够自行建设、生产或者提供。

（4）已通过招标方式选定的特许经营项目投资人依法能够自行建设、生产或者提供。

（5）需要向原中标人采购工程、货物或者服务，否则将影响施工或者功能配套要求。

（6）技术复杂或专业性强，能够满足条件的勘察设计单位少于3家，不能形成有效竞争的。

（7）已建成项目需要改、扩建或者技术改造，由其他单位进行设计影响项目功能配套性的。

（8）施工企业自建自用的工程，且该施工企业资质等级符合工程要求的。

（9）在建工程追加的附属小型工程或者主体加层工程，原中标人仍具备承包能力的。

（10）涉及国家安全、国家秘密、抢险救灾或者属于利用扶贫资金实行以工代赈、需要使用农民工等特殊情况不适合进行招标的。

（11）法律、行政法规规定的其他情形。

2. 非招标采购方式说明

非招标采购总体上分为竞争性谈判、询价采购、单一来源采购。

3.4.2　采购方式选择原则

风电场项目采购方式的选择受到各种因素的影响，不仅要考虑项目本身，也要考虑市场环境和供货方的因素。项目的实施（包括所需货物和土建工程的采购）需要讲究经济性和效率性，并且需要在项目采购中给予合格竞争者均等的竞争机会，使得所有合格的竞争者都可以参加项目的资格预审、投标、报价。在选择供方时，应遵循特定的程序，综合考虑成本、质量、交货期、服务水平、环境、合同履行能力等诸多因素，以便选择出满意的供方，保证计划的顺利进行。因此，风电场项目采购方式选择的原则主要如下：

（1）必须遵循公开、公平、公正、诚实守信的原则。

（2）贯彻国家有关建设及各项方针政策和设计规程规范要求。

（3）在保证项目质量的前提下，尽量做到既经济又高效。

（4）适度竞争原则。

3.4.3　采购方式相关规定

风电场项目并无行业专用的采购方式相关规定，因此风电场项目采购仍遵循招投标、政府采购的有关法律、法规和规章的规定，且招标投标等项目采购活动应当遵循公开、公平、公正和诚实信用的原则。

按照法律效力的不同，招标投标法律制度分为四个层次：第一层次是由全国人大及其常委会颁布的《中华人民共和国招标投标法》《中华人民共和国政府采购法》《中华人民共和国民法典》等；第二层次是由国务院颁发的招标投标行政法规以及有立法权的地方人大颁发的地方性招标投标法律法规，包括行政法规，如《中华人民共和国招标投标法实施条例》和地方性法规，如《北京市招标投标条例》；第三层次是由国务院有关部门颁发的招标投标的部门规章以及有立法权的地方人民政府颁发的地方性招标投标规章，如《工程建设项目勘察设计招标投标办法》（国家发展改革委令第 2 号）等；第四层次是各级政府及其所属部门和派出机关在其职权范围内，依据法律、法规和规章制定的行政规范性文件，如《国务院办公厅印发国务院有关部门实施招标投标活动行政监督的职责分工意见的通知》（国办发〔2000〕34 号）、《国务院办公厅关于进一步规范招投标活动的若干意见》（国办发〔2004〕56 号）等。

3.5 投标人资格审查机制策划

3.5.1 投标人资格审查及其目的

投标人资格审查是指招标人通过对潜在投标人的经营资格、专业资质、工程经验、财务状况、技术水平、管理能力、业绩、信誉等方面的审核检查，判断其是否满足缔约和履约要求的一项工作。有投标意向的潜在投标人均可参加资格审查，且经资格审查合格后均可参与投标。

资格审查之所以作为招标项目的一项必要程序，原因在于两方面：一方面，对潜在投标人进行资格审查可筛除部分不具备投标能力的潜在投标人，确保投标人具备完成招标工程的基本素质、能力及要求；另一方面，对潜在投标人进行资格审查有助于保障招标人和投标人的利益。

3.5.2 投标人资格审查分类及其特点

目前，我国对投标人资格审查的分类包括资格预审和资格后审，《中华人民共和国招标投标法》（修订草案公开征求意见稿）第二十条强调招标人可根据招标项目特点自主选择采用资格预审或者资格后审办法。前者是在投标之前进行，潜在投标人通过资格预审后，方可参与投标；后者是在开标之后进行，资格后审不合格的投标人会被取消投标资格。

1. 资格预审（pre - qualification）机制

投标人资格预审，即在投标前对有意向参与投标的投标人进行的资格审查，然后确定其是否有投标资格。资格预审内容包括投标人的法人地位、经营资质、安全生产许可、商业信誉、财务能力、技术能力和经验等。资格预审一般在工程招标发售标书前就进行，决定投标人有无投标资格。因此，这种方法可有效地限制不合格的投标人，将不合格的投标人排除在工程招标活动之外。这对减少评标工作量、节省社会成本具有重要意义。但资格预审过程将潜在投标人的信息公开化，这为潜在投标人及其他相关方的合谋（包括围标和各类串标）扩大了空间。

根据我国 2001 年发布的《房屋建筑和市政基础设施工程施工招标投标管理办法》（经 2018 年 9 月 28 日住房和城乡建设部第 43 号令修正）第十五条对资格预审做出了明确的规定："招标人可以根据招标工程的实际需要，对投标申请人进行资格预审，也可以委托工程招标代理机构对投标申请人进行资格预审。实行资格预审的招标工程，招标人应当在招标公告或者投标邀请书中载明资格预审的条件和获取资格预审文件的办法"。我国于 2003 年发布，2013 年修订的《工程建设项目施工招标投标办法》第十八条规定："招标人不得改变载明的资格条件或者以没有载明的资格条件对潜在投标人或者投标人进行资格审查"。

资格预审一般采用合格制，若潜在投标人过多，则可采用有限数量制。经资格预审后，招标人向资格预审合格的潜在投标人发出资格预审合格通知书，告知获取招标文件的时间、地点和方法，并同时将资格预审结果传达给资格预审不合格的潜在投标人。未通过资格预审的潜在投标人，不再具有投标的资格。

对潜在投标人进行资格预审可筛除部分不具备投标能力的潜在投标人，并为后面的评标工作减轻负担，这在降低人力、物力、财力等成本损耗的同时也提高了工作效率。另外，采用资格预审也是与国际接轨的体现，国际咨询工程师联合会在《土木工程合同招标评标程序》中规定，对于大型项目或国际性的招标项目，都必须实行资格预审。世界银行和亚洲开发银行也在有关项目招标采购文件中对资格预审做出了明确规定。

资格预审的优缺点见表 3－2。

表 3－2　资 格 预 审 的 优 缺 点

资格审查方式	资　格　预　审
优点	(1) 筛除部分不合格的潜在投标人； (2) 保证在技术、管理等方面能力优秀的潜在投标人参与投标； (3) 避免因未经资格预审而可能造成的项目实施风险； (4) 基于对潜在投标人的了解，可有针对性地采取相应措施营造科学竞争的投标氛围； (5) 减轻评标工作负担，提升评标工作效率，并提高评标工作的质量； (6) 与国际接轨，利于增强企业在国际市场的竞争力
缺点	(1) 招投标过程时间延长； (2) 招标人组织资格预审需要成本； (3) 潜在投标人参加资格预审需要成本； (4) 以"资格预审"名义排挤部分满足项目投标资格的潜在投标人，变"公开招标"为"邀请招标"； (5) 资格预审报名信息的保密性弱，有可能会出现投标人间串标的情形

2. 资格后审（post－qualification）机制

投标人资格后审，即在开标后对投标人进行的资格审查，是近几年用得较多的一种投标人资格审查方法。资格后审的内容与资格预审内容相当，但资格后审中，经常将资格审查放在评标的初步评审过程/阶段。初步评审包括形式评审、资格评审和响应性评审。显然，在资格后审中，仅资格评审并不一定决定投标人的命运，这要视初步评审方法而定。采用资格后审时，在发售招标文件、投标答疑、踏勘现场直至专家抽取、通知、开标的实施过程中，投标人之间、评标专家与投标人之间、投标人与招标代理之间均不存在信息交换，投标人的信息始终处于一种自然的湮没状态，从而可有效地压缩招标过程的各种合谋,包括围标和各类串标的空间或机会。此外,与资格预审相比,资格后审由于省去了资格预审的环节,可缩短招投标工作的历时,对一些工期紧张的项目具有较大意义。

资格后审是投标人在提交投标书的同时报送资格审查的资料,在开标后由评标委员会按照招标文件规定的标准和方法对其进行的资格审查。合格制是资格后审的常用办法。经评标委员会审查资格合格者,才能继续参与投标。

资格后审的采用省略了资格预审环节,缩短了招标时间。同时投标人数量的增多,有助于提升竞争力,可以为招标项目选择出令人满意的中标人。但投标人数量的增多也意味着其间投标方案差异的增大,会增加评标工作成本。资格后审的优缺点见表3-3。

表3-3 资格后审的优缺点

资格审查方式	资格后审
优点	(1) 缩短招投标过程时间; (2) 节约招标人组织资格预审和潜在投标人参加资格预审所需的成本; (3) 参与投标的人数增多,竞争力加大,扩展了业主的选择范围,有助于为招标项目选择出令人满意的中标人; (4) 潜在投标人信息的保密性相对较好,减少了围标、串标等现象的发生
缺点	(1) 若参与投标的人数过少,存在流标的风险; (2) 缺乏对投标人基本情况的了解,若中标人某方面的资质能力薄弱,会给项目建设埋下隐患

资格预审和资格后审的主要区别见表3-4。

表3-4 资格预审和资格后审的主要区别

资格审查方式	资格预审	资格后审
审查时间	在发售招标文件之前	在开标之后的评标阶段
审查人员	招标人/工程招标代理机构	评标委员会
审查对象	潜在投标人的资格预审申请文件	投标人的投标文件
审查办法	合格制/有限数量制	合格制

3.5.3 投标人资格审查机制的选择

目前,资格预审和资格后审方式在风电场招标项目中皆有一定的应用,因此需要判断何种条件下对风电场招标项目采用资格预审方式,何种条件下对风电场招标项目采用资格后审方式,即判断出风电场项目投标人资格预审和资格后审的适用范围。在进行资格审查时,必须遵循如下基本原则:

1.目标导向性原则

资格审查的内容及选取的参照标准应当充分考虑招标人自身的需求,即招标人要达到什么样的目标，通过哪些方面的内容来达到目标，由此为招标项目选择合适的投标人。

2. 全面性、系统性原则

资格审查的内容应全面且内容之间应具备一定的条理性，使得整体内容满足系统性的要求。这些方方面面的内容应当全面、系统地体现出各潜在投标人的基本情况。

3. 实用性原则

资格审查的内容及选取的参照标准应当切实可行，具备一定的可操作性，并满足审查的可行性。

4. 科学原则

资格审查的内容和参照标准应当是在符合国家相关管理规定和市场竞争条件的前提下，针对具体招标项目的技术及管理等要求提出的。

5. 合格原则

资格审查内容满足资格审查标准视为通过资格审查，由此选择资格审查合格的潜在投标人参与投标。

基于上述资格审查的原则以及资格预审和资格后审的优缺点，可得出风电场项目投标人资格预审和资格后审的适用范围见表 3-5。

表 3-5　风电场项目投标人资格预审和资格后审的适用范围

资 格 预 审	资 格 后 审
(1) 招标项目技术复杂； (2) 招标人对投标人的经营资格、专业资质、工程经验、财务状况、技术水平、管理能力、业绩、信誉等方面有着较高的要求，其中特别重视风电设备的相关技术性要求，如在产品认证方面要求获得设计认证和型式认证证书，在并网检测方面要求满足国家能源局颁发的《风电机组并网检测管理暂行办法》； (3) 需提前掌握投标人基本信息的招标项目； (4) 面临的潜在投标人数较多； (5) 招标文件编制费用较高	(1) 潜在投标人数量不多； (2) 具有通用性、标准化、一般技术要求的招标项目； (3) 一般情况下，为增强投标的竞争性，只要投标人满足招标文件中规定的基本要求，均可参与投标

可见，在为风电场项目确定资格审查方式时，主要应关注投标人数量、项目技术要求、招标文件编制费用、开标前对投标人基本信息的需求等方面内容。另外，风电场项目投标人资格审查无论是采用预审方式还是后审方式，均需依据《中华人民共和国招标投标法》及其实施条例相关条款要求由特定人员执行，不得随意指定人员进行。

【案例 3-2】　某风电场项目业主对该项目风机基础及箱变基础工程进行公开招标，该项目所处场区总面积约为 18.8km²，海拔为 1000.00～1400.00m，项目具体内容包括（但不限于）25 台 2MW 的风机基础施工（含基坑开挖回填）、25 台箱式变压器基础施工（含基坑开挖回填）、视频安防系统基础施工、风机基础预埋件（含基环收货、卸车、场内二次转运、安装；基础范围内接地装置、埋管、沉降观测点）施工等。

招标要求投标人须具备以下资格要求：①在中华人民共和国境内依法组建、注册、具有独立法人资格的企业法人；②具有水利水电施工总承包二级或市政公用工程施工总承包二级或建筑工程施工总承包二级及以上资质或地基与基础工程专业承包二级及以上资质；③投标人拟派驻工地的项目经理应持有国家注册二级建造师及以上资格证书，具备5年及以上类似工程的管理经验，且不得同时在本工程以外的其他工程兼职。投标人拟派驻工地的技术负责人应具有工程师及以上职称，有5年及以上类似工程现场施工技术管理经历（担任项目总工或项目副总工），且不得同时在本工程以外的其他工程兼职；④具有省级及以上建设行政主管部门颁发的安全生产许可证；⑤具有完善的质量/环境/职业安全健康认证证书；⑥具有良好的银行资信和商业信誉，没有处于被责令停业、财产被接管、冻结及破产状态；⑦具有增值税一般纳税人资格。另外，商务部分评分标准表显示资信与业绩占75分（总分为100分）。

可见，此项目需提前掌握投标人信息，且对投标人的经营资格、专业资质、工程经验、财务状况、技术水平、管理能力、业绩、信誉等方面有着较高的要求，于是可以考虑选择资格预审方式作为此项目的资格审查方式。（来源：某风电场二期风机基础及箱变基础工程招标文件）

3.6 评标机制策划

3.6.1 项目评标机制

评标是项目招投标工作中由招标人依法组建评标委员会，评标委员会按照招标文件规定的评标标准和方法，对投标人的投标文件进行评审的法定流程。评标委员会由招标人代表（招标人代表可以是熟悉招标项目业务、能够胜任评标工作的人员，也可以是经招标人授权的招标代理机构人员）和有关技术、经济等方面的专家组成，成员人数为5人以上单数，其中技术、经济等方面专家不得少于成员总数的三分之二。评标委员会的专家成员从专家库中以随机抽取方式确定，其中对于技术复杂、专业性强或者国家有特殊要求的招标项目，通过专家库随机抽取方式难以确定胜任的，可由招标人直接指定。

3.6.2 典型评标机制

1. 经评审的最低投标价法

经评审的最低投标价法是指评标委员会根据规定的量化因素和量化标准，对符合招标文件实质性要求的投标文件进行价格折算，在剔除低于成本且未能合理提供相关证明材料的投标价的基础上，按照经评审的投标价由低到高的顺序推荐中标候选人的一种评标方法。采用该方法时，对符合招标文件实质性要求的投标文件，将其价格要素进行调整后得到的投标价作为评价的主要依据。其中价格要素可能为投标范围的偏差、投标多项或少项、付款条件偏差引起的资金时间价值的差异、工程交付时间给招标带来的直接损益等。在此基础上，进一步判断调整后的投标报价是否低于投标人企业成本，不低于其成本的为有效投标报价；对有效投标报价从低至高依次进行评审，直至确定出 2～3 个有效投标报价或 2～3 个中标候选人。经评审的投标价相等时，投标报价低的优先；投标报价也相等的，由招标人自行确定。

采用经评审的最低投标价法，评标委员会一般先对投标文件进行初步评审，投标文件中有一项不符合评审标准的即作废标处理，其中，对于未进行资格预审的，评标委员会需要求投标人提交投标人须知规定的有关证明和证件的原件以供核验；然后对通过初步审查的投标文件的技术部分进行实质性评审，只有实质性要求响应招标文件且评标价最低的投标人才能成为中标候选人。

经评审的最低投标价法的优缺点见表 3-6。

表 3-6　经评审的最低投标价法的优缺点

典型评标机制	经评审的最低投标价法
优点	（1）降低评标委员会因个人主观性带来的不公正、不公平影响，使得评标过程更符合公开、公平、公正原则； （2）节约投资，为建设单位提高了经济效益； （3）与国际接轨，有利于增强企业在国际市场的竞争力
缺点	（1）对评标委员会的要求较高，评标委员需花费大量的时间进行考评和计算； （2）"技术指标"与价格的折算关系可能不妥当，难以表现出"性价比"的真正含义； （3）评标价格最低，不表明服务和质量最优

2. 综合评估法

综合评估法，又称综合打分法，是指评标委员会按照工程招标文件规定的评审因素和评审标准，对符合招标文件实质性要求的投标文件进行综合评审并打分，在剔除低于成本且未能合理提供相关证明材料的投标价的基础上，按照评标综合得分排序最高推荐中标候选人的一种评标方法。通常按综合得分由高到低顺序推荐 2～3 个中标候选人，或根据招标人授权直接确定 2～3 个中标候选人。综合评分相等时，以投标报价低的优先；投标报价也相等的，由招标人自行确定。

当采用"综合评估法"对风电机组采购项目进行评标时，可以将商务、技术、评标价三个方面作为主要评价因素对各投标人的投标文件和最终澄清答复进行定性评价和定量评分相结合的综合比较。除了通用性的评价指标外，风电场应有其特殊的评价指标。例如将"近三年风电机组设备销售额"作为商务标中考核投标人市场占有份额及发展情况的指标；将"风电机组可靠性和技术先进性"和"风电机组的运行维护方便性及费用"作为技术标中考核风电场建设与运维技术性的指标。综合评估法的优缺点见表3-7。

表 3-7　综合评估法的优缺点

典型评标机制	综 合 评 估 法
优点	(1) 适用范围广，任何招标项目都可采取综合评估法； (2) 评审操作简单； (3) 引入权值的概念，评标结果更具有科学性； (4) 能体现投标企业的综合能力
缺点	(1) 投标人的投标报价可能是为了评标时得到高分，未必是企业竞争力的真实体现； (2) 难以合理界定评标因素及权值； (3) 企业资质、业绩、财务状况等因素参与量化计分，易产生建筑市场挂靠、围标、串标等违规行为； (4) 评标量化计分时的人为可操作性强，若缺乏对评委的有效约束，则可能存在人为暗箱操作的现象； (5) 作为临时性小组的评标委员会，短期内可能难以在充分熟悉项目资料的基础上正确掌握评标因素和权值

3.6.3　评标机制选择

目前，经评审的低价中标法和综合评估法在风电场招标项目中皆有一定的应用，因此有必要判断何种条件下对风电场项目采用经评审的低价中标法或者综合评估法，即判断出对于风电场项目而言，经评审的低价中标法和综合评估法的适用范围。在进行评标工作时，须遵循如下基本原则：

1. 公开、公平、公正

招标文件中评标方法内容的设置要公开、公平、公正，对所有投标人一视同仁，不得对部分投标人存有排斥倾向（如给予部分投标人补贴政策或对部分投标人设置有针对性的偏见条款等）。评标委员会在正确把握招标项目特点和需求的前提下严格按照评标方法对所有投标文件进行评审。

2. 系统考评

一方面，要求评标方法的内容全面，能体现出投标人完成招标项目的综合实力；另一方面，对于完成招标项目的关键要素，在设置评标内容时，应重点强调其评审要求。另外，应鼓励招标人将全生命周期成本纳入价格评审因素，并在同等条件下优先选择全生命周期内能源资源消耗最低、环境影响最小的投标。

3. 科学择优

评标方法的设立应当符合现行有关法律法规的规定，评标程序应当符合一定的逻辑顺序。评标委员会基于科学的评标方法和评标程序择优推荐中标候选人。

基于评标原则和上述经评审的低价中标法和综合评估法的优缺点，得出针对风电场项目的经评审的低价中标法和综合评估法的适用范围，见表 3-8。

表 3-8　经评审的低价中标法和综合评估法的适用范围

评标机制	经评审的低价中标法	综合评估法
适用范围	（1）政府和国有投资项目； （2）具有通用技术、性能标准或者招标人对其技术、性能没有特殊要求的招标项目； （3）投入资金不多，实施难度不大，施工时间短的招标项目	大型建筑工程或技术复杂、投入规模较大、管理要求高、施工难度大以及工期较长的不宜采用经评审的低价中标法的招标项目

【案例 3-3】　某风电场项目属国家支持倡导的清洁能源项目，其建设工期为 12 个月，工程静态投资 52669 万元，单位千瓦静态投资 8778 元，单位电度静态投资 3.81 元。鉴于本项目本身为清洁能源项目，建设区域不涉及自然保护、文物保护和公众宗教敏感点，且风电机组和升压站均布置在平原区域，避开了居民点。即本项目主要风险因素是"项目建设因没能有效协调地方利益问题而引发的矛盾冲突""用地补偿标准与公众预期的标准有差距，可能引起部分利益相关者不满""用地补偿发放过程中，程序不规范，补偿方案不合理或补偿不及时，可能引起部分补偿户不满"，这三项风险带来的影响可能使部分利益相关者产生不满情绪，可能出现个别干扰施工等现象，但总体风险较低。故本项目属常规实施难度，对技术、性能没有特殊要求，于是可以考虑选择经评审的低价中标法作为此风电场项目的评标方式。（来源：×××风电工程项目可行性研究报告）

3.7　本　章　小　结

本章围绕风电场项目采购总体策划做了详细阐述。首先，对风电场项目采购总体策划的主要内容和依据进行概括性描述，然后分别从风电场项目发包方式策划、风电场项目分标策划、风电场项目采购方式策划、风电场项目投标人资格审查机制策划、风电场项目评标机制策划等方面进行了阐述。在此基础上，分别对上述五个方面的策划内容进行了详细介绍，包括策划的影响因素、原则和方法等。

第4章　风电场项目合同策划

工程合同作为约束工程项目各参与方行为的法律性文件，是项目参与各方的最高行为准则。它不仅明确了合同双方的权利和义务，是双方围绕合同工程进行各种经济活动的基础，而且也是合同双方解决争议的依据。风电场项目合同策划是编制招标文件和合同文件的重要工作，合同策划的目标是减少矛盾和争议，保证合同圆满地履行，顺利地实现工程项目总目标。

4.1　合同策划及其内容

4.1.1　合同策划及其重要性

研究发现，工程人员往往把目光放在工程实施过程中的合同管理及合同索赔上，对于前期的合同策划关注不够，致使合同在签订之初就留下了缺陷。在风电场建设项目开始阶段，即应该对与工程相关的合同进行策划。风电场项目合同策划的作用包括：

（1）合同策划决定着项目的组织结构及管理体制，决定合同各方面责任、权利和工作的划分，因此会对整个项目产生根本性的影响。业主通过合同委托项目任务，并通过合同实现对项目的目标控制。

（2）通过合同策划厘清风电场项目实施过程中各方面的重大关系，防止由于这些重大问题的不协调或矛盾形成工作上的障碍，造成重大的损失。

（3）合同是实施项目的手段。无论对业主还是承包商，正确的合同策划能够保证圆满地履行各个合同，促使各个合同达到完善的协调，减少矛盾和争执，顺利地实现工程项目的整体目标。

为了维护风电企业的利益，在工程建设中应该贯彻合同理念，以法律法规为依据。制定全面细致的合同，尽量减少风险，避免不必要的损失。要在《中华人民共和国民法典》（以下简称《民法典》）、《中华人民共和国招标投标法》《中华人民共和国建筑法》《建设工程质量管理条例》和《建设工程勘察设计管理条例》等法律法规的框架下进行策划，保证合同策划的结果符合法律规定。如双方的权利义务、工程技术人员资格、工程质量要求、成果文件深度、合同价款、知识产权、工程保险及担保、不可抗力、变更、索赔、违约责任、合同生效、合同解除、权利义务终止、争议解决等方面应当符合法律规定，不得谋求法外险径和不当利益。

4.1.2　合同策划的主要内容

在确定了工程发包方式的基础上，还需从合同计价方式的选择、合同条款的选择与风险分配、保险与担保、争议解决四方面进行风电场项目合同策划。合同策划的目标是通过合同来发包任务，以保证项目目标的实现。

1. 合同策划的内容

此处合同策划是狭义的概念，是指风电场项目单个合同的策划，具体包括以下内容：

（1）风电场项目合同类型的选择。这一般指以计价方式来划分的不同合同类型的选择。按照计价方式，项目合同通常可分为总价合同、单价合同、成本加酬金合同和混合计价合同，应根据具体情况合理选择。

（2）风电场项目合同重要条款的确定。风电场项目合同重要条款主要是指围绕项目建设目标，为确保项目圆满完成对合同双方的权利义务进行划分的相关条款。由于工程合同要划分的权利义务很多，约定责任众多，工程界及法律界的专家专门拟定了合同范本来确定基本内容。这需要在合同策划时进行合同范本的选择和拟定满足个性化要求的专用条款。

（3）风电场项目工程保险与担保策划。风电场项目工程保险是适用于工程领域的保险制度，在风电场项目中应对投保险种、投保范围、投保方等进行策划。风电场项目工程担保通常指的是业主为顺利履行合同，避免因承包商违约而遭受损失，要求承包商提供的担保措施。

（4）风电场工程合同争议解决策划。在合同有效期内，有效解决合同争议，维系合同稳定关系，确保合同当事人的合同利益，维护社会公众利益。

2. 合同策划的依据

（1）工程方面的依据。工程方面的依据主要包括：风电场项目工程规模、特点；工程技术难度；工程设计深度；工程质量要求和工程范围的确定性、计划程度；招标时间和工期的限制；项目的经济属性；工程风险程度；工程资源（如资金、材料、设备等）供应及限制条件等。

（2）业主方面的依据。业主方面的依据主要包括业主的资信、资金供应能力、管理风格、管理水平和具有的管理力量；业主的目标以及目标的确定性；业主的实施策略；业主的融资模式和管理模式；业主期望对工程管理的介入深度；业主对工程师和承包商的信任程度等。

（3）环境方面的依据。环境方面的依据主要包括风电场项目工程建设条件；建筑市场竞争激烈程度；物价的稳定性；建设政策、法规的完善程度；资源供应市场的稳定性；工程的市场交易方式（即流行的工程承发包模式和交易习惯），以及工程惯例（如标准合同文本）等。

以上三方面是考虑和确定合同策划问题的基本要点。

4.2 合同计价方式策划

4.2.1 合同计价方式类型

按建设工程合同的计价方式，常将合同类型分为基于价格、基于成本和混合型的3类6种，它们各有特色，适用于不同的工程和建设条件。不同类型的合同有不同的优缺点及适用范围、不同的权力与责任的分配，对合同双方有不同的风险分配。工程实践中应根据具体情况选择合适的合同计价方式，合理的计价方式选择有利于减少合同纠纷，降低工程风险，并顺利实现项目的目标。

4.2.1.1 基于价格的合同计价方式及其特点

基于价格的合同计价方式，采用的价格是在工程合同中确定的，发包人所承担的风险较小，而承包人则必须承担实际成本大于合同价格的风险。其中，工程总价不变对应的合同称为总价合同；工程单价不变对应的合同称为单价合同。

（1）总价合同。总价合同包括调值总价合同、固定总价合同等多种衍生形式。其中固定总价合同要求交易内涵清晰，相关设计图纸完整，项目工作范围及交易计量依据确切，否则风险较大。在国际工程承包中，这种合同应用得较多，如在一些交钥匙工程的工业项目上经常采用这种固定总价合同。往往工程发包方在招标时只提供工程项目的初步设计文件，就要求承包人以固定总价的方式承包。由于初步设计无法提供比较精确的工程范围和工程量清单，承包人必须承担工程量和价格的风险。在这种情况下，承包人的报价一般也会较高。FIDIC的"银皮书"就采用了固定总价合同。这种合同的优点是工程发包方在实施过程中的管理工作量小，风险也小，但当出现工程变更时，对于工程总价和工期是否进行调整，如何调整，双方可能会产生矛盾和纠纷。

（2）单价合同。单价合同的工程交易单价一般在合同中规定，合同中的工程量为参考工程量，工程合同结算时按合同规定的价格和实际发生的工程量进行计算。但在一些合同中，如FIDIC施工合同，通常规定承包人所报的单价不是固定不变的，在一定条件下，可根据物价指数的变化进行调整，这种合同称为可调单价合同。总体而言，单价合同要求设计图纸较完整，对交易双方的风险分配比较合理。

4. 2. 1. 2　基于成本的合同计价方式及其特点

基于成本的合同计价方式一般用于工期紧急的场合，这类合同计价方式可分为下列 3 种。

（1）成本补偿的计价方式，即成本补偿合同，或称实际成本加固定费用合同。这是一类实报实销外加固定费用（酬金）的合同。其衍生形式有：

1）实际成本加百分率合同。这种合同的基本特点是以工程实际成本加上实际成本的百分数作为付给工程承包人的酬金。

2）实际成本加奖金合同。这种合同的基本特点是以工程实际成本，加上一笔奖金来确定工程承包人应得的酬金，并当实际成本低于目标成本时，奖金适当增加；当实际成本高于目标成本时，奖金适当减少。

（2）目标成本的计价方式，即目标成本合同，或称目标价格激励合同。这类合同由双方商定一个目标价格，若最后结果超过这一目标价，超过部分由交易双方按一定比例共同分担；若最后结果低于这一目标价，则节约部分交易双方按一定比例共同分享。目标成本合同计价结构形式如图 4-1 所示，其要素包括最高成本、目标成本、目标利润、最低利润、最高利润或分成比例（或负担比例）。各要素确定方法如下：

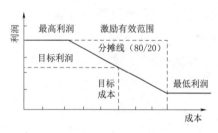

图 4-1　目标成本合同计价结构形式

1）最高成本。根据我国目前的情况，最高目标成本可以根据合同范围内的工程概算值确定。

2）目标成本。目标成本可根据工程概算，再考虑建设市场竞争情况确定，如可在合同范围内工程概算价的 90%～95% 内选择一个值确定。

3）目标利润。目标利润可参考计划利润，如 5%～10%，并适当考虑市场情况确定。

4）最低利润。理论上，最低利润是承包人承担了合同中规定其应承担的大部分风险，且其工作努力程度一般的条件下对应的利润。

5）最高利润。最高利润是承包人基本上没有承担合同中规定其应承担的风险，且其工作努力程度高的条件下对应的利润。

上述 5 个要素应针对具体工程测算，分摊线上下两部分的分摊比可相同，也可不同。

（3）限定最高价的计价方式，即限定最高价合同，或称限定最高价激励合同。这类合同由交易双方商定一个最高价格，或称封顶价格，由工程承包人保证不超过这一价格。若超过此价格，超过部分由工程承包人负担；若低于此价格，节约部分按某一比例由承发包双方共享。这种合同发包方不存在风险，而对工程承包人的约束力较大。限定最高价合同的结构形式如图4-2所示，其要素包括限定最高价或称封顶价格、目标成本、目标利润最低利润、最高利润或分成比例（或负担比例）。各要素确定方法如下：

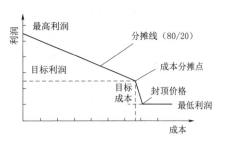

图4-2　限定最高价合同的结构形式

1）限定最高价。限定最高价可根据合同范围内工程概算确定，如取工程概算价的95％等。

2）目标成本、目标利润、最低利润和最高利润，与目标价格激励合同的设计方法类似。

在限定最高价激励合同结构中，目标成本上下分摊线的分摊比例一般应不一样。与目标激励合同相比，显然这种类型合同对承包人风险较大。

基于成本的合同价格在工程实施之前往往是无法确定的，必须等到工程实施完成后，由实际的工程成本来决定，发包人要承担工程成本的风险，而工程承包人要承担的风险与基于价格的合同相比要小得多。同时，为保证工程承包人经济合理地使用各种资源和有效地组织施工，发包人要投入较多的力量对承包人进行管理和监督。

4.2.1.3　合同的混合计价方式及其特点

合同的混合计价方式，即混合合同，其是部分基于成本的合同计价、部分基于价格的合同计价，并适时进行转换的合同计价方式。一般适用于建设工期要求紧迫，即工程勘察设计还没有全部完成，或工程设计还不具体时就要求开始施工的情况，此时不能确定工程价格，也不能完全确定工程量，因而只能采用基于成本的合同计价方式。而随着工程设计的深入，工程量和工程单价逐步清晰，具备采用基于价格的计价条件，此时，可采用基于价格的合同计价方式。混合合同适用于工期紧迫的工程，对控制工程成本或投资风险能发挥较好作用。

4.2.2　合同计价方式选择

就风电场建设项目而言，采用何种合同形式实施工程建设，主要与招标前已完成的设计准备详细程度有关。一般而言，如果一个工程仅达到可行性研究、概念设计阶段，只需要满足主要设备、材料的订货，以及项目总造价的控制、技术设计和施工方案设计文件的编制等要求，多采用成本补偿合同。工程项目达到初步设计的深度，能满足设计方案中的重大技术问题和试验要求及设备制造要求等时，多采用单价合同。工程项目设计达到施工图阶段，设计深度能满足设备、材料的安排，非标准设备的制造，施工图预算的编制，施工组织设计等，多采用总价合同。

因此，根据设计深度来选择合同类型是一个比较合理的方式。具体分析如下：

（1）工程项目达到施工图设计深度阶段，能满足准确计算工程量的要求，图纸、规范中对工程作出了详尽描述，工程范围明确，施工条件稳定，结构不太复杂，规模不大，工期较短，且对最终产品要求很明确的情况下，可以考虑采用总价合同形式。DB 项目或 EPC 项目也可采用总价合同形式，这时业主可以比较早地将项目的设计与建造总包给一个总承包商，而如果总承包商管理得好可以获得比一般施工类型项目更大的利润。

（2）在业主准备招标时，项目的内容和设计指标暂时不能十分确定，或项目的工程量与实际相比可能会有较大出入，但工程项目已达到初步设计的深度，能满足设计方案中的重大技术问题和试验要求及设备制造要求的情况下，可以考虑采用单价合同形式。

（3）一个工程仅达到概念设计阶段，只能满足主要设备、材料的订货情况下，或者为完成崭新的工程而且施工风险很大的情况下，可以考虑采用成本补偿合同形式。

通过对合同类型优缺点的分析，得出工程风险不大、技术不太复杂、工期不太长的情况下，可以考虑采用总价合同形式。

4.3　合同条款选择与风险分配

4.3.1　合同条款选择

风电场项目合同的主要内容通过合同的主要条款来反映。风电场项目合同除了标的、数量、质量、价款或报酬、履行期限、地点和方式、违约责任、争议解决方法等《民法典》所规定的一般条款外，以建设项目施工合同为例，还必须约定以下主要条款：

1. 合同文件的组成部分

在这一条款中，应明确建设工程合同除合同本身外，还包括磋商、变更、明确双方权利义务的备忘录、纪要和协议。中标通知书、招标文件、工程量清单或确定工程造价的工程预算书和图纸以及有关的技术资料和技术要求等，它们也都是合同的组成部分。同时还应明确组成合同的各个文件的解释顺序。

2. 建设项目的概况

这一条款应明确写出工程的名称、详细地址、工程内容、承包范围和方式、建筑面积、建设工期、质量等级等内容。在表述这些内容时应尽可能确切，以建设工程中的开工日期为例，不能出现"大约、左右"之类的词语，如签订合同时确切的开工时间无法确定，则应明确如何确定开工日期，如可表示为"以甲方或监理人下达的书面开工令载明的日期为正式开工日期"等。同时，明确提前竣工和延误工期的奖惩办法。

3. 合同当事人的责任

这一条款包含以下内容：

（1）甲、乙双方驻工地代表的职权范围。这一条款直接关系到工程建设过程中签证的有效性问题。一般应在合同中明确甲、乙双方驻工地代表的姓名及其授权范围，还可以在合同中明确驻工地代表签证的限额，这样有利于发生问题后能够按双方约定的职权范围及时解决，不至于因权限不明、互相推诿影响工程工期。

（2）甲、乙双方的职责。这一条款应尽量详细，明确划分双方的职责范围，使双方能各司其职，将建设工程顺利完成。一旦发生任何一方不履行合同规定义务的情况，可以按合同规定的方式处理。

4. 工程合同价格与支付

这一条款中应写明约定工程造价的依据、确定工程造价的方式（是按甲、乙双方审定的工程预算还是按招标工程的决标金额等）、约定工程造价的调价方式（是实行固定价格还是可调价格。如为可调价格，还应明确可调因素，如工程量增减、甲方认可的设计变更、材料价格调整等）。同时，应约定调整工程造价的方法、程序和时间。这一点无论对于哪一方都是非常重要的。

5. 竣工与结算

这一条款与承包商的利益有较大的关系，直接影响到承包商工程款的取得。在实践中，由于这一条款约定不明确产生纠纷的情况很多。尤其是在大量的边设计、边修改、边施工情况下的"三边工程"履约过程中，由于合同造价的不确定，又没有事先约定造价的程序、期限和方式，往往在工程最终结算时引起矛盾，造成纠纷。因此，在本条款中应约定最后结算的含义，即明确是以经甲方认可的乙方提交的结算报告书为准，还是以审价单位的结果为准。同时还应明确双方对决算价格发生争议后解决的方式、时间，明确由审价单位进行审价的程序和方法以及审价的约束力。

除了上述条款外，风电场项目合同还有其他重要的条款，如违约责任条款、变更和解除合同条款、工程保险条款等。

选用合理规范的合同范本，并根据项目的实际情况有针对性地调整合同条款，可以避免在后期合同执行过程中出现不必要的争端。

以风电场项目的主要发包方式——DBB 与 EPC 两种模式为例，分别阐述风电场项目合同的主要内容。

4.3.1.1 DBB 模式下合同内容策划

DBB 模式的工程合同，是指业主在设计全部完成或在设计阶段的后期，进行设备及施工招标以选择设备制造商及施工承包商来完成整个工程建设任务而分别与设计、设备制造商及施工承包商签订的所有合同文件的总称。下面以施工合同、设计合同、设备合同为例说明其内容策划。

1. 施工合同策划

（1）DBB 模式下施工合同文件的组成。对承发包双方具有约束力的合同文件主要有合同协议书、中标通知书（如果有）、投标函及其附录（如果有）、专用合同条款及其附件、通用合同条款、技术标准和要求、图纸、已标价工程量清单或预算书、其他合同文件。当文件中出现模糊不清或不一致的情况时，按以上文件的顺序作为解释的优先顺序。

（2）DBB 模式下施工合同的价格与支付。DBB 合同通常采用单价合同的形式，合同价格可以通过单价与实际完成工程量的乘积来确定，加上包干项，并按照合同规定进行调整。承包商应支付合同中要求其支付的一切税费，但此类税费已包含在合同的价格中，只有当相关立法变更而导致税费变化时，才可以调整合同价格。如果专用条款对合同价格另有规定，则以专用条款的规定为准。另外需要说明的是，工程量表或其他数据表中列出的工程量只是估算工程量，不是要求承包商实际完成的工程量，不能作为估价使用。

由于工程耗资大，在项目的启动阶段，为了改善承包商前期的现金流，业主在收到承包商的预付款担保后，应向承包商支付一笔无息预付款，并在投标函附录中规定清楚预付款的额度、分期支付的次数、支付时间，以及支付货币和货币比例。随着工程的执行，承包商应在合同规定的时间按监理工程师批准的格式向其提交报表和证明文件，经监理工程师审核同意后开具支付证书，再交由业主批准并在合同规定的时间内予以支付。

（3）工程施工合同文件的策划。工程施工合同指工程投资方或组建的主体（发包人）和承包人（施工方）为完成商定的施工工程，明确相互权利、义务的协议。依照施工合同，施工方应完成发包人交给的施工任务，发包人应按照规定提供必要条件并支付工程价款。工程施工合同的当事人是发包方和承包方，双方是平等的民事主体。

施工合同是发包人、监理人（或监理工程师）和承包人进行项目管理的基本准则。不论是发包人、监理工程师还是承包人不仅要掌握已经形成的最终合同协议，而且还要了解这些条款或规定的来龙去脉；不仅要了解合同文件的主要部分，例如合同条款，而且也要熟悉报价单、规范和图纸，要把合同文件作为一个整体来考虑。

工程施工合同文件不仅指发包人和承包人签订的最终合同协议书，而且还包括招标文件、投标文件、澄清补遗、合同协议备忘录等。澄清补遗是在招标过程中，投标人/潜在承包人向招标人/发包人提出疑问，招标人用书面形式做的解释或说明。合同协议备忘录则是发包人和承包人在合同谈判中，双方愿意对招标文件或投标文件的某些方面进行的修改或补充。

1）合同文件的优先次序。施工合同文件包括招标文件及补遗、投标文件、中标通知书、双方签订的合同协议书及合同协议备忘录、合同条件、双方同意进入合同文件的补充资料及其他文件。

由于上述各部分有的是重复的，有的则是后者对前者的修改，因此在合同条款中必须规定合同组成文件使用的优先次序。即组成合同的所有文件被认为是彼此能相互解释的，但是如果有意思不明确和不一致的地方，那么各部分文件在解释上应有优先次序，并在合同条款中事先作出规定。优先次序的确定，第一是根据时间的先后，通常是后者优先；第二是文件本身的重要程度。对一般风电场项目而言，通常合同文件解释的优先次序为：①合同协议书；②中标通知书；③投标函及投标函附录；④专用合同条件；⑤通用合同条件；⑥技术标准和要求；⑦图纸；⑧已标价的工程量清单；⑨其他合同文件（经合同当事人双方确认构成合同的其他文件）。

2）风电场项目分标段合同施工范围及接口施工合同中应明确项目主要施工标段划分、本标段合同施工范围、主要施工标段界限划分依据、本标段与各标段划分界限说明、本标段合同施工内容等。

风电场项目主体施工可主要划分为风机基础工程、风机安装工程、升压站建筑和安装工程、集电线路工程，以及道路施工、土石方及临时工程五个标段。

2. 工程设计合同的策划

设计是工程建设的重要环节，在建设项目的选址和设计任务书已确定的情况下，建设项目是否能保证技术上的先进性和经济上的合理性，设计都将起决定作用。

风电场项目设计合同，是指设计人依照合同约定向发包人提供风电场工程设计文件，发包人受领该成果并按约定支付酬金的合同。风电场项目设计合同的内容，是指设计人根据建设工程的要求，对风电场工程所需的技术、经济资源、环境等条件进行综合分析论证，编制风电场工程设计文件。

（1）设计合同的构成及优先顺序。组成合同的各项文件应互相解释，互为说明。除专用合同条款另有约定外，解释合同文件的优先顺序如下：①合同协议书；②中标通知书；③投标函及投标函附录；④专用合同条款；⑤通用合同条款；⑥发包人要求；⑦设计费用清单；⑧设计方案；⑨其他合同文件。

（2）发包人义务，包括以下方面：

1）遵守法律。发包人在履行合同过程中应遵守法律，并保证设计人免于承担因发包人违反法律而引起的任何责任。

2）发出开始设计通知。发包人应按约定向设计人发出开始设计通知。

3）办理证件和批件。法律规定和（或）合同约定由发包人负责办理的工程建设项目必须履行的各类审批、核准或备案手续，发包人应当按时办理，设计人应给予必要的协助。

法律规定和（或）合同约定由设计人负责办理的设计所需的证件和批件，发包人应给予必要的协助。

4）支付合同价款。发包人应按合同约定向设计人及时支付合同价款。

5）提供设计资料。发包人应按约定向设计人提供设计资料。

6）其他义务。发包人应履行合同约定的其他义务。

（3）设计人的一般义务。

1）遵守法律。设计人在履行合同过程中应遵守法律，并保证发包人免于承担因设计人违反法律而引起的任何责任。

2）依法纳税。设计人应按有关法律规定纳税，应缴纳的税金（含增值税）包括在合同价格之中。

3）完成全部设计工作。设计人应按合同约定以及发包人要求，完成合同约定的全部工作，并对工作中的任何缺陷进行整改、完善和修补，使其满足合同约定的目的。设计人应按合同约定提供设计文件及相关服务等。

4）其他义务。设计人应履行合同约定的其他义务。

（4）发包人要求应尽可能清晰准确，对于可以进行定量评估的工作，发包人要求不仅应明确规定其功能、用途、质量、环境、安全，并且要规定偏差的范围和计算方法，以及检验、试验、试运行的具体要求。对于设计人负责提供的有关服务，在发包人要求中应一并明确规定。

发包人要求通常包括但不限于以下内容：

1）设计要求。招标人应当根据项目情况在本章中明确相应的设计要求，一般应包括：①项目概况：包括项目名称、建设单位、建设规模、项目地理位置、周边环境、树木情况、文物情况、地质地貌、气候及气象条件、道路交通状况、市政情况等；②设计范围及内容；③设计依据；④项目使用功能的要求；⑤设计人员要求；⑥其他要求。

2）适用规范标准。

3）成果文件要求。

4）发包人财产清单：①发包人提供的设备、设施；②发包人提供的资料；③发包人财产使用要求及退还要求。

5）发包人提供的便利条件。

6）设计人需要自备的工作条件。

7）发包人的其他要求。

3. 大型设备采购合同的策划

风电场项目设备主要包括风电机组及其附属设备、塔筒及基础环设备、箱式变压器设备、主变压器及中性点设备、无功补偿设备、高压户内/外开关设备，户内开关柜设备、综合自动化设备、交直流设备、视频安防设备、风功率预测设备等。

风电场项目设备采购合同中，设备卖方将其制造设备的所有权转移给工程发包人并运输至发包人指定的地点，发包人向设备卖方支付相应的价款。

（1）合同的构成。在《中华人民共和国标准设备采购招标文件》（2017年版）中规定组成合同的各项文件及解释合同文件的优先顺序如下：①合同协议书；②中标通知书；③投标函；④商务和技术偏差表；⑤专用合同条款；⑥通用合同条款；⑦供货要求；⑧分项报价表；⑨中标设备技术性能指标的详细描述；⑩技术服务和质保期服务计划；⑪其他合同文件。

（2）设备采购招标合同条款。以《中华人民共和国标准设备采购招标文件》（2017年版）为例，该文件约定了以下主要内容。

1）合同协议书中载明的签约合同价包括卖方为完成合同全部义务应承担的一切成本、费用和支出以及卖方的合理利润。除专用合同条款另有约定外，签约合同价为固定价格。应写明除专用合同条款另有约定外，买方应通过预付款、交货款、验收款、结清款等方式及相应比例向卖方支付的合同价款。当卖方向买方支付合同项下的违约金或赔偿金时，买方有权从上述任何一笔应付款中予以直接扣除和（或）兑付履约保证金。合同通用条款中还包括：①监造及交货前检验；②包装、标记、运输和交付；③开箱检验、安装、调试、考核、验收；④技术服务、质量保证期与质保期服务。

2）在供货要求中招标人应尽可能清晰准确地提出对设备的需求，并对所要求提供的设备名称、规格、数量及单位、交货期、交货地点、技术性能指标、检验考核要求、技术服务和质保期服务要求等作出说明。鉴于供货要求是合同文件的组成文件之一，指代主体名称宜采用买方和卖方分别表示招标人和投标人或中标人。

a. 项目概况及总体要求。招标人可根据需要对工程项目的概况进行介绍，以使投标人更清晰地了解供货的总体要求和相关信息。

b. 设备需求一览表。设备需求一览表包括序号、设备名称、规格、数量及单位、交货期、交货地点等。

c. 技术性能指标。招标人应编制详细的技术性能指标并考虑以下因素：

a）技术性能指标构成评标委员会评价投标文件技术响应性的标准。因此，定义明确的技术性能指标有助于投标人编制响应性的投标文件，也有助于评标委员会审查、评审和比较投标文件。

b）技术性能指标应具有足够的广泛性，以免在生产制造设备时对普遍使用的工艺、材料和设备造成限制。

c）招标文件中规定的工艺、材料和设备的标准不得有限制性，应尽可能地采用国家标准。法律法规对设备安全性有特殊要求的，应当符合有关产品质量的强制性国家标准、行业标准。

d）技术性能指标不得限定或者指定特定的专利、商标、品牌、原产地或者供应商，不得含有倾向或者排斥投标人的其他内容。在引用不可能避免时，该引用后应注明"或相当于"的字样。

3）检验考核要求。招标人应对合同设备在考核中应达到的技术性能考核指标进行规定，并可根据合同设备的实际情况，规定可以接受的合同设备的最低技术性能考核指标。

4）技术服务和质保期服务要求。

4.3.1.2　EPC 模式下合同内容策划

EPC 合同包括了一般的设计和施工任务以及永久生产设备的采购和安装工作，是工程项目可以正式投入生产运营的整个过程中业主与 EPC 总承包商签订的所有合同文件的总称。与 DB 合同的内容类似。

1. EPC 合同文件的组成

在我国目前还没有专门的全国性通用的 EPC 合同范本，由于《中华人民共和国标准设计施工总承包招标文件》（2012 年版）可适用于各类设计施工一体化工程建设总承包项目，因此以下根据其规定进行介绍。一般 EPC 合同的组成及优先顺序如下：①合同协议书；②中标通知书；③投标函及投标函附录；④专用合同条款；⑤通用合同条款；⑥发包人要求；⑦承包人建议书；⑧价格清单；⑨其他合同文件。

2. EPC 合同条款

合同通用条款包括 24 条，各条的标题分别为一般约定；发包人义务；监理人；承包人；设计；材料和工程设备；施工设备和临时设施；交通运输；测量放线；施工安全、治安保卫和环境保护；开始工作和竣工；暂停施工；工程质量；试验和检验；变更；价格调整；合同价格与支付；竣工试验和竣工验收；缺陷责任与保修责任；保险；不可抗力；违约；索赔；争议的解决。

考虑到不同风电场项目投资主体、工作内容等方面的差异，《中华人民共和国标准设计施工总承包招标文件》（2012 年版），采取了由合同当事人选择约定（A）、（B）条款的方法，供发包人根据实际需要选择适用（A）条款或者（B）条款，（A）条款相对（B）条款来说，风险对承包人略小，风险分配也更均衡。

3. 发包人要求

（1）发包人要求的概念。"发包人要求"是指构成合同文件的名为"发包人要求"的文件，包括招标项目的目的、范围、设计与其他技术标准和要求，以及合同双方当事人约定对其所做的修改或补充。"发包人要求"是招标文件的有机构成部分，工程总承包合同签订后，也是合同文件的组成部分，对双方当事人具有法律约束力。

《中华人民共和国标准设计施工总承包招标文件》（2012 年版）中要求"发包人

要求"用 13 个附件清单明确列出，主要包括性能保证表，工作界区图，发包人需求任务书，发包人已完成的设计文件，承包人文件要求，承包人人员资格要求及审查规定，承包人设计文件审查规定，承包人采购审查与批准规定，材料、工程设备和工程试验规定，竣工试验规定，竣工验收规定、竣工后试验规定、工程项目管理规定。

（2）起草"发包人要求"的注意事项。工程总承包实践中，起草"发包人要求"是项目成功或失败的主要原因，也是产生争端的主要来源，应关注如下问题：

1）"发包人要求"应当是完备的，包括要求的形状、类型、质量、偏差、功能性标准、安全标准以及对永久工程终身费用限制的所有参数；在施工期间和施工后必须成功通过的检验；永久工程预期和规定的性能；设计周期和持续期；完工后如何操作和维护；提交的手册；提供的备件的详细资料和费用。但发包人或监理人对参数的规定不能限制承包商的设计创新能力，不能对承包商的设计义务有影响。

2）"发包人要求"必须明确定义发包人要求的内容，可以吸收承包商设计、施工的专业的有创造性的输入，发挥设计施工总承包合同的优势。

3）"发包人要求"应该让业主选择最合适的投标人。但又不要求在投标阶段让投标人提供除可正确选择承包人的必要信息以外的信息。

4）"发包人要求"必须足够详细从而可以确定项目的目标。但又不限制承包人对工程进行适当设计的能力或寻求最合适解决方案的创造力，并能对投标人的设计进行评估。

4.3.2　风险及其分配策划

4.3.2.1　风险类型

一般而言，在任何建设工程的实施过程中，工程风险总是存在的。如何借助工程合同，将工程风险在承发包人之间合理分配，以谋求应对工程风险的最佳效果，这是工程风险分配策划的任务。

1. 工程风险定义

工程风险是指在工程实施过程中，由于自然环境、社会环境的变化，存在众多人们在工程招投标时难以或不可能完全确定的问题，由此可能带来的损失。风险一旦发生，就会导致成本增加或工期延误，造成承担风险一方的经济损失。然而，风险总是与收益并存的，如果某一种风险没有出现，或者控制恰当，减少甚至避免了损失，则承担此风险的一方就可能由此而取得收益，这就是"风险—收益原理"。如在工程施工承包合同中，采用的是不可调价的合同，即物价涨落的风险由承包人承担。这种情况下，承包人在投标时必然要考虑这一风险，而适当提高标价以应对可能出现物价上涨而引起损失的情况。工程实施过程中，如果物价上涨的幅度超过了所考虑的额度，则承包人会受到损失，如果物价涨幅小于这一额度或没有上涨，则承包人将会由于承担此风险而获得部分效益。反之，如果采用的是可调价合同，则物价涨落的风险将由发包人承担。这种情况下，合同价格将会因承包人不考虑包含这一风险而有所降低。同样，在合同实施过程中，如果物价不上涨或物价反而下跌，则发包人将由于合同价格的减少而受益；反之，发包人将必须在原合同价格上再额外支付一笔费用。

2. 工程风险分类

根据风险产生的因素，可将合同风险分成以下类别：

(1) 政策风险。政策风险主要来源于政策对风电行业领域发展的推动作用、政策对相关企业盈利的较大影响以及政策的不稳定性。

(2) 经济风险。经济风险主要来源于利率浮动、通货膨胀、税率变化、资金短缺等。我国经济目前正处于稳步增长阶段，国内风电场的利率浮动、通货膨胀、税率变化的风险较小，几乎可不考虑；对于部分经济不稳定的国家，利率浮动、通货膨胀、税率变化的风险较高。对于资金短缺的风险，可通过合理的支付条件和违约条款来预防或避免。

(3) 环境风险。环境风险主要包括社会环境风险和自然环境风险，其中社会环境风险主要来源于地方民风民俗不同、法律意识不同；自然环境风险来源于异常恶劣的气候条件、洪水、地震等灾害以及不可预见的地质条件等。对于风电场工程建设，社会环境风险主要存在于场内道路施工及征地过程中，自然环境风险主要存在于风机、塔筒设备吊装过程中，由此导致的工程无法开工及承包人窝工将可能导致大量的索赔。

(4) 设计风险。设计风险主要来源于勘测数据不准确、设计技术能力不足、质量水平不高、设计方案和施工组织设计不合理、技术方案及说明不明确、重大设计变更等，由此导致的工程返工、重建或资源浪费将给发包人带来较大的经济损失，甚至对风电场工程运营期间的发电效益产生不良影响。

(5) 采购风险。采购风险主要来源于设备制造厂家技术和装备能力不足、设备缺陷和故障、重大件设备运输缺乏保障，由此导致的设备安装承包人窝工、风电场运行不稳定将带来大量的索赔和发电效益损失。

(6) 施工风险。施工风险主要来源于材料采购缺陷、施工技术水平低下、设备安装失误、施工难度大、调试难度大等，由此导致的工期延误、工程返工或重复、运行不稳定将给发包人带来重大的经济损失和发电效益损失。

(7) 管理风险。管理风险主要来源于项目管理制度不健全、组织机构不稳定、领导能力不足、人员素质不高、团队内部缺乏沟通、各标段之间的协调不足、参建各方的关系不和谐、与地方关系不融洽等，由此导致的管理效率低下、项目决策失误、管理指令错误、施工干扰及地方阻力将严重影响工程的进度和质量，项目实施举步维艰，预期的目标难以达到。

（8）商务风险。商务风险是指合同条款中有关经济方面的条款及规定可能带来的风险，如支付、工程变更、索赔、风险分配、担保、违约责任、费用和法规变化、货币及汇率等方面的条款。

4.3.2.2　风险分配

1. 工程风险的分配原则

工程风险分配是指在合同条款中写明，上述各种风险由合同哪一方承担，承担什么责任。这是合同条款的核心内容之一。对工程合同风险，应该按照效率原则和公平原则进行分配。

（1）从合同项目效益出发，最大限度发挥双方的积极性，尽可能做到：

1）谁能最有效地（有能力和经验）预测、防止和控制风险，或能有效地降低风险损失，或能将风险转移到其他方面，则应由他承担相应的风险责任。

2）风险承担者控制相关风险是经济的，即能够以最低的成本将风险控制在某一程度。

3）通过合同风险分配，有利于强化合同各方的责任，充分调动合同各方管理和技术革新的积极性、创造性等。

（2）合同风险分配在合同双方间能体现公平合理，以及责权利平衡，主要包括：

1）承包人提供的工程（或服务）与发包人支付的价格之间应体现公平，这种公平通常以当地当时的市场价格为依据。

2）风险责任与权利之间应平衡。

3）风险责任与机会对等，即风险承担者同时应能享有风险控制获得的收益和机会收益。

4）承担风险的可能性和合理性，即风险承担者具有风险预测、计划、控制的条件和能力，能够将风险控制在一定程度，保证工程合同顺利履行。

（3）符合现代工程项目管理理念。如工程总承包合同，一般是采用总价合同，即将工程量风险和市场风险均分配给承包人，这对激励承包人优化工程、降低工程交易成本均有积极意义。

（4）符合工程惯例，即符合通常的工程合同风险分配方法。如目前在不同领域存在的一些标准工程合同条件，其中的一些合同风险分配方法可称为工程惯例。

2. DBB 模式下合同双方的风险责任

（1）业主承担的主要风险有：

1）因外部社会和人为事件导致的且不在保险公司承保范围内的事件造成的社会环境风险。如非承包商（包括其分包商）人员造成的罢工等混乱、军火及放射性物品造成的辐射、污染等造成的威胁、飞行物造成的压力波 4 类事件引起的风险。

2）业主占有或使用部分永久工程（合同明文规定的除外）的风险。

3）业主方负责的工程设计风险。

4）一个有经验的承包商也无法合理预见并采取措施来防范的自然环境风险。

（2）承包商承担的主要风险有：

1）商务风险，如投标文件的缺陷，即由于对招标文件的错误理解，或者踏勘现场时的疏忽，或者投标中的漏项等造成投标文件有缺陷而引起的损失或成本的增加。

2）对业主提供的水文、气象、地质等原始资料分析、运用不当而造成的损失和损坏。

3）施工风险，如由于施工措施失误、技术不当、管理不善、控制不严等造成施工中的损失和损坏。

4）管理风险，如分包商工作失误造成的损失和损坏。

3. EPC 模式下合同双方的风险责任

EPC 模式下合同当事人的风险责任与 DB 模式下合同的规定基本相同。EPC 合同虽和 DB 合同同属一类，但它具有不少独特之处。EPC 合同主要适用于大型基础设施工程，对于风电场项目来说，除土木建筑工程外，还包括大量的机械及电气设备的采购和安装工作；而且机电设备造价在整个合同金额中占相当大的比重。它的实施通常涉及某些专业的技术专利或技术秘密，承包商在完成工程项目建设的同时，还需承担业主人员的技术培训和操作指导，直至业主的运行人员能独立进行生产设备的运行管理。这也是 EPC 承包商比 DB 承包商多承担的风险内容。

承包商的风险主要来自以下方面：

（1）项目内容风险。EPC 项目招标时业主只能提供项目建设的预期目标、功能要求及设计标准，业主对这些内容的准确性负责。如果这些地方存在错误、遗漏和不合理，在工程建设过程中业主颁发变更指令，例如提高功能要求、增加关键设备等，由此引起的投资额增加和工期延长由业主承担责任。

（2）设计风险。在工程设计中，业主有审核承包商设计文件的权力。承包商设计文件不符合合同要求时可能会引起业主多次提出审核意见，由此造成的设计工作量增加、设计工期延长等，承包商要承担这些风险。同时承包商有设计深化和设计优化的义务，为满足合同中对项目的功能要求，可能需要修改投标时的方案设计，引起项目成本增加的，这些风险也要由承包商来承担。

（3）项目采购风险。在风电场项目的设备和材料采购中，供货商供货延误、所采购的设备和材料存在瑕疵、货物在运输途中可能发生损坏和丢失，这些风险都要由承包商来承担。

（4）商务风险。在 EPC 模式下，投标人在投标时要花费相当大的费用和精力，其投标费用可能要占整个项目总投资的 0.4%～0.6%，如果在没有很大中标把握的情况下盲目参与投标，那么投标费用对承包商来讲可能就是一笔不小的负担。EPC 项目比较复杂，加之业主要求合同总价和工期固定，承包商如果没有足够的综合实力，即使中标了，也可能无法完成工程建设工作，承包商最终将蒙受更大的损失。

（5）施工风险。在工程施工过程中，发生意外事件造成工程设备损坏或者人员伤亡的风险应由承包商来承担。EPC 承包商要负责核实和解释业主提供的所有现场数据，对这些资料的准确性、充分性和完整性负责。另外，承包商还要承担施工过程中可能遭遇的不可预见困难的风险。

4.4　工程保险与担保策划

4.4.1　工程保险策划

保险就是具有法律资格的社会机构，通过向投保人收取保费，建立保险基金用于保险双方就事前约定时间内约定的事件发生时，所造成的损失向投保人进行补偿的一种制度。

工程保险是适用于工程领域的保险制度，它主要是针对工程项目建设过程中可能出现的自然灾害和意外事故而造成的物质损失和依法应对第三者的人身伤亡和财产损失承担的赔偿责任提供保障的一类综合性保险。现代工程保险已经发展成为产品体系较为完善的，具有较强专业特征且相对独立的一个保险领域，对维护建设市场稳定和工程建设主体各方的经济利益具有十分重要的意义。

根据《中华人民共和国保险法》第九十五条规定，保险公司的业务范围主要分为两大类，即财产保险业务和人身保险业务。前者包括财产损失保险、责任保险、信用保险等保险业务；后者包括人寿保险、健康保险、意外伤害保险等保险业务。在我国保险法的分类当中，工程保险属于财产保险，但实践上其是一种综合性保险。

工程保险类型划分如下：①人身保险，包括工伤保险、意外伤害险等；②财产保险，包括建筑工程一切险、安装工程一切险等；③责任保险，包括雇主责任险、设计责任险、质量责任险等。

1. 风电场项目投保险种策划

首先应对风电场项目投保险种进行策划，对工程投保进行引导和规范。

（1）人身保险。《中华人民共和国建筑法》第四十八条规定："建筑施工企业应当依法为职工参加工伤保险缴纳工伤保险费。鼓励企业为从事危险作业的职工办理意外伤害保险，支付保险费。"工伤保险属于法定强制保险，但工伤保险作为社会保险，也有其局限性。因此即使公司为员工购买了工伤保险，也建议其为自己的员工办理人身意外伤害险，并购买雇主责任保险作为补充。

（2）财产保险。风电场项目投资巨大，建设过程特殊，容易发生各种风险，一旦发生意外给工程造成的损失无论发包人还是承包人都难以承受，因此在工程中通常通过建筑工程一切险、安装工程一切险等保险转移此类风险。

风电场项目建设中，投资占比最大的为设备支出。由于工程一切险保险标的非常复杂，投保时应当注意施工设备、进场材料、工程设备及第三方人身或财产损失等是否包括在一切险内，避免漏保或者重复投保。

（3）责任保险。尽管建设法规体系已对工程质量保修的范围和期限进行了明确，然而工程一旦出现质量问题，很可能面临找不到责任承担者，或者即使找到也无力承担的情况。为落实工程交付后在其合理使用寿命内的质量责任，我国近年来开始构建由工程质量保证保险、工程质量潜在缺陷保险和工程质量责任保险共同构建的工程质量保险体系，有部分地区将三者相结合，试行产品质量责任综合保险：承保工程质量缺陷所造成的工程本身、工程以外的财产及人身损害的赔偿责任。招标人应当针对自身工程的特性和情况进行选择。

2. 确定投保人

工程一切险可由承包人负责投保，也可由发包人负责投保，可根据工程合同的具体情况策划。

考虑到承包人为风电场项目施工的最直接责任人，可以由承包人负责以发包人和承包人的共同名义投保建筑工程一切险。《中华人民共和国标准施工招标文件》（2007年版）即是如此规定的。

但鉴于发包人是工程的所有权人，从保险利益的归属出发，可由发包人义务投保工程一切险，《建设工程施工合同（示范文本）》（GF－2017－0201）中约定建筑工程一切险和安装工程一切险的投保人为发包人。同时当一个建设项目分成多个合同，由几家承包人分别承包时，如由各家分别投保，可能产生重复投保或漏保。在此情况下由发包人投保为宜。发包人也可以委托承包人投保，但相应保险费用以及相关费用等应当由发包人承担。

【案例 4－1】　某集团风电场项目保险

一、工程概况

某风电场三期 49.5MW、四期 49.5MW 工程位于××牧场，对该工程风电机组基础及道路施工项目部分进行公开招标。工程建设的主要内容包括风电场内全场道路施工（含排水沟、涵管、挡墙、护坡等）、风电机组安装平台施工及维护；33 台风电机组基础施工（含预埋管、预埋铁件、风电机组基础接地、沉降观测点等）、预应力锚栓组合件（含卸车、保管、安装等）等工程。工程建设规模为建设 66 台 1.5MW 风电机组。

二、保险责任范围

工程双方约定投保内容如下:

(1) 建筑工程一切险及建筑施工机具保险。承包人应以发包人、承包人及其分包人的联合名义为发包人提供的所有用于安装的工程设备、材料投保,使其免受一切损失或损害。此保险应能补偿任何原因所导致的损失或损害,若与之相应的保险能随时得到。该保险的最低限额应不少于全部重置成本(包括利润)以及补偿拆除和移走废弃物的费用。此类保险应能使发包人和承包人从承包人接管用于安装的工程设备、材料之日起,至颁发工程完工验收报告之日止均能得到赔偿。如果由于颁发工程完工验收报告前发生的原因以及承包人或分包人在进行任何其他作业时导致了承包人应负责的损失或损害,则承包人应将此类保险的有效期延至履约证书颁发日期。

承包人应以发包人、承包人及分包人的联合名义为承包人的设备投保,使其免受一切损失或损害。该保险应能补偿任何原因所引起的损失或损害(若与之相应的保险能随时得到)。该保险的最低限额应不少于全部重置(包括运至现场)价值。该保险应保证每项设备运往现场过程中以及设备停留在现场或附近期间,均处于被保险之中。

(2) 第三者责任保险。承包人应以发包人、承包人及分包人的联合名义为履行合同引起的并在履约证书颁发之前发生的任何物资财产[第(1)款规定的被投保的物品除外]的损失或损害,或任何人员[第(3)款规定的被投保的人员除外]的伤亡办理第三者责任。该保险的最高赔偿限额(即保险金额)不超过工程造价的30%。

(3) 雇主责任险或建筑施工人员人身意外伤害保险。承包人应为由于承包人或分包人雇用的任何人员的伤亡所导致的损失和索赔保险,使之保持有效,并能使发包人及发包人代表依此保险单得到保障。对于分包人的雇员,此类保险可由分包人来办理,但承包人应负责使分包人遵循本款的要求。

(4) 有关保险的总的要求。每份保险单应与合同生效日期前以书面形式达成的总条件保持一致,且此总条件优先于本条的各项规定。

在各个期限内(从开工日期算起),承包人应向发包人提交:

1) 本条所述的保险已生效的证明。

2) 第(1)款及第(2)款所述的保险单的副本。

承包人在支付每一笔保险费后,应将收据的复印件提交给发包人。在向发包人提交此类保险证明、保险单及收据的同时,承包人还应将此类提交事宜通知发包人代表。

承包人应按照发包人批准的条件向承保人办理承包人负责的全部保险。为防范损失或损害,对于所办理的每份保险单应规定按照修复损失或损害所需的货币类型进行赔偿。从承保人处得到的赔偿金应用于修复和弥补上述损失或损害。

承包人（及发包人，若适当时）应遵守每份保险单规定的条件。没有发包人的事先批准，承包人不得对保险条款作出实质性的变动。如果承保人作出（或欲作出）任何实质性变动，承包人应立即通知发包人。

如果承包人未按合同要求办理保险并使之保持有效，或未能按本款要求提供令发包人满意的证明、保险单及保险费收据，则在不影响任何其他权利或补救的情况下，发包人可为此类违约相关的险别办理保险并支付应交的保险费。发包人应从承包人处收回该笔费用，并可从任何应付或将付给承包人的款项中扣除。

本条规定不限制合同的其余条款或其他文件所规定的承包人或发包人的义务和责任。任何未保险或未能从承保人处收回的款额应由承包人和（或）发包人相应负担。

上述各项保险费用已含入合同总价，发包人不再另行支付。

4.4.2 工程担保策划

工程担保是转移、分担、防范和化解工程风险的重要措施，是市场信用体系的主要支撑，是保障工程质量安全的有效手段。当前，建筑市场存在工程风险防范能力不强、履约纠纷频发及工程欠款欠薪屡禁不止等问题，可以通过完善工程担保机制加以解决。

1. 工程担保方式的选择

工程实践表明，工程担保是确保工程合同顺利履行的重要措施，风电场项目也不例外。如何在工程合同中合理安排担保，使其产生最佳效果，是工程担保策划的任务。

《中华人民共和国担保法》规定的担保方式为保证、抵押、质押、留置和定金。在工程建设的过程中，保证是最为常见的一种担保方式，保证这种担保方式必须由第三人作为保证人，这种保证应当采用书面形式。为落实国务院清理规范工程建设领域保证金的工作要求，对于投标保证金、履约保证金、工程质量保证金、农民工工资保证金，建筑业企业可以保函的方式缴纳。

2. 风电场项目担保的策划

担保是指当事人根据法律规定或者双方约定为促使债权人履行债务，实现债权人权利的法律制度。担保通常由当事人双方订立担保合同，担保合同是被担保合同的从合同，被担保合同是主合同。担保活动应当遵循平等、自愿、公平、诚信的原则。工程中常见的担保包括投标担保、履约担保、工程款支付担保、预付款担保等。常见的工程担保有以下类型：

（1）投标担保。投标担保是指在招投标活动中，投标人随投标文件一同递交给招标人的一定形式、一定金额的投标责任担保，其主要保证投标人在递交投标文件后不得撤销投标文件，中标后无正当理由不得不与招标人订立合同，在签订合同时不得向招标人提出附加条件，或者不按照招标文件要求提交履约担保，否则招标人有权不予返还其递交的投标担保。

投标保函的金额不得超过招标项目估算价的 2%，最高不超过 80 万元。投标担保有效期应当与投标有效期一致。投标有效期的长短主要是由评标、定标时间决定的。影响这一时间的主要因素一般包括项目的性质、特点、规模、工程量的大小和内容繁简、评标难易程度等，并且不同行业、不同地域也有所区别，目前通用的投标有效期限一般为 60～120 天。

投标担保是保证投标人在担保有效期内不撤销其投标书。投标担保的保证金额随工程规模大小而异，由业主按有关规定在招标文件中确定。投标担保的有效期应略长于投标有效期，以保证有足够时间为中标人提交履约担保和签署合同。任何投标书如果不附有为业主所接受的投标担保，则此投标书将不符合要求而被拒绝。

在下列情况下，业主有权没收投标担保：

1）投标人在投标有效期内撤销投标书。

2）中标的投标人在规定期限内未签署协议书，未提交履约担保。

在决标后，业主应在规定的时间，一般为担保有效期满后 28 天内，将投标担保退还给未中标人；在中标人签署了协议书及提交了履约担保后，也应及时退回其投标担保。

投标保证金可采用现金押金、保付支票、银行汇票、由银行或公司开出的保函或保证书等各种形式。一般银行保函是最常用的形式。当采用银行保函时，其格式应符合招标文件中规定的格式要求。

（2）履约担保。履约担保是为了保证工程合同顺利履行而要求承包人提供的用以弥补承包人在合同执行过程中违反合同规定或约定给发包人造成的相应损失的担保。履约保证的担保责任主要是担保投标人中标后将按合同规定在工程全过程，按期限按质量履行其义务，若发生合同约定的违约情况，发包人有权凭履约担保向银行或担保公司索取保证金作为赔偿。

履约担保的担保有效期自发包人与承包人签订的合同生效之日起，至发包人签发工程接收证书之日止。由银行开具的履约保函额度一般是合同价格的 10%，由保险公司、信托公司、证券公司、实体公司或社会上的担保公司出具担保书，担保额度一般为合同价格的 30%。

采用何种履约担保形式，各国际金融组织和各国的习惯有所不同，各种标准条款的规定也不一样。美洲习惯于采用履约担保书，欧洲则用履约保函。亚洲开发银行规定采用银行保函，而世界银行贷款项目列入了两种保证形式，由承包商自由选择任一种形式，我国住房和城乡建设部颁布的合同示范文本则规定采用何种形式由合同当事人在专用合同条款中约定。

（3）工程款支付担保。工程款支付担保，即担保人受发包人的委托向承包人提供的工程款支付保函，如发包人没有按照承包人与发包人签订的《建设工程施工合同》的约定履行支付工程款的义务，则由担保人按保函约定承担保证责任。

工程款支付担保是为防止发包方拖欠工程款与农民工工资现象发生而建立的建设管理制度。农民工工资支付保函全部采用具有见索即付性质的独立保函，并实行差别化管理。

工程履约担保与工程款支付担保，两者既有对等对立的关系，同时也发挥互相促进、互为补充、共同规范建筑市场秩序的作用。完整、完善的工程担保体系中，需要两者同时发挥作用，实现业主与承包商之间权利与义务的对等，促进双方共同快速发展。

（4）预付款担保。预付款担保的主要作用是保证承包人正确合理使用发包人支付的预付款，按合同规定进行施工，偿还发包人已支付的全部预付金额。预付款担保的主要形式为银行保函，建设工程合同签订以后，发包人给承包人一定比例的预付款，但需由承包人的开户银行向发包人出具预付款担保，金额应当与预付款金额相同。预付款在工程进展过程中每次结算工程款中间支付，分次返还时，经发包人出具相应文件，担保金额也应相对减少。

（5）缺陷责任担保。缺陷责任担保是保证承包商按合同规定在保修期中完成对工程缺陷的修复。如承包商未能或无力修复应由其负责的缺陷，则业主可另行组织修复，并根据缺陷责任担保索取为修复缺陷所支付的费用。缺陷责任担保的有效期与保修期相同。保修期满，颁发了保修责任终止证书后，业主应将缺陷责任担保退还承包商。

如果工程的履约担保的有效期包含了保修期，则不必再进行缺陷责任担保。

（6）工程质量保证担保。工程质量保证担保可以银行保函替代工程质量保证金。以银行保函替代工程质量保证金的，银行保函金额不得超过工程价款结算总额的3%。在工程项目竣工前，已经缴纳履约保证金的，建设单位不得同时预留工程质量保证金。

【案例 4-2】 某集团风电场项目担保

一、工程概况

某风电开发公司风电场一期 49.5MW 工程，位于盐池-中宁高速公路南侧，东距211 国道直线距离约 11km。安装 1500MW 的风电机组 33 台，年利用小时为 1837～2016h，年上网发电量为 90～99.8GW·h。该工程将新建一座 110kV 升压变电站，1台 63MVA 主变压器，5 回 35kV 线路，以 1 回 110kV 线路接入系统。工程招标时确定的招标范围为该风电场一期工程总承包（包括风电场设备的供货及监造、催交、运输、保险、接车、卸车、仓储保管，风电机组建筑及安装工程，升压站内建筑及安装工程，35kV集电线路建筑安装工程，场内道路，施工电源，供水工程，办公和生活临建，调试及配合整套启动，售后服务等。施工图设计由业主方另行委托），并配合业主方达标创优。

二、风机性能担保及罚则

（1）如果总承包方没有按照合同规定的时间对风机交货，业主方应在不影响合同中其他补救措施的情况下，从合同价中扣除误期赔偿费。

1）迟交货物1～4周的，每延误1周误期赔偿费按迟交货物价格的0.5%计收。

2）迟交货物5～8周的，每延误1周误期赔偿费按迟交货物价格的1%计收。

3）迟交货物8周以上的，每延误1周误期赔偿费按迟交货物价格的2%计收。

迟交货物的误期赔偿费最高限额为合同迟交货物总价的5%。

（2）如果总承包方没有按照合同规定的时间提供服务，业主方应在不影响合同中其他补救措施的情况下，从合同价中扣除误期赔偿费。

1）技术服务延迟1～4周的，每延误1周误期赔偿费按风机技术服务费总价的2%计收。

2）技术服务延迟5～8周的，每延误1周误期赔偿费按风机技术服务费总价的5%计收。

3）技术服务延迟8周以上的，每延误一周误期赔偿费按风机技术服务费总价的6%计收。

技术服务误期赔偿费的最高限额为风机技术服务费总价的50%。

货物及技术服务误期赔偿费计算时间，少于1周的按1周计。

（3）功率曲线每低于保证值1%，则罚该台（套）设备价格的1%，如果单台风电机组可利用率低于75%，总承包方应接受业主方退货的要求。如果风电场设备的年平均可利用率低于95%，每低于1%，则罚款为合同风电机组设备总价的1%（质保期内每年考核一次）。

功率曲线、风电场设备的平均可利用率违约金的总和不应超过合同风电机组设备总价的5%。

4.5 工程合同争议解决方案策划

工程合同争议是指工程合同订立至完全履行前，合同当事人因对合同条款的理解产生歧义或因当事人违反合同的约定，不履行合同中应承担的义务等原因而产生的纠纷。产生工程合同纠纷的原因十分复杂，常见的争议包括工程价款支付主体争议，工程进度款支付、竣工结算及审价争议，工程工期拖延争议，安全损害赔偿争议，工程质量及保修争议，合同中止及终止争议等。

在风电场项目合同实施过程中，出现争议甚至争端是正常现象，因为合同双方都站在维护自身利益的角度审视合同中没有具体阐明的问题，对合同中出现的问题持不同的观点。一个高明的合同管理者，无论是业主的或承包商的项目经理以及咨询（监理）工程师，都应该正视合同争议，仔细参阅合同文件中的有关条款及规定，及时而公正地提出解决意见，进行交流谈判，尽量达成一致的解决办法，使合同争端消灭于萌芽状态，这样就达到了避免争论的目的。

避免合同争端的核心问题，是对出现的合同风险及其产生的经济损失进行合理的再分配，让合同双方各自承担相应的份额，实现公正的解决。

4.5.1　产生争议的原因

在工程项目建设过程中，合同双方由于对合同条件的含义理解不同，或在施工中出现重大的工程变更造成工程造价大量增加及工期显著延长，或对索赔要求长期达不成解决协议，都会引起合同争端。

工程施工承包涉及的方面广泛而且复杂，每一方面又都可能牵涉劳务、质量、进度、安全、计量和支付等问题。所有这一切均需在有关的合同中加以明确规定，不然在合同执行中均会存在异议。尽管一般要求施工承包合同规定得十分详细，特别是国际工程，有的甚至制订了数卷十多册，但仍难免有某些缺陷和疏漏（考虑不周或双方理解不一致之处）；而且，几乎所有的合同条款都同成本、价格、支付和责任等发生联系，直接影响发包人和承包人的权利、义务和损益，这些也容易使合同双方为了各自的利益各持己见，而引起争议。

从工程项目管理系统角度看，若发生工程施工合同争议会影响业主与承包商之间的合作关系，从而导致项目绩效降低，因此发生争议可以看作工程项目管理系统失效或事故的表现。从法院众多有关工程施工合同纠纷判决书中有关争议事实部分的描述看，导致承包商或业主提请诉讼的直接原因往往是由于双方对于工程价款结算不能协商一致或出现一些根本违约行为。根本违约行为一般包括未按合同约定支付工程款、未能按合同约定完工、工程质量存在重大缺陷、施工单位单方停工等。

风电场项目工程合同与一般建设工程施工合同有相似的特点，由于其标的的特殊性、复杂性和专业技术性及合同的持续性、合同交易内容的非精确性、合同文件组成的多样性、合同交易过程的环境制约性，使之成为合同争议多、争议成因复杂且解决难度大的合同类型。在施工合同有效期内，有效解决合同争议，维系合同关系稳定，有助于确保合同当事人的合同利益，维护社会公众利益。因此，建立有效的合同争议解决机制，及时有效地解决合同争议，是风电工程合同管理中重要的工作环节之一。

4.5.2　常见的争议内容

许多争议事件表明，一般的争端常集中表现在业主与承包商之间的经济利益上，大致有以下几方面。

（1）关于索赔的争议。承包商提出的索赔要求，如经济索赔或工期索赔，业主不予承认；或者业主虽予以承认，但业主同意支付的金额与承包商的要求相去甚远，双方不能达成一致意见。

（2）关于违约赔偿的争议。业主提出要承包商进行违约赔偿，如在支付中扣除误期赔偿金，对由于承包商延误工期而造成业主利益的损害进行补偿；而承包商则认为延误责任不在自己，不同意违约赔偿的做法或金额，由此而产生严重分歧。

（3）关于工程质量的争议。业主对承包商严重的施工缺陷或所提供的性能不合格的设备，要求修补、更换、返工、降价、赔偿；而承包商则认为缺陷已改正，或缺陷责任不属于承包商一方，或性能试验的方法有误等，因此双方不能达成一致意见或发生争议。

（4）关于中止合同的争议。承包商因业主违约而中止合同，并要求业主对因这一中止所引起的损失给予足够的补偿；而业主既不认可承包商中止合同的理由，也不同意承包商所要求的补偿，或对其所提要求补偿的费用计算有异议。

（5）关于解除合同的争议。解除合同发生于某种特殊条件下，是为了避免更大损失而采取的一种必要的补救措施。对于解除合同的原因、责任，以及解除合同后的结算和赔偿，双方持有不同看法而引起争议。

（6）关于计量与支付的争议。双方在计量原则、计量方法以及计量程序上的争议；双方对确定新单价（如工程变更项目）的争议等。

（7）其他争议。如进度要求、质量控制、试验等方面的争议。

由此可见，在风电场项目前期的合约研究与明确合作的过程中，合约制定双方应就风电场项目中的材料来源、零部件要求、送货期限与手段、付款方式、检验过程与监督管理惩罚措施进行明确规定。而在施工合约开展期间，主要针对的内容分别为项目工期、工程款支付的前提要求与途径、施工设备的运行方式、运行时间、工程的质量水平、流程改良环节、违约情况、矛盾纠纷、安全责任落实等细节。双方意见需要达成一致，通过权责落实手段推动工程顺利开展，从而减少合同争议的发生，双方都可以增加管理经验和水平，合理控制成本。

4.5.3 解决争议的原则

1. 协商优先原则

在各种解决合同争议的方式中，和解是成本最低、效率最高的解决方式。因此在合同争议发生后，合同当事人应首先尽量选择和解的方式解决争议。以和解作为解决合同纠纷的优先选择项，不仅能够节约当事人的时间和社会资源，同时还能保持缔约双方良好的互信关系，继续推动交易的顺利进行，也有利于为未来继续合作积累基础。在实践中，争议解决条款也常含有"因本合同发生的争议，双方应当通过友好协商的方式解决"等类似内容。和解是当事人的法定权利，即便当事人不约定和解，商事合同发生争议之后，当事人通常首先寻求通过友好协商的方式解决争议。

2. 继续履行原则

合同争议解决前，基于诚实信用原则和合同减损原则，合同当事人不应中止对合同义务的履行，相反，合同当事人仍应尽力促成合同目的的实现。如《中华人民共和国标准施工招标文件》（2007 年版）通用合同条款第 3.5.2 款中规定："总监理工程师应将商定或确定的事项通知合同当事人，并附详细依据。对总监理工程师的确定有异议的，构成争议，根据第 24 条的约定处理。

在争议解决前，双方应暂按总监理工程师的确定执行，根据第 24 条的约定对总监理工程师的确定作出修改的，按修改后的结果执行。"

需要说明的是，并非所有的合同在发生争议之后都应当绝对地坚持不中止履行原则。如争议的一方继续履行合同将会给自己造成更大损失的，该方当事人可以及时中止履行合同。另外，如果争议一方符合行使同时履行抗辩权、先履行抗辩权及不安抗辩权情形的，该方当事人亦可以中止履行合同。合同争议发生后，是否需要中止履行，应当综合多方面的因素考虑，如继续履行是否经济、是否符合法定的可以中止履行的情形、中止履行后是否会引起对方的反索赔等。因此，建议合同当事人在发生争议之后就是否中止履行以及应当采取的措施等征求专业机构的意见。

3. 合法性原则

合同争议发生之后，当事人应当通过和解、调解、争议评审、诉讼、仲裁等合法的途径和方式解决争议，避免以不合法的方式解决争议。在招标采购合同的履行中，常常出现当事人发生争议之后，围困施工项目部、破坏施工现场、殴打项目管理人员等情形，前述方式与现行法律规定相悖，不但无法得到法律支持，甚至可能构成犯罪。因此，当事人应当避免采用暴力的、非理性的、不合法的方式解决争议；否则，不仅正当的权利难以得到保护，还会受到法律严厉的制裁。

4. 及时解决纠纷原则

合同争议发生之后，当事人应积极地、及时地采取措施加以解决。如果当事人拖延解决争议，一方面可能造成证据灭失，进而导致案件事实难以查清；另一方面还会导致权利的丧失。如对于合同的解除，《中华人民共和国民法典》规定："法律规定或者当事人约定解除权行使期限，期限届满当事人不行使的，该权利消灭。法律没有规定或者当事人没有约定解除权行使期限，经对方催告后在合理期限内不行使的，该权利消灭。"此外，诉讼时效制度、撤销权行使的除斥期间制度等都要求当事人及时行使权利，否则超过法律规定的权利行使期限的，该类权利将失去法律保护。除法律规定外，合同条款也可以约定权利的行使期限，如《中华人民共和国标准施工招标文件》（2007年版）要求承包人应在知道或应当知道索赔事件发生后28天内，向监理人递交索赔意向通知书，并说明发生索赔事件的事由。承包人未在前述28天内发出索赔意向通知书的，丧失要求追加付款和（或）延长工期的权利。

4.5.4 解决争议的方式

当事人可以通过和解或者调解解决合同争议。当事人不愿和解、调解或者和解、调解不成的，可以根据仲裁协议向仲裁机构申请仲裁。涉外合同的当事人可以根据仲裁协议向中国仲裁机构或者其他仲裁机构申请仲裁。当事人没有订立仲裁协议或者仲裁协议无效的，可以向人民法院起诉。当事人应当履行发生法律效力的判决、仲裁裁决、调解书；拒不履行的，对方可以请求人民法院执行。在我国，合同争议解决的方式主要有工程师裁定、和解、调解、仲裁和诉讼。

当双方当事人在合同履行过程中发生争议后，首先，应当按照公平合理和诚实信用原则由双方当事人依据上述合同的解释方法自愿协商解决争议，或者通过调解解决争端。如果仍然不能解决争端的，则可以寻求司法途径解决。

1. 工程师裁定

对合同双方的争议，以及承包商提出的索赔要求，先由工程师作出决定。在施工合同中，作为第一调解人，工程师有权解释合同，并在合同双方索赔（反索赔）解决过程中决定合同价格的调整和工期（保修期）的延长。但工程师的公正性往往由于以下原因不能得到保证。

1）工程师受雇于业主，作为业主的代理人，为业主服务，在争议解决过程中往往倾向于业主。

2）有些干扰事件直接是由于工程师责任造成的，例如下达错误的指令、工程管理失误、拖延发布图纸和批准等。而工程师从自身的责任和面子等角度出发往往会不公正地对待承包商的索赔要求。

3）在许多工程中，项目前期的咨询、勘察设计和项目管理由一个单位承担，它的好处是可以保证项目管理的连续性，但会对承包商产生极为不利的影响，例如计划错误、勘察设计不全、出现错误或设计不及时，工程师会从自己的利益角度出发，不能正确对待承包商的索赔要求。

这些都会影响承包商的履约能力和积极性。当然，承包商可以将争议提交仲裁，仲裁人员可以重新审议工程师的指令和决定。

2. 和解

和解又称为私了，是指双方当事人通过直接谈判，在双方均可接受的基础上，消除争议，达到和解。这是一种最好的解决争议的方式，既节省费用和时间，又有利于双方合作关系的发展。在现实行业合作环境中，任何合同争议如均交由仲裁或诉讼解决，一方面往往会导致合同关系的破裂，另一方面解决起来费时、费钱且对双方的信誉有不利影响。事实上，在世界各国，履行工程施工承包合同中的争议，绝大多数是通过和解方式解决的。

3. 调解

调解是指当事人双方自愿将争议提交给一个第三方（个人、社会组织、国家机构等），在调解人主持下，查清事实，分清是非，明确责任，促进双方和解，解决争议。对工程施工承包合同，业主与承包商间的争议，一般可请监理工程师或工程咨询单位进行调解；当双方同属一系统时，也可请上级行政主管部门为调解人。此外，还有仲裁机构进行的仲裁调解和法院主持的司法调解。

4. 评审

评审是由业主和承包商共同协商成立一个具有合同管理和工程实践经验的专家争议调解组来解决双方的争议，或者请政府主管部门推荐或通过行业合同争议调解机构来聘请相应的专家。

当出现争议时，利益受损方可以向调解组提交申诉报告，被诉方则进行申辩，由争议调解组邀请双方和工程师等有关人员举行听证会，并由争议调解组进行评审，提出评审意见，若双方都接受评审意见，则由工程师按评审意见拟订一份争议解决议定书，经双方签字后执行。

5. 仲裁和诉讼

争议双方不愿通过和解或调解，或者经过和解与调解仍不能解决争议时，可以选择由仲裁机构进行仲裁或法院进行诉讼审判的方式。

我国实行"或裁或审制"，即当事人只能选择仲裁或诉讼两种解决争议方式中的一种。当双方签订的合同中有仲裁条款或事后订有书面仲裁协议，则应申请仲裁，且经过仲裁的合同争议不得再向法院起诉。合同条款中没有仲裁条款，且事后又未达成仲裁协议者，则通过诉讼解决争议。

6. 替代性争议解决方式（alternative dispute resolution，ADR）

诉讼与仲裁是争议解决的最终手段，但不是唯一手段。诉讼与仲裁均有其局限性，诉讼与仲裁案件的裁处以法律人员为主，这就导致对于复杂的专业工程，往往出现法官或仲裁员难以理解事实争议而无法作出法律准确判断的难题案件，审理旷日持久也在所难免。

近几年来，随着我国法律事业的发展，针对建设工程案件已经产生了一部分专业的法官及仲裁员，对于建设工程案件具有较高程度的理解，但这仅限于一般的房屋建筑和部分的基础设施工程，这导致对于复杂的工程争议，事实上采用诉讼与仲裁的方式并非最优解。

最高人民法院《关于人民法院进一步深化多元化纠纷解决机制改革的意见》（法

发〔2016〕14 号）提出：深化多元化纠纷解决机制改革、完善诉讼与非诉讼相衔接的纠纷解决机制；加强与商事调解组织、行业调解组织的对接；推动律师调解制度建设。而国际流行的 ADR 争议解决机制，已经为多元化的调解、和解解决复杂工程争议提供了有益参考，值得国内的承发包当事人借鉴和重视。

所谓 ADR 制度，是指当合同各方无法通过协商就解决争端取得一致意见时，为了争取继续以友好方式解决，可由双方协商邀请中间方介入，参考第三方的意见解决争议，即争端解决替代方式（ADR）。

ADR 的优势在于：一是相比仲裁或诉讼的强制性，更利于创造友好气氛，对争端各方更具有吸引力；二是与仲裁或诉讼的不确定性相比，争端双方可更好地控制解决结果；三是 ADR 的工作过程和方式更加快捷和经济，更有利于保护各方的商业关系；四是 ADR 的第三方选择自由，双方当事人可以自行选择认为有能力解决争议的第三方进行评审，尤其适合技术复杂的高精尖工程项目。如果通过 ADR 的方式无法解决，争端各方依然有权进行诉讼或仲裁，不影响各方权益的最终保证，因此在国际项目中，ADR 制度是逐渐兴起的多元化争议解决制度之一。

4.5.5 解决争议的程序

风电场项目以国内开发建设为主，较少涉及国际工程。对风电场项目合同争议，目前在我国解决的程序如下：

（1）工程监理方调解。在工程监理主持下，协调承发包双方对工程合同的争议，促使争议和解。这种情况是最多的，时间和经济成本也是最低的。

（2）独立于工程利益直接相关方的第三方的调解。在工程监理方调解无效的情况下，承发包双方可成立争端裁决委员会（dispute adjudication board，DAB）来处理争端，也可由工程咨询机构或政府建设主管部门等主持调解。

（3）仲裁或诉讼。在独立于工程利益直接相关方的第三方调解无效的情况下，通常只能选择仲裁方案。依据工程合同约定的仲裁地点或机构，申请仲裁；一般而言，仲裁结果双方必须执行，仅当某一方不执行仲裁结果，另一方才能向法院提出执行仲裁结果的诉讼。

【案例 4-3】 某集团风电场项目工程争议的有关规定

一、工程概况

某风电场三期 49.5MW、四期 49.5MW 工程位于××牧场，对该风电场风电机组及塔筒吊装施工项目进行公开招标。工程建设的主要内容包括 33 台风电机组吊装、叶片和轮毂的组装及吊装、塔筒及附件安装、电缆敷设、光缆敷设、照明灯具安装、塔筒内接地，以塔筒为界（含塔筒外冷却装置及塔筒门外梯）到风电机组的一切安装工作（不含低压电缆接至箱式变压器），包括上述工作范围内的接线及检查、消缺工作；风电机组（包括电缆、通信线缆及附件等）、叶片、轮毂和塔筒（包括螺栓）的卸车及保管等。

二、通用条款中工程争议的有关规定

发包人、承包人在履行合同时发生争议，可以和解或者要求有关主管部门调解。当事人不愿和解、调解或者和解、调解不成的，双方可以在专用条款内约定选择采用以下任一种方式解决争议：

第一种解决方式：双方达成仲裁协议，向约定的仲裁委员会申请仲裁。

第二种解决方式：向有管辖权的人民法院起诉。

发生争议后，除非出现下列情况的，双方都应继续履行合同，保持施工连续，保护好已完工程：①单方违约导致合同确已无法履行，双方协议停止施工；②调解要求停止施工，且为双方接受；③仲裁机构要求停止施工；④法院要求停止施工。

三、专用条款中工程争议的有关规定

因执行本合同而发生的或与本合同有关的一切争议，双方应通过友好协商解决。如在 28 天内协商不成，则任何一方可提交仲裁解决。

（1）仲裁决定是最终的，双方必须执行。除了仲裁决定另有规定外，仲裁费用应由败方承担。

（2）在仲裁期间，发包人和承包人均应暂按监理人根据本合同规定作出的决定履行各自的职责，任何一方均不得以仲裁未果为借口拒绝或拖延按合同规定执行应进行的工作。

（3）仲裁地点为×××，由×××仲裁委员会按其仲裁规则和程序仲裁。

4.6　本　章　小　结

合同策划的目标是减少矛盾和争议，保证合同圆满地履行，顺利地实现工程项目总目标。本章从计价方式、合同条款选择与风险分配、工程保险与担保，以及合同争议解决方式等方面介绍了风电场项目合同策划的主要内容。其中，风电场项目合同计价方式包括总价、单价、成本补偿及混合计价等类型，一般可基于设计深度进行计价方式的选择。风电场项目合同的主要内容，通过合同的主要条款来反映，同时也有必要通过合同，将工程风险在承发包双方之间合理分配。在 DBB、EPC 等不同发包模式下，风电场项目合同条款及风险分配方案相应有不同选择。此外，工程保险与担保方案、合同争议解决方式也应根据实际项目需要和相关法律规定进行选择。

第5章　风电场 EPC 项目采购

20 世纪 80 年代以来，工程总承包已逐步发展成为国际上工程建设领域的主流采购模式之一。近十年来，我国大力推行工程总承包模式，先后出台了《中华人民共和国标准设计施工总承包招标文件》（2012 年版）、《建设项目工程总承包合同（示范文本）》（GF－2020－0216）等一系列政策文件，由住房和城乡建设部、国家发展和改革委员会制定的《房屋建筑和市政基础设施项目工程总承包管理办法》也于 2020 年 3 月开始实施。而作为工程总承包模式中的经典模式之一，EPC 采购模式在风电场项目建设领域逐步得到广泛应用，其认可度和市场需求在不断扩大。在 EPC 模式下，业主方通过招标或其他方式选择一家总承包商完成风电场项目建设，因此在该模式下如何选择优质的总承包商是风电场项目采购的关键问题之一。本章主要介绍风电场 EPC 项目的采购模式及其优缺点，采购方式与程序，招标条件与工作内容，招标文件及其编制，投标人资格审查，开标、评标和决标等内容。

5.1　采购模式及其优缺点

5.1.1　EPC 模式

EPC 模式，即设计采购施工总承包模式，是工程总承包模式中的一种。工程总承包的经典模式有 DB 模式和 EPC 模式。DB 模式，即设计施工总承包模式，或称设计施工一体化模式，是指工程总承包方按照设计施工总承包合同约定，承担工程项目的

设计和施工，对承包工程的质量、安全、工期、造价全面负责。本质上而言，EPC 模式可视为 DB 模式的衍生模式。EPC 模式下项目相关各方关系如图 5-1 所示。

虽然 EPC 可视为 DB 的衍生模式，但它们的适用范围却有所不同。DB 模式主要适用于房屋建筑工程，很少涉及复杂设备的采购和安装；EPC 模式一般适用于大型工业投资

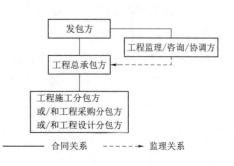

图 5-1　EPC 模式下项目相关各方关系

项目，主要集中在石油、化工、冶金、电力行业，通常具有投资规模大、专业技术要求高、管理难度大等特点。在这类工程项目中，设备和材料占总投资比例高、采购周期长，很多设备需要单独定制，甚至需要设计并制造全新的设备。如果等到设计工作全部完成后才开始设备采购和工程施工，那么整个工期就会拖得很长，对于业主来说，这是非常不利的。而采用 EPC 模式，在设计的同时进行设备材料的采购，设计和施工也实现了深度交叉，从而有效地缩短建设工期。风电场项目一般具备上述特点，因而采用 EPC 模式较为适用。

5.1.2　EPC 模式的优缺点

在我国引入 EPC 等工程总承包模式之前，工程建设领域长期采用传统的 DBB 模式。采用 DBB 模式时，项目组织实施具有顺序性，即按照设计—招标—建造的自然顺序方式进行，也就是一个阶段结束后另一个阶段才能开始。其主要优点是有利于选择专业化的设计单位、施工单位分别承担设计任务和施工任务；主要缺点是设计与施工相分离，存在脱节现象，难以实现设计和施工的整合优化，工程可建造性低，建设周期一般较长。

与 DBB 模式相比，EPC 模式的显著特征包括两个方面：一是设计施工的一体化；二是合同关系的单一性，即工程仅存在业主方和总承包方签订的 EPC（总承包）合同。这两方面的特征决定 EPC 模式相对于 DBB 模式具有如下主要优点：设计施工由一个总承包商提供，业主方只与该总承包商签订合同，将使得该总承包商向业主方承担"单一责任"，降低了设计和施工之间责任难以分清所增加的业主方的风险，从而减少业主方管理项目需要付出的努力；设计施工的一体化将加快设计和施工的整体进度，从而可以更早交付；可以在设计方和施工方之间发展一种非对抗的关系，在项目早期就通过协调沟通进行合作，在设计过程中更早地融入价值工程的理念，设计过程中施工方的更多参与和设计方的更多创新将使设计成本更低；项目索赔和变更将减少；而设计施工的优化、更少的变更和索赔、改善的沟通、缩短的工期均将节约项目成本；业主方通常可免于工期延长和成本超支的风险。

研究和实践也表明，工程总承包同样有其缺点：设计施工的整合将使业主方失去平衡的作用，对项目的控制减少，可能使项目的最终产出和业主方的要求存在差异；工程总承包项目不容易开展竞争性招标，而且加大了评标的难度，因为要综合考虑设计和施工方面的多种因素；期望绩效缺乏确定性；缺乏对业主变更适应的灵活性等。

5.2　采购方式与程序

风电场 EPC 项目采购有其自身特点，其采购方式以招标为主，有时也采用竞争性谈判等其他方式。

5.2.1　采购特点

风电场 EPC 项目采购即指风电场业主在可行性研究报告完成之后，将项目的勘察设计、材料设备采购、土建施工设备安装和调试、生产准备和试运行、交付使用等全部或核心工作均交由一个承包商来组织实施。在这种采购模式下，项目总承包方按合同约定以整个风电场项目的建设对业主承担责任。

与一般建设项目相比，风电场 EPC 项目采购具有以下明显特点：

（1）风电场项目建设周期短，招投标、合同谈判及签订、设备供货、施工管理工作量较大，风险高。在 EPC 模式下，要求总承包方立即进入高强度工作状态，协调风机土建、设备供应、设备安装之间的关系，制订严密的工作计划。

（2）风电场 EPC 项目合同金额通常较大，主要由征地费用、工程费用、设备费用等组成，设备费用在其中占据了很大的比例，要求总承包方发挥 EPC 模式的潜在优势，做好设计、采购、施工之间的协调。

（3）随着近年来风电市场规模的扩大，风电场 EPC 项目的产业链也在不断拓展延伸，EPC 合同委托内容也在进一步变化，由早期应用较多的项目设计、采购和施工总承包逐渐发展为包含征地、报建、设计、采购、施工、质量监督、并网发电、运营等更多环节和更多"业主工作职责"的总承包模式，并且征地报建和并网发电已逐渐成为风电场 EPC 模式的核心竞争力。

5.2.2　招标方式及其程序

风电场 EPC 项目招标是指招标对象为风电场项目的设计、采购与施工，选择优质总承包人的招标。《中华人民共和国招标投标法》规定，招标分为公开招标和邀请招标。

《中华人民共和国招标投标法实施条例》进一步规定，国有资金占控股或者主导地位的依法必须进行招标的项目，应当公开招标；但有下列情形之一的，可以邀请招标：

（1）技术复杂、有特殊要求或者受自然环境限制，只有少量潜在投标人可供选择。

（2）采用公开招标方式的费用占项目合同金额的比例过大。

风电场 EPC 项目招标采购程序总体上也与一般建设项目招标采购程序类似（参见图 2-1），即招标组织、招标准备、招标公告发布、接受标书、开标、评标、决标等。只是在评标环节，有时具体评标方法不同，使得招标采购的局部程序有些差异。在风电场 EPC 项目招标采购中，除了通常的单阶段评标，业主也常采用双阶段评标方法，即招标人先邀请一些总承包商提交技术标，并对技术标加以评审，然后招标人从其中选择设计方案最适合的几家投标单位再递交商务标，在第二阶段商务标评标时，业主主要是通过对比承包商以往类似工程的业绩和经验，以及承包商的财务状况等内容，尽量降低业主的项目投资风险。这种两阶段的评标方法使整个工程总承包招投标程序与施工招标程序相比略复杂些。

5.2.3　竞争性谈判方式及其程序

5.2.3.1　竞争性谈判方式

竞争性谈判采购方式具有灵活性更强、效益更高等方面的优点，但也存在缺乏标准化的操作程序、存在大量的信息不对称、采购方式的使用范围受到较为严格的限制等问题。在风电场 EPC 项目采购过程中，有以下特殊情况之一的，可采用竞争性谈判采购方式：

（1）招标后没有供应商投标或者没有合格标的或者重新招标未能成立的。

（2）技术复杂或者性质特殊，不能确定详细规格或者具体要求的。

（3）采用招标所需时间不能满足用户紧急需要的。

（4）不能事先计算出价格总额的。

5.2.3.2　竞争性谈判方式的采购程序

风电场 EPC 项目竞争性谈判采购的主要程序如下：

（1）成立谈判小组。谈判小组由专家和有关代表共 3 人以上单数组成。

（2）制定谈判文件。谈判文件应当明确谈判程序、谈判内容、合同草案的条款以及评定成交的标准等事项。

（3）确定邀请参加谈判的承包商名单。谈判小组从符合相应资格条件的承包商名单中确定不少于 3 家的潜在响应人参加谈判，并向其提供谈判文件。

（4）谈判小组所有成员应本着公平公正的原则，逐一与响应人分别进行谈判。在谈判中，谈判的任何一方不得透露与谈判有关的其他承包商的技术资料、价格和其他信息。谈判文件有实质性变动的，谈判小组应当以书面形式通知所有参加谈判的承包商。

（5）谈判结束后，谈判小组应当要求所有参加谈判的承包商在规定时间内进行最终报价。谈判小组根据谈判情况形成竞争性谈判报告报采购人审批。

（6）确定中选供应商。将评审结果报相应决策机构确定中选供应商，并将结果通知所有参加谈判的未中选供应商。

5.2.4　其他采购方式及其程序

除招标、竞争性谈判外，风电场 EPC 项目采购方式还有单一来源采购及询价采购等，其适用范围简单介绍如下：

（1）当有以下情形之一，可采用单一来源采购方式：

1）只能从唯一承包商处采购。

2）需要采用不可替代的专利或者专有技术的。

3）发生了不可预见的紧急情况不能从其他承包商处采购的。

4）必须保证原有采购项目一致性或者服务配套的要求，需要继续从原承包商处采购的。

5）项目所在国家或地区政府有明确规定的。

单一来源采购的主要程序为：成立采购工作小组，工作小组由专家和有关代表共三人以上单数组成；制定采购工作方案，采购方案应当明确工作内容、工作流程、合同草案的条款等事项；采购工作应保证采购项目质量，在双方商定合理价格的基础上进行。

（2）当风电场 EPC 项目确需紧急采购，采用招标、竞争性谈判都不能满足时间要求的，可采用询价方式采购。询价采购的主要程序为：

1）成立询价小组。询价小组由专家和有关代表共 3 人以上的单数组成。

2）确定被询价供应商名单并发出询价函。询价小组首先根据采购需求，制定被询价供应商的资格条件，据此确定被询价供应商名单，并以公平的方式从中选择 3 家以上供应商作为被询价对象，进而向这些供应商发出询价函。询价函中应当注明采购需求、价格构成、评定成交供应商的标准、报价截止时间等事项。

3）询价。询价可采用一次报价、二次报价、逆向竞拍三种报价方式。采用一次报价的，承包商一次报出不得更改的价格；采用二次报价的，承包商的第二次报价为最终价格。采用一次报价或二次报价方式的，询价小组根据符合采购需求、质量和服务相等且报价最优的原则确定成交承包商。

4）确定成交供应商。询价小组完成询价工作后，要形成询价报告，提交给采购人，由采购人确定成交供应商。采购人在确定成交供应商时，必须严格执行事先确定的成交供应商评定标准。采购人确定成交供应商后，要将结果通知所有被询价的未成交供应商。

综上，风电场 EPC 项目采购方式主要分为招标采购和非招标采购（竞争性谈判、单一来源采购、询价采购）两类，根据采购内容的不同，采购人可以选择不同的采购方式进行采购，表 5-1 对比了不同采购方式的相关要求。

表 5-1 各采购方式对比

序号	采购方式	售卖标书时间	开始发售标书到开标的时间	专家组人数
1	公开招标	不少于 5 日	不少于 20 日	5 人以上单数
2	邀请招标	不少于 5 日	不少于 20 日	5 人以上单数

序号	采购方式	售卖标书时间	开始发售标书到开标的时间	专家组人数
3	竞争性谈判	合理时间	一般不少于 7 日	3 人以上单数
4	单一来源采购			3 人以上单数
5	询价采购			3 人以上单数

5.3　招标条件与工作内容

5.3.1　招标条件

依据我国招标投标相关规定，风电场 EPC 项目招标，通常应具备下列条件：

（1）按照国家有关规定，已完成项目审批、核准或者备案手续。《中华人民共和国招标投标法》规定，招标项目按照国家有关规定需要履行项目审批手续的，应当先履行审批手续，取得批准。《中华人民共和国招标投标法实施条例》进一步规定，按照国家有关规定，需要履行项目审批、核准手续的依法必须进行招标的项目，其招标范围、招标方式、招标组织形式应当报项目审批、核准部门审批、核准。项目审批、核准部门应当及时将审批、核准确定的招标范围、招标方式、招标组织形式通报有关行政监督部门。

（2）建设资金来源已经落实。招标人应当有进行招标项目的相应资金或者资金来源已经落实，并应当在招标文件中如实载明。

（3）有招标所需的基础资料。

（4）满足法律、法规及其他相关规定。如《中华人民共和国招标投标法》规定，招标人具有编制招标文件和组织评标能力的，可以自行办理招标事宜。任何单位和个人不得强制其委托招标代理机构办理招标事宜。依法必须进行招标的项目，招标人自行办理招标事宜的，应当向有关行政监督部门备案。《中华人民共和国招标投标法实施条例》进一步规定，招标人具有编制招标文件和组织评标能力，是指招标人具有与招标项目规模和复杂程度相适应的技术、经济等方面的专业人员。招标人也可委托招标代理机构开展招标工作。按照《中华人民共和国招标投标法实施条例》的规定，招标代理机构在招标人委托的范围内开展招标代理业务，任何单位和个人不得非法干涉。招标代理机构不得在所代理的招标项目中投标或者代理投标，也不得为所代理的招标项目的投标人提供咨询。

5.3.2　招标主要工作内容

风电场项目业主方作为招标人，是整个招标投标活动的发起者和组织者，在招标投标活动中起主导作用。业主方的招标工作一般包括下列内容：

（1）成立招标工作小组，确定招标方案。风电场业主方通常根据项目规模及特点，成立由一定数量人员组成的采购工作小组。由该小组确定招标方案，其主要内容包括拟采用的招标方式（公开招标还是邀请招标）、是否委托招标代理及招标代理的选择、招标进度计划、招标所需资源的配置计划等。

（2）自行或委托咨询单位编制资格预审文件。资格预审文件的内容包括邀请函、资格预审程序、项目信息（地点、规模、资金来源等信息）、资格预审申请表等。资格预审表中应着重考查投标人的下列信息，即公司概况，拟派驻项目组织结构，本地区类似项目经验，资源设备配置情况、财务情况等。如是联合体投标，则应分别审查联合体各成员情况及联合体协议书。

（3）对投标单位进行资格预审。资格预审是招投标活动中较重要的环节，无论采用哪一种招标方式，业主都需要对投标单位进行资格预审，以加深对投标单位技术能力、管理能力、财务能力以及组织结构等情况的了解，淘汰不符合招标基本条件或对本项目招标缺乏足够兴趣的投标人，限制投标单位数量，保证投标文件的质量，选择合适的承包商，降低业主风险。业主应通过报纸、杂志等渠道对外发布招标公告或向特定单位发布资格预审邀请，其内容包括申请资格预审须知、资格预审的最低要求、提交资格预审材料的时间等信息。

（4）确定投标人名单，发售招标文件，组织投标单位现场踏勘及招标文件答疑。通过对潜在投标人的资格预审，编制投标人短名单，单位数量根据项目规模而定，一般为5～8家，以保证足够的竞争性。经资格预审后，招标人应向短名单中的潜在投标人发出资格预审合格通知书，告知获取招标文件的时间、地点和方法。招标人根据招标项目的具体情况，可以组织潜在投标人进行现场踏勘。招标人对已发出的招标文件进行澄清或者修改的，该澄清或者修改的内容为招标文件的组成部分，对于潜在投标人在阅读招标文件和现场踏勘中提出的疑问，招标人可以书面形式或召开投标预备会的方式解答，但必须同时将解答以书面形式通知所有购买招标文件的潜在投标人，该解答的内容为招标文件的组成部分。

（5）开标及审查投标文件，组织专家委员会评标。我国《中华人民共和国招标投标法》中对开标有详细规定，这里不再赘述。具体采用哪一种方法要根据项目具体实际情况而定。

（6）与多家单位进行技术磋商和多轮合同谈判。由于EPC项目采用的是设计、采购、施工一体化招标，在没有详细设计文件的情况下，投标人只能根据招标文件中的功能描述书编制设计和施工技术文件，因此投标方案很可能是多个不同的方案，对应多个不同的投标报价，投标报价的可比性不强，招标人要针对每一个方案与投标人进行技术磋商与合同谈判，以保证选择到满足招标人建设意图的可行的技术方案。

（7）确定中标单位，签订风电场项目 EPC 合同。

5.4 招标文件及其编制

为进一步完善招标文件编制规则，提高招标文件编制质量，促进招标投标活动的公开、公平和公正，国家发展和改革委员会会同工业和信息化部、财政部、住房和城乡建设部、交通运输部、铁道部、水利部、国家广播电视总局、中国民用航空局，编制了《中华人民共和国标准设计施工总承包招标文件》。风电场 EPC 项目招标文件的编制应按照国家相关规定执行，具体可参照《中华人民共和国标准设计施工总承包招标文件》编制。此处主要结合《中华人民共和国标准设计施工总承包招标文件》（2012 年版）简要介绍风电场 EPC 项目招标文件的主要内容及其编制原则。

5.4.1 招标文件的主要内容

风电场 EPC 项目招标文件通常包括下列部分：

（1）招标公告或投标邀请书。招标人发布招标公告或发出投标邀请书后，将实际发布的招标公告或实际发出的投标邀请书编入出售的招标文件中，作为投标邀请。与建设项目施工招标的有关规定类似，当总承包招标未进行资格预审时，招标文件内容应包括招标公告。当进行资格预审时，招标文件中应包括投标邀请书，此邀请书可代替设计施工总承包资格预审通过通知书。

（2）投标人须知。除投标人须知前附表外，投标人须知还包括总则、招标文件、投标文件、投标、开标、评标、合同授予、纪律和监督、电子招标投标等内容。

（3）评标办法。评标办法分为综合评估法和经评审的最低投标价法两种。招标人应根据招标项目具体特点和实际需要选择适用。招标人采用综合评估法时，各评审因素的评审标准、分值和权重等由招标人自主确定。

（4）合同条款及格式。合同条款及格式包括通用合同条款、专用合同条款以及相关合同附件的格式。

（5）发包人要求。发包人要求由招标人根据行业标准设计施工总承包招标文件（如有）、招标项目具体特点和实际需要编制，并与"投标人须知""通用合同条款""专用合同条款"相衔接。发包人要求应尽可能清晰准确，对于可以进行定量评估的工作，发包人要求不仅应明确规定其产能、功能、用途、质量、环境、安全，并且要规定偏离的范围和计算方法，以及检验、试验、试运行的具体要求。对于承包人负责提供的有关设备和服务，如对发包人进行培训和提供一些消耗品等，在发包人要求中应一并明确规定。

（6）发包人提供的资料。发包人通常应提供施工场地及毗邻区域内的供水、排水、供电、供气、供热、通信、广播电视等地下管线资料、气象和水文观测资料，相邻建筑物和构筑物、地下工程的有关资料，以及其他与建设工程有关的原始资料；定位放线的基准点、基准线和基准标高；发包人取得的有关审批、核准和备案材料，如规划许可证；其他资料。

（7）投标文件格式。投标文件格式为投标文件的各部分编制所应依据的参考格式。

（8）投标人须知前附表规定的其他资料。

5.4.2 招标文件的编制原则

1. 原则要求

风电场 EPC 项目招标文件的编制必须遵守国家有关招标投标的法律、法规和部门规章的规定，主要应遵循以下原则和要求：

（1）招标文件必须遵循公开、公平、公正的原则，不得以不合理的条件限制或者排斥潜在投标人，不得对潜在投标人实行歧视待遇。

（2）招标文件必须遵循诚实信用的原则，招标人向投标人提供的工程情况，特别是工程项目的审批、资金来源和落实等情况，都要确保真实和可靠。

（3）招标文件介绍的工程情况和提出的要求，必须与资格预审文件的内容相一致。

（4）招标文件的内容要能清楚地反映工程的规模、性质、商务和技术要求等内容，设计图纸应与技术规范或技术要求相一致，使招标文件系统、完整、准确。

（5）招标文件规定的各项技术标准应符合国家强制性标准。

（6）招标文件不得要求或者标明特定的专利、商标、名称、设计、原产地或建筑材料、构配件等生产供应者，以及含有倾向或者排斥投标申请人的其他内容。如果必须引用某一生产供应者的技术标准才能准确或清楚地说明拟招标项目的技术标准时，则应当在参照后面加上"或相当于"的字样。

（7）招标人应当在招标文件中规定实质性要求和条件，并用醒目的方式标明。

2. 注意事项

编制风电场 EPC 项目招标文件时，通常还应注意如下方面：

（1）招标文件中应当提供完备、准确的水文、地勘、地形、工程可行性研究报告及其批复材料等基础资料，以保证投标方案的深度、准确度、针对性以及对工程风险的合理评估。

（2）招标文件中应当明确招标的内容及范围，主要包括勘察、设计、设备采购以及施工的内容及范围、功能、质量、安全、工期、验收等量化指标。

（3）招标文件中应当明确招标人和中标人的责任和权利，主要包括工作范围、风险划分、项目目标、奖惩条款、计量支付条款、变更程序及变更价款的确定条款、价格调整条款、索赔程序及条款、工程保险、不可抗力处理条款等。

（4）业主方可以在招标文件中提出对履约担保的要求，依法要求投标文件载明拟分包的内容。

（5）对于设有最高投标限价的，应当明确最高投标限价或者最高投标限价的计算方法。

此外，一般推荐使用由国家发展和改革委员会或住房和城乡建设部会同有关部门制定的工程总承包（含 EPC）合同示范文本。

5.5 投标人资格审查

5.5.1 投标人资格审查内容

招标人一般依据风电场项目本身的需要，在招标公告中，要求潜在投标人提供有关资质证明文件和业绩情况，并对潜在投标人进行资格审查。风电场 EPC 项目投标人的资格审查内容一般包括投标人基本情况、近年财务状况、近年完成的类似项目情况、正在实施的和新承接的项目情况、近年发生的重大诉讼及仲裁情况、拟投入本项目的主要施工设备、拟配备本项目的试验和检测仪器设备、项目管理机构组成和主要人员简历等。

【案例 5-1】 某风电场 EPC 项目招标文件中列出的投标人资格要求

（1）本次招标接受独立投标人或者联合体投标。独立投标人或者联合体的牵头方必须为风电机组设备制造商，组成联合体的独立法人不得超过三家。联合体各方不得再以自己名义单独投标，也不得组成新的联合体或参加其他联合体的投标。

（2）投标人应同时具备以下资格条件：

1）资质条件：①具有独立法人资格且为一般纳税人（须提供相关证明）；②具有本工程所应用机型的风电机组设备的设计、制造等总成能力。③具有工程勘察专业类（岩土工程）甲级及以上资质；④具有工程设计电力行业（风力发电）专业甲级及以上资质；⑤具有电力施工总承包二级及以上资质，或水利水电工程施工总承包二级及输变电工程专业承包二级及以上资质；⑥具有承装三级、承修三级、承试三级及以上电力设施许可证资质；⑦具有在有效期内的安全生产许可证。

2）财务要求：具有良好的财务状况，注册资本金不少于 1 亿人民币（独立投标人或者联合体牵头方）。

3）信誉要求：具有良好的商业信誉。

4）业绩要求：①20××年 7 月 1 日至 20××年 6 月 30 日内完成过至少一个 48MW 及以上规模的风电工程项目 EPC 总承包（含自建）工程；②2MW 及以上风电机组商业运行业绩不少于 200 台套；③具有所投机型的风电机组成功并网运行经验，

且运行良好。

5）项目管理人员要求：①项目总负责人（由牵头方派出），具有主持过至少 1 个国内 48MW 及以上风电场 EPC 总承包（包括自建）项目的经历；②设计负责人，具有担任过至少 1 个国内 48MW 及以上风电场工程设计主要负责人的经历；③项目施工负责人，项目施工负责人应具有国家一级建造师资格，且具有担任过至少 1 个国内 48MW 及以上风电场工程总承包或主体工程施工项目经理的经历。

（3）投标人不能作为其他投标人的分包人同时参加投标。单位负责人为同一人或者存在控股、管理关系的不同单位，不得参加同一标段投标或者未划分标段的同一招标项目的投标。

5.5.2 投标人资格审查方法与注意事项

1. 投标人资格审查方法

投标人的资格审查分为资格预审和资格后审，风电场 EPC 项目一般采用资格预审的审查方式。资格预审是指投标前对获取资格预审文件并提交资格预审申请文件的潜在投标人进行资格审查的一种方式。根据《中华人民共和国招标投标法实施条例》规定，招标人采用资格预审办法对潜在投标人进行资格审查的，应当发布资格预审公告、编制资格预审文件。招标人应当合理确定提交资格预审申请文件的时间。依法必须进行招标的项目提交资格预审申请文件的时间，自资格预审文件停止发售之日起不得少于 5 日。

资格预审方法一般分为定性评审法和定量评审法两种。资格预审现场定性评审法是以符合性条件为基准筛选资格条件合格的潜在投标人，通常定性条件包括以下内容：①具有独立订立合同的权利；②具有履行合同的能力；③以往承担过类似工程；④财务及商业信誉情况良好；⑤法律法规规定的其他资格条件。

资格预审文件通过对以上五方面的条件进行细化制定出评审细则，潜在投标人必须完全符合资格预审条件方能通过资格预审。

定量评审法是定性评审法的延伸和细化，评审标准较为复杂，一般包括以下方面内容：

（1）资格符合性条件。资格符合性条件包括潜在投标人的资质等级、安全生产许可证及三类人员安全生产合格证书等有关法律法规规定的资格是否满足要求。

（2）建立百分制评分标准，即根据工程的具体情况将招标文件中商务部分内容，按照一定的分值比例建立起评分标准，并设定通过资格预审的最低分数值。潜在投标人通过资格预审的条件为通过资格符合性条件检查并且得分不低于最低分数值。具体评审步骤为首先对资格预审申请文件进行符合性条件检查，条件符合者方可按照资格预审文件的评分标准对其赋分，达到或超过最低分数线的潜在投标人评判为通过资格预审，具有进行投标的资格。

定量评审法的特点主要有：一是对可比要素进行客观打分，使得主观判断的影响降到最低；二是将评标中的评审工作内容进行了部分前移，这大大减轻了日后的评标工作量，使评标工作更能将精力放在技术实力和技术方案合理性方面，使评选出的中标人更适合承担工程建设的任务。

2. 资格审查的注意事项

（1）在审查时，不仅要审阅其文字材料，还应有选择地做一些考察和调查工作。因为有的申请人得标心切，在填报资格预审文件时，不仅只填那些工程质量好、造价低、工期短的工程，甚至可能出现弄虚作假现象。

（2）投标人的商业信誉很重要，但这方面的信息往往不容易得到。应通过各种渠道了解投标申请人有无严重违约或毁约的记录，在合同履行过程中是否有过多的无理索赔和扯皮现象。

（3）对拟承担本项目的主要负责人和设备情况应特别注意。有的投标人将施工设备按其拥有总量填报，可能包含应报废的设备或施工机具，一旦中标却不能完全兑现。另外，还要注意分析投标人正在履行的合同与招标项目在管理人员、技术人员和施工设备方面是否发生冲突，以及是否还有足够的财务能力再承接本项目。

（4）联合体申请投标时，必须审查其合作声明和各合作者的资格。

（5）应重视各投标人过去的施工经历是否与招标项目的规模、专业要求相适应，施工机具、工程技术及管理人员的数量、水平能否满足本项目的要求，以及具有专长的专项施工经验是否比其他投标人占有优势。

5.6　开标、评标和决标

5.6.1　开标

1. 开标时间和地点

开标由招标人主持，招标人应在招标文件规定的投标截止时间的同一时间，以及招标文件预先确定的地点公开开标，并邀请所有投标人的法定代表人或其委托代理人准时参加。

2. 开标程序

主持人可按下列程序进行开标：

（1）宣布开标纪律。

（2）公布在投标截止时间前递交投标文件的投标人名称，并点名确认投标人是否派人到场。

（3）宣布开标人、唱标人、记录人、监标人等有关人员姓名。

（4）按照投标人须知前附表规定检查投标文件的密封情况。

（5）按照投标人须知前附表的规定确定并宣布投标文件开标顺序。

（6）设有标底的，公布标底。

（7）按照宣布的开标顺序当众开标，公布投标人名称、项目名称、投标保证金的递交情况、投标报价、质量目标、工期及其他内容，并记录在案。

（8）规定最高投标限价计算方法的，计算并公布最高投标限价。

（9）投标人代表、招标人代表、监标人、记录人等有关人员在开标记录上签字确认。

（10）开标结束。

3. 开标异议

投标人对开标有异议的，应当在开标现场提出，招标人当场做出答复，并制作记录。

【案例5-2】 某风电场工程EPC总承包开标记录表（格式）

××风电场（××MW）工程EPC总承包

开标记录表

招标编号：　　　　　　　　　　　　　　　　　　标段名称：

开标时间：　　　　　　　　　　　　　　　　　　开标地点：

序号	投标人名称	投标报价/元	备注
1			
2			
3			
4			
5			
6			
7			
8			
9			
……			

备注：

记录人：　　监督人：　　公证人：

5.6.2 评标

风电场EPC项目评标是指评标委员会依据招标文件的规定和要求，对投标人递交的投标文件进行审查、评审和比较，以最终确定中标人的活动。

5.6.2.1　评标委员会与评标原则

评标由招标人依法组建的评标委员会负责。评标委员会由招标人或其委托的招标代理机构熟悉相关业务的代表，以及有关技术、经济等方面的专家组成。评标委员会成员人数以及技术、经济等方面专家的确定方式一般在投标人须知前附表中写明。

评标委员会成员有下列情形之一的，应当回避：①投标人或投标人主要负责人的近亲属。②项目主管部门或者行政监督部门的人员。③与投标人有经济利益关系，可能影响投标公正评审的。④曾因在招标、评标以及其他与招标投标有关活动中从事违法行为而受过行政处罚或刑事处罚的。⑤与投标人有其他利害关系的。

评标活动应遵循公平、公正、科学和择优的原则。

5.6.2.2　评标办法

风电场 EPC 项目是设计、采购、施工一起招标，因而更要兼顾技术和商务。目前，国际上出现了多种 EPC 项目评标办法，而我国工程实践中也出现了常用的评标办法。

由于 EPC 项目评标要综合考虑技术和商务两方面的内容，技术标又包括设计、施工等多方面的内容，因此，评标要考虑的因素很多，方法也有多种，具体方法要根据项目特点和业主偏好而定。

1. 国际常用评标方法

国际上，在亚洲银行、美国土木工程师学会（The American Society of Civil Engineers，ASCE）协会等组织发布的招标指南中，都有对评标办法的详细论述。综合起来，国际上常见的 EPC 项目评标方法大致可分为单阶段评标、两阶段评标和关键因素评标三种。

（1）单阶段评标。单阶段评标的做法是，在投标时承包商将技术标与商务标同时提交，一般情况下，评标时先评技术标，技术标通过者，则打开其商务标进行综合评定，技术标未通过者，商务标原封不动地退还给投标人。由于单阶段评标方法具有评比结果客观、公正，评审小组可以集中力量进行评审工作，评标时间短，有利于加快项目进度等优点，因而，单阶段评标适用于土建内容较多、技术难度和执行难度较小的项目。

单阶段评标法并不适用于技术要求高、执行难度大的复杂项目，这是因为复杂项目本身在执行中存在许多不确定因素。业主一般只有一些基本目标要求和功能描述，对项目采用的技术方案与标准也不能确定，希望通过招标利用总承包商的技术力量，让总承包商提供此类标准与技术方案。对于投标方而言，每家承包商都会有自身的优势，在标书中体现的着重点也不同，难以找到能够合理量化的比较标准，因此很难通过打分的方式进行比较。故而对于技术要求高、执行难度大的总承包项目，往往采用基于定性分析的两阶段评标法。

（2）两阶段评标（双阶段评标）。双阶段评标的做法是，发包方邀请某些大型知名总承包商先提交技术标，然后对技术标加以评审、比较。

由于发包方的招标文件对技术要求描述得比较简单，每个投标者对发包方要求的理解以及提出的设计方案差异很大，且此类技术标的评审工作会涉及很多的技术澄清会，因此需要花费较长的时间。

技术标评审结束后，发包方从其中选择设计方案最适合的几家投标单位，邀请他们再递交商务标，商务标编制的基础和依据是经过调整和补充修改的技术标书。由于总承包商投标此类项目的工作量较大，投标费用也比较高，因此，采用两阶段评标时，邀请递交技术标的的总承包商数目不宜太多，一般为 3～5 家，否则对优秀的总承包商没有太大的吸引力，可能导致得到的技术标质量不高。

两阶段评标较适用于发包人不确定应该采用哪一种技术规范的情况，这种情况往往是市场上刚刚出现了可供选择的新技术。

（3）关键因素评标。承前所述，评标要考虑的因素很多，影响中标的结果不仅仅取决于设计方案和价格，还取决于承包商的综合能力、经验和信誉，取决于工程进度、质量、投资目标的保证措施，因此，在定性评审法中考虑其他因素的影响，对评标结果进行修正，使之更科学、合理，成为总承包评标工作的必然要求。关键因素评标的做法是，将业主方关心的几个关键因素综合起来考虑，建立起一套评价指标体系，采用综合评价等方法，将每个关键因素赋予一定的权重，评出综合得分。

在实际评标过程中，往往将关键因素评标法与前两种评标方法结合起来使用，因此关键因素评标应用范围很广。但在实际应用中指标体系的科学性、规范性、系统性和完备性等就十分重要。确定中标人后，招标人应当向中标人发出中标通知书，同时将中标结果通知所有未中标的投标人。

2. 我国常用评标方法

与欧美国家相比，我国 EPC 模式总体发展较缓慢。在 2012 年版的《标准设计施工总承包招标文件》中，推荐了综合评估法和经评审的最低投标价法两种评标方法。

（1）综合评估法。评标委员会对满足招标文件实质性要求的投标文件，按照招标文件规定的评分标准进行打分，并按得分由高到低顺序推荐中标候选人，或根据招标人授权直接确定中标人，但投标报价低于其成本的除外。综合评分相等时，以投标报价低的优先；投标报价也相等的，由招标人或者经招标人授权的评标委员会自行确定。

采用综合评估法的评标程序分为初步评审和详细评审。初步评审包括形式评审、资格评审和响应性评审，其标准在评标办法前附表中确定。详细评审时，分值主要在承包人建议书、资信业绩、承包人实施方案、投标报价和其他因素等方面分配。

（2）经评审的最低投标价法。评标委员会对满足招标文件实质要求的投标文件，根据招标文件规定的量化因素及标准进行价格折算，按照经评审的投标价由低到高的顺序推荐中标候选人，或根据招标人授权直接确定中标人，但投标报价低于其成本的除外。经评审的投标价相等时，投标报价低的优先；投标报价也相等的，由招标人或者招标人授权的评标委员会自行确定。

评标委员会对满足招标文件实质性要求的投标文件，按照招标文件规定的评分标准进行打分，并按综合得分由高到低顺序推荐 3 名中标候选人，或根据招标人授权直接确定中标人，但投标报价低于其成本的除外。综合评分相等时，以投标报价低的优先；投标报价也相等时，技术得分高的优先；当技术得分也相等时，由招标人自行确定。

【案例 5-3】　某风电场 EPC 项目招标文件中的评标办法

评 标 办 法 前 附 表

条款号	评审因素/条款内容	评审标准（及权重）/编列内容
2.1.1	形式评审标准	
	投标人名称	与营业执照、资质证书、安全生产许可证一致
	投标函签字盖章	有法定代表人或其委托代理人签字或加盖单位章
	投标文件格式	符合项目招标文件（下文的章节标号均为这一文件）第八章"投标文件格式"的要求
	联合体投标人（如有）	提交联合体协议书，并明确联合体牵头人
	报价唯一	只能有一个有效报价
2.1.2	资格评审标准	
	营业执照	具备有效的营业执照
	安全生产许可证	具备有效的安全生产许可证
	资质等级	符合第二章"投标人须知"第 1.4.1 项规定
	财务状况	符合第二章"投标人须知"第 1.4.1 项规定
	类似项目业绩	符合第二章"投标人须知"第 1.4.1 项规定
	信誉	符合第二章"投标人须知"第 1.4.1 项规定
	项目经理	符合第二章"投标人须知"第 1.4.1 项规定
	其他要求	符合第二章"投标人须知"第 1.4.1 项规定
	联合体投标人	符合第二章"投标人须知"第 1.4.2 项规定
2.1.3	响应性评审标准	
	投标内容	符合第二章"投标人须知"第 1.3.1 项规定
	工期	符合第二章"投标人须知"第 1.3.2 项规定
	工程质量	符合第二章"投标人须知"第 1.3.3 项规定
	投标有效期	符合第二章"投标人须知"第 3.3.1 项规定
	投标保证金	符合第二章"投标人须知"第 3.4.1 项规定
	权利义务	符合第四章"合同条款及格式"规定
	已标价工程量清单	符合第五章"工程量清单"给出的范围及数量
	技术标准和要求	符合第七章"技术标准和要求"规定

条款号	评审因素/条款内容	评审标准（及权重）/编列内容	
2.2.1	评分权重构成（100%）	商务部分：15% 技术部分：45% 投标报价：40%	
2.2.2	评标价基准值（B）计算方法	评标价基准值 B 按以下步骤计算： 　以所有进入详细评审的投标人评标价算术平均值×0.95作为本次评审的评标价基准值 B。并应满足计算规则： 　（1）如投标人报价高于所有进入详细评审的投标人报价平均值×130%，该报价不参与评标价基准值的计算。 　（2）当经步骤（1）筛选后的投标人超过 5 家时去掉一个最高价和一个最低价。 　（3）当同一企业集团多家所属企业（单位）参与本项目投标时，取其中最低评标价参与评标价基准值计算，无论该价格是否在步骤（2）中被筛选掉。评标价为经修正后的投标报价	
2.2.3	投标报价的偏差率（Di）计算公式	偏差率＝100%×（投标人报价－评标价基准值）/评标价基准值	
2.2.4（1）	商务部分评分标准（15%）	以往类似项目业绩、经验	以往类似项目数量、规模、完成情况及施工经验（投标人所采用风电机组机型具有投运业绩得20分，每增加 10MW 容量并网业绩加 10 分，满分 50 分；投标人具有 1 个容量不低于 48MW 风电场设计业绩得 10 分，每增加一个加 5 分，满分 30 分；投标人具有一个容量不低于 48MW 风电场施工业绩得 10 分，每增加一个加 5 分，满分 20 分）	4%
		履约信誉	根据××公司最新发布的供应商信用评价结果进行统一评分，A、B、C 四个等级信用得分分别为 100 分、85 分、70 分。如投标人初次进入××公司投标或报价，由评标委员会根据其以往业绩及与其他单位的合同履约情况合理确定本次评审信用等级	4%
		财务状况（牵头方）	近 3 年财务状况（依据近 3 年经审计过的财务报表）。评分结果分为 A～D 四个档次	3%
		报价费用构成的合理性	由专家对各投标人报价费用构成进行合理性评审。评分结果分为 A～D 四个档次	2%
		主要单价水平的合理性	由专家对各工程量清单中的主要单价进行合理性和平衡性评审。评分结果分为 A～D 四个档次	2%
2.2.4（2）	技术部分评分标准（45%）	设计方案及技术方案合理性	风电场微观选址方案、风电机组机型及塔筒型式选择方案、升压站布置方案、集电线路走向及设计、场内道路设计、用地面积优化等方案合理性。评分结果分为 A～D 四个档次	6%

条款号		评审因素/条款内容	评审标准（及权重）/编列内容	
2.2.4（2）	技术部分评分标准（45%）	投标机型技术评价	对投标机型认证（包括设计认证、测试认证）、投标机型功率曲线认证（包括投标机型功率曲线认证有无、认证机构权威性等）、投标机型并网性能（包括有功无功、电能质量、电网适应性测试认证，数据开放性及投标机型与认证证书部件偏差性等）、投标机型技术性能（包括风电机组可靠性和技术先进性；风电机组可利用率；吊装、调试要求的快捷、经济性；运行维护方便性）等进行评价。评分结果分为A～D四个档次	
			投标人投标机型技术服务，包括质保期及售后服务的保证措施及技术培训；备品备件及专用工具保障性；路勘及运输方案的合理性和真实性。评分结果分为A～D四个档次	
			投标人采用风机厂家品牌评价，主要按照风机厂家近三年的风机总出货量及履约信誉评价，评分结果分为A～D四个档次	
			投标机型运行维护成本高低比较，评分结果分为A～D四个档次	
		对项目重点、难点的分析及施工布置	对项目重点、难点的分析情况，施工布置的合理性及与现场环境协调性，评分结果分为A～D四个档次	3%
		施工资源配置	施工设备配置、选型布置的合理性；劳动力计划安排是否满足工期需要；项目资金使用、保证与分配，封闭管理及奖惩措施的可行性，评分结果分为A～D四个档次	2%
		施工方法、程序、配合环节合理性	场区平整及绿化、开挖回填方案的合理性，料源分析的合理性；主要土建施工方案的合理性；主要电气设备安装施工方法、程序、配合环节的合理性，评分结果分为A～D四个档次	2%
		投标人所供除风机之外主要设备材料的品牌和质量	投标人所供除风电机组之外主要设备、材料等选用厂家品牌及质量档次，评分结果分为A～D四个档次	5%
		施工进度工期与强度分析合理性	施工进度、强度分析的合理性及保证措施，评分结果分为A～D四个档次	1%
		施工质量、安全和文明施工	保证质量、安全和文明施工的技术措施，环保、水保实施措施，防灾应急措施，对周边已有设施的保护措施等，评分结果分为A～D四个档次	1%
		勘察设计能力	对工程勘察设计能力进行评审。根据投标人工程勘察设计资质等级及风电场勘察设计业绩综合评分，评分结果分为A～D四个档次	2%
		管理人员	项目总负责人、项目施工负责人和设计负责人的经历、主持过的工程项目与效果（项目施工负责人为一级建造师且有10年以上工作业绩得50～60分。项目总负责人具有高级职称的加5～10分，项目总负责人具有类似工程业绩加5～10分。项目技术负责人具有高级职称的加5～10分，技术负责人也具有类似工程业绩的加5～10分）	3%

续表

条款号		评审因素/条款内容	评审标准（及权重）/编列内容	
2.2.4 (2)	技术部分评分标准（45%）	专业队伍	对本项目中的专业队伍配制进行评审，评分结果分为 A～D 四个档次	1%
		组织机构和运行方式	项目现场组织机构、职责、运行方式及保障措施，评分结果分为 A～D 四个档次	1%
2.2.4 (3)	投标报价评分标准（40%）	价格得分	以入围投标人经修正后的评标总报价与评标基准价 B 进行比较，计算出高于或者低于评标基准价的百分数，并根据以下规则计算得分： （1）当入围投标人的评标价等于评标基准价 B 时得 90 分。 （2）评标价高于评标基准价 B： 1）高于 3%（含 3%）以内部分，每高 1% 扣 1 分。 2）高于 3%～6%（含 6%）部分，每高 1% 扣 2 分。 3）高于 6% 以上部分，每高 1% 扣 3.5 分。 4）扣至 60 分为止。 （3）评标价低于评标基准价 B： 1）低于 10%（含 10%）以内部分，每低 1% 加 1 分，最多加至 100 分。 2）低于 10% 以上部分，每低 1% 扣 2 分，扣至 60 分为止。 （4）上述计分按分段累进计算，当入围投标人评标价与评标基准价 B 比例值处于分段计算区间内时，分段计算按内插法等比例扣分	
3.1.1		初步评审短名单的确定	按照投标人的报价由低到高排序，当投标人少于 10 名时，选取排序前 5 名进入短名单；当投标人为 10 名及以上时，选取排序前 6 名进入短名单。若进入短名单的投标人未能通过初步评审，或进入短名单的投标人有算术错误，经修正后的报价高于其他未进入短名单的投标人报价，则依序递补。如果数量不足上述 5 家或 6 家时，按照实际数量选取	
3.2.1		详细评审短名单确定	通过初步评审的投标人全部进入详细评审	
3.2.2		评标价的处理规则	投标报价的处理规则： （1）对于投标人未做说明的报价修改，评标委员会将把修改后的报价按比例分摊到投标报价的相关各项目（不含暂估价项目）上，调整后的报价对投标人具有约束力。投标人不接受修正价格的，其投标将被否决。 （2）对于投标人未按招标文件规定进行报价的漏报项目应被视为含在所报价格中，评标委员会将把所有进入详细评审的投标人中对该项目的最高报价计入此投标人的此项评标价格。按此款所做的评标价格调整仅用于评标使用。 （3）如投标人某项目单价明显偏低，经评标委员会认定低于成本时，则以进入详细评审短名单的所有投标人中该项目最高单价替换此单价，重新计算其经评审的投标价	

1. 评标方法

本次评标采用综合评估法。评标委员会对满足招标文件实质性要求的投标文件，按照本章第 2.2 款规定的评分标准进行打分，并按综合得分由高到低顺序推荐 3 名中标候选人，或根据招标人授权直接确定中标人，但投标报价低于其成本的除外。综合评分相等时，以投标报价低的优先；投标报价也相等时，技术得分高的优先；当技术得分也相等时，由招标人自行确定。

2. 评审标准

2.1　初步评审标准

2.1.1　形式评审标准：见评标办法前附表。

2.1.2　资格评审标准：见评标办法前附表。

2.1.3　响应性评审标准：见评标办法前附表。

2.2　详细评审标准

2.2.1　分值构成

(1) 商务部分：见评标办法前附表。

(2) 技术部分：见评标办法前附表。

(3) 报价部分：见评标办法前附表。

2.2.2　评标价基准值计算

评标价基准值计算方法：见评标办法前附表。

2.2.3　投标报价的偏差率计算

投标报价的偏差率计算公式：见评标办法前附表。

2.2.4　评分标准

(1) 商务部分评分标准：见评标办法前附表。

(2) 技术部分评分标准：见评标办法前附表。

(3) 报价部分评分标准：见评标办法前附表。

3. 评标程序

3.1　初步评审

3.1.1　初步评审短名单的确定：见评标办法前附表。若进入短名单的投标人未能通过初步评审，则依序递补。当按照 3.1.4 款修正的价格高于没进入短名单的其他投标人，则选取较低报价的投标人替补该投标人进入短名单。

3.1.2　评标委员会可以要求投标人提交第二章"投标人须知"第 3.5.1 项至第 3.5.5 项规定的有关证明和证件的原件，以便核验。评标委员会依据本章第 2.1 款规定的标准对投标文件进行初步评审。有一项不符合评审标准的，评标委员会应当否决其投标。

3.1.3　投标人有以下情形之一的，评标委员会应当否决其投标：

(1) 第二章"投标人须知"第 1.4.3 项规定的任何一种情形的。

(2) 串通投标或弄虚作假或有其他违法行为的。

（3）不按评标委员会要求澄清、说明或补正的。

3.1.4 技术评议时，存在下列情况之一的，评标委员会应当否决其投标：

（1）投标文件不满足招标文件技术规格中加注星号（"＊"）的主要参数要求或加注星号（"＊"）的主要参数无技术资料支持。

（2）投标文件技术规格中一般参数超出允许偏离的最大范围。

（3）投标文件技术规格中的响应与事实不符或虚假投标。

（4）投标文件中存在的按照招标文件中有关规定构成否决投标的其他技术偏差情况。

3.1.5 投标报价有算术错误的，评标委员会按以下原则对投标报价进行修正，修正的价格经投标人书面确认后具有约束力。投标人不接受修正价格的，评标委员会应当否决其投标。

（1）投标文件中的大写金额与小写金额不一致的，以大写金额为准。

（2）总价金额与依据单价计算出的结果不一致的，以单价金额为准修正总价，但单价金额小数点有明显错误的除外。

3.1.6 经初步评审后合格投标人不足三家的，经评标委员会审定报价缺乏竞争性的，本项评标终止。

3.1.7 评标委员会将参考招标人现阶段掌握的投标人不良行为记录进行评审。

3.2 详细评审

3.2.1 详细评审短名单确定：见评标办法前附表。

3.2.2 投标报价的处理规则：见评标办法前附表。

3.2.3 评分按照如下规则进行：

（1）评分由评标委员会以记名方式进行，参加评分的评标专家应单独打分。凡未记名、涂改后无相应签名的评分票均作为废票处理。

（2）评分因素按照 A～D 四个档次评分的，A 档对应的分数为 100～90（含 90）分，B 档 90～80（含 80）分，C 档 80～70（含 70）分，D 档 70～60（含 60）分。专家组讨论各进入详细评审投标人在各个评审因素上的档次，评标委员会专家宜在讨论后决定的评分档次范围内打分，如专家对评分结果有不同看法，也可超档次范围打分，但应在意见表中陈述理由。

（3）专家打分汇总方法，参与打分的专家超过 5 名（含 5 名）时，汇总时去掉单项评价因素的一个最高分和一个最低分，以剩余样本的算术平均值作为投标人的得分。

（4）评分分值的中间计算过程保留小数点后三位，小数点后第四位"四舍五入"；评分分值计算结果保留小数点后两位，小数点后第三位"四舍五入"。

3.2.4 评标委员会按本章第 2.2 款规定的量化因素和分值进行打分，并计算出综合评估得分。

(1) 按本章第 2.2.4 (1) 目规定的评审因素和分值对商务部分计算出得分 A。

(2) 按本章第 2.2.4 (2) 目规定的评审因素和分值对技术部分计算出得分 B。

(3) 按本章第 2.2.4 (3) 目规定的评审因素和分值对投标报价计算出得分 C。

(4) 投标人综合得分＝$A+B+C$。

3.2.5 评标委员会发现投标人的报价明显低于其他投标人的报价，或者在设有标底时明显低于标底，使得其投标报价可能低于其个别成本的，应当要求该投标人作出书面说明并提供相应的证明材料。投标人不能合理说明或者不能提供相应证明材料的，由评标委员会认定该投标人以低于成本报价竞标，评标委员会应当否决其投标。

3.3 投标文件的澄清和补正

3.3.1 在评标过程中，评标委员会可以书面形式要求投标人对所提交投标文件中不明确的内容进行书面澄清或说明，或者对细微偏差进行补正。评标委员会不接受投标人主动提出的澄清、说明或补正。

3.3.2 澄清、说明和补正不得改变投标文件的实质性内容（算术性错误修正的除外）。投标人的书面澄清、说明和补正属于投标文件的组成部分。

3.3.3 评标委员会对投标人提交的澄清、说明或补正有疑问的，可以要求投标人进一步澄清、说明或补正。

3.4 评标结果

3.4.1 除第二章"投标人须知"前附表授权直接确定中标人外，评标委员会按照综合得分由高到低的顺序推荐 3 名中标候选人（不足 3 名按实际数量推荐）。

3.4.2 评标委员会完成评标后，应当向招标人提交书面评标报告。

3.4.3 中标候选人在信用中国网站（http：//www.creditchina.gov.cn/）被查询存在与本次招标项目相关的严重失信行为，评标委员会认为可能影响其履约能力的，有权取消其中标候选人资格。

5.6.3 风电场 EPC 项目的决标

决标也称定标，是风电场 EPC 项目招标工作程序之一，是最终选择中标单位的过程。

《中华人民共和国招标投标法》规定，招标人根据评标委员会提出的书面评标报告和推荐的中标候选人确定中标人。招标人也可以授权评标委员会直接确定中标人。评标委员会推荐中标候选人的人数一般在投标人须知前附表中规定。

招标人应在投标人须知前附表规定的媒介公示中标候选人。在招标文件规定的投标有效期内，招标人以书面形式向中标人发出中标通知书，同时将中标结果通知未中标的投标人。中标通知书按招标文件规定的格式填写。

5.6.4 风电场 EPC 项目招标纪律要求

1. 招标人工作纪律

招标人不得利用职权或职务上的影响，采取任何方式违规干预和插手招投标活动；不得将必须招标的项目批准或决定不招标；不得将必须招标的项目化整为零，或假借时间紧迫和技术复杂等理由规避招标；不得干预、操纵招投标活动中相关机构的选择、投标人和评标人员的确定或中标结果；不得授意、指使或强令中标人分包、转包项目，或指定使用所需材料、设备以及生产厂家、承包商；不得干扰、限制、阻碍招投标监督部门及其工作人员依法依纪查处招投标违纪违法案件。

2. 监督部门工作纪律

监督部门应当保证招投标活动的公开、公平和公正。不得推卸监管职责或超越其授权履行监管职责；不得出台违反国家招标投标法律、法规和规章的文件或政策规定；不得拒绝受理涉及招投标的投诉和查处招投标违纪违法责任人；不得泄漏涉及招投标工作的各种保密事项和资料。

3. 招标主办部门或招标代理机构工作纪律

招标主办部门或招标代理机构不得违背核准的招标事项开展招标工作；不得泄漏参加投标的其他投标人；不得采用非竞争机制或降低资质选择招标代理机构；不得违法违规确定中标人；不得背离招标文件约定的条款与中标单位签订合同；不得在招标文件或资格预审文件中设置有利于特定投标人或违规限制潜在投标人的条款；不得拒绝或限制已经通过资格预审（入围）的潜在投标人参加投标；不得将本地区、本行业颁发的奖项作为投标人加分条件；不得与招标投标当事人相互串通，徇私舞弊，操纵招标结果；不得接受投标当事人的礼品、礼金、宴请或参与其他可能影响公正招标的活动；不得泄漏标底或其他任何涉及招标投标工作的保密资料；不得对评委成员作任何带倾向性的提示。

4. 投标人工作纪律

投标人不得买卖、转让、出借、出租、伪造资质证书、营业执照、税务登记证、银行账号、设计图签、图章；不得允许他人以本企业或本人的名义参与投标活动；不得采用弄虚作假、串通投标、围标、哄抬或不合理降低报价、行贿等任何不正当手段取得投标资格或中标资格；不得将中标项目转包和违法分包；不得违背投标文件承诺的内容实施工程和提供设备；不得私自向评委递交材料、耳语或暗示，如有疑问，须举手申请，征得同意后方可发言；在开标投标期间，投标人不得询问评标情况，不得进行旨在影响评标结果的活动。对评标人员就投标文件中有关问题的询问，投标人应予以认真答复或澄清，重要或复杂的问题回答后，需递交书面资料，并经法定代表人或被授权人签署，该资料将作为投标文件的组成部分。

5. 评标人员工作纪律

准时参加评审工作，服从评审活动日程安排，不得无故缺席、迟到；在招标活动中，评标人员应客观、公正、廉洁地履行职责；不得使用没有确定的评标标准和方法评标；与投标承包商有利害关系的，必须回避；任何单位和个人不得干预、影响评标办法的确定以及评标过程和结果；不得在评标过程中擅离职守或做与评标工作无关的事项。评标人员不得与投标人相互串通，不得以任何手段排斥其他投标人参与竞争；不得泄露应当保密的各种事项和资料；不得私下与投标单位有关人员进行接触，不得出席由投标单位组织的任何活动，不得接受或索要投标单位的礼品、礼金或参与其他可能影响公正招标的活动。在确定中标承包商前，评标人员不得单独与投标承包商就投标价格、投标方案等实质性内容进行谈判。不得泄漏对投标文件的评审、比较、中标候选人的推荐、承包商的商业秘密以及评标有关的其他情况。

5.7　本　章　小　结

EPC 模式是风电场项目的主要采购模式之一，总承包方受业主委托，按照合同约定对风电场工程项目的勘察、设计、采购、施工和试运行等实行全过程的承包。EPC 模式使设计与采购、施工各阶段工作合理衔接，有利于风电场项目建设方案的不断优化，并有效实现项目的进度、质量和造价控制。本章对风电场 EPC 项目采购方式与程序、采购内容、招标文件及其编制、开标、评标以及决标等内容进行了介绍。与一般建设工程项目相比，风电场项目建设周期短，招投标、合同谈判及签订、设备供货、施工管理工作量比较大，风险较高。因此，EPC 模式下，需要总承包方立即进入高强度工作状态，协调风机土建、设备供应、设备安装之间的关系，并制订严密的工作计划。

第6章　风电场 EPC 项目合同管理

合同是民事主体之间设立、变更、终止民事法律关系的协议。风电场项目 EPC 总承包合同作为一种典型的建设工程合同,是风电场工程实施阶段项目管理的重要依据。风电场项目 EPC 总承包合同除了明确各方的权利义务外,还包含了从订立、履行到终止的全过程管理。目前,EPC 合同条件采用的示范文本包括国家发展和改革委员会等九部委发布的《中华人民共和国标准设计施工总承包招标文件(2012 年版)》、住房和城乡建设部及国家市场监督管理总局 2020 年发布的《建设项目工程总承包合同示范文本》(GF－2020－0216),以及 FIDIC 出版的银皮书《设计采购施工(EPC)/交钥匙工程合同条件(2017 版)》等。本章从风电场项目 EPC 总承包合同的订立、合同的履行、合同的风险管理以及合同的终止四个方面介绍合同管理相关内容。

6.1　合　同　的　订　立

6.1.1　EPC 合同及其特点

根据《中华人民共和国民法典》和《中华人民共和国招标投标法》等相关法律规定,风电场 EPC 项目招标人和中标人应当自中标通知书发出之日起 30 天内,根据招标文件和中标人的投标文件订立书面形式的 EPC 合同。合同双方相应称为发包人和承包人。双方通过合同文件体现合同关系。合同文件的签订即为当事人双方合同关系的形成。

与一般建设工程施工合同相比,风电场项目 EPC 总承包合同具有以下突出特点:

(1) EPC 总承包合同所包含的工程范围广泛、涉及的工程内容丰富。工程施工合同仅包括工程施工的内容,工程设计合同仅包括工程设计的内容;而 EPC 总承包合同同时包括工程设计、采购和施工等多方面内容。这对工程总承包方技术能力、管理能力、支付能力提出更高要求的同时,亦对风电场建设市场主体的诚信水平提出更高的要求。

(2) EPC 总承包合同具有更明显的不完备性。对于同一个工程,当采用 DBB 方式时，设计完成后才开始施工招标，并组织施工，通常不确定性较小，即施工合同相对较为完备。而在实行 EPC 总承包的情况下，工程可行性研究报告批准后，即可组织 EPC 总承包招标，工程初步设计被包括在 EPC 总承包合同内，因此工程实施过程中不确定性较大，即 EPC 总承包合同完备性更低。这意味着，工程总承包方在面对较大获利空间的同时，也面临着较大的亏损风险；相应地，对工程发包方，同样存在较大的超工程概算风险或投资控制的空间。对现场数据（如工程地质条件方面的数据）不确定性较大的风电场项目，这种风险会更大。

6.1.2　合同文件的组成与优先次序

6.1.2.1　合同文件的组成

合同文件是指对发包方和承包方履行约定义务过程中，有约束力的全部文件体系的总称。国家发展和改革委员会发布的《标准设计施工总承包招标文件》（2012 年版）中合同范本通用条款中约定，合同文件由以下组成：

（1）合同协议书。承包方按中标通知书规定的时间与发包方签订合同协议书。除法律另有规定或合同另有约定外，发包方和承包方的法定代表人或其委托代理人在合同协议书上签字并盖章后，合同生效。

（2）中标通知书。中标通知书指发包方通知承包方中标的函件。中标通知书随附的澄清、说明、补正事项纪要等，是中标通知书的组成部分。

（3）投标函及投标函附录。投标函指构成合同文件组成部分的由承包方填写并签署的投标函。投标函附录指附在投标函后构成合同文件的投标函附录。

（4）合同条款。合同条款是合同条件的表现和固定化，是确定合同当事人权利和义务的根据，合同条款即为合同的内容。一般合同条款分为通用合同条款和专用合同条款，通用合同条款指发包方为了在各项目反复使用而预先制订的条款，是在订立合同时不能与承包方协商的条款。专用合同条款是指发承包双方在订立合同时通过协商确定的条款。专用合同条款的优先性高于通用合同条款。

（5）发包方要求。发包方要求指构成合同文件组成部分的名为发包方要求的文件，包括招标项目的目的、范围、设计与其他技术标准和要求，以及合同双方当事人约定对其所作的修改或补充。

（6）承包方建议书。承包方建议书指构成合同文件组成部分的名为承包方建议书的文件。承包方建议书由承包方随投标函一起提交。承包方建议书应包括承包方的设计图纸及相应说明等设计文件。

（7）价格清单。价格清单指构成合同文件组成部分的由承包方按规定的格式和要求填写并标明价格的清单。

（8）其他合同文件。其他合同文件指经合同双方当事人确认构成合同文件的其他文件。

6.1.2.2 合同文件的优先次序

组成合同文件的各项文件互相解释，互为说明。若出现互相矛盾的，原则上以合同中所约定的合同文件优先顺序为准，同一顺序的则以签订时间在后的为准；同一文件中，如果前后出现矛盾，以在前的为准。合同当事人就合同文件所作出的补充和修改，属于同一类内容的文件，应以最新签署的为准。

国家发展和改革委员会发布的《标准设计施工总承包招标文件》（2012年版）合同范本通用条款中约定，合同文件的优先顺序：①合同协议书；②中标通知书；③投标函及投标函附录；④专用合同条款；⑤通用合同条款；⑥发包方要求；⑦承包方建议书；⑧价格清单；⑨其他合同文件。

各项目可参考合同范本中合同文件组成及优先顺序，或结合项目具体情况另行约定进入合同的各项文件及其优先顺序。

6.1.3 合同文件的主导语言与适用法律

6.1.3.1 合同文件的主导语言

合同文件的主导语言为合同文件编写、解释和说明的语言，并具有优先解释和说明合同的语言。国内风电场EPC总承包合同文件的主导语言一般为汉语，在少数民族地区，发承包方可以约定以少数民族语言为主导语言编写、解释和说明合同文件。国际风电场项目合同文件的主导语言根据项目所处国别语言或发承包双方协商确定，并在合同中以相应条款明确约定。

6.1.3.2 合同文件的适用法律

风电场EPC总承包合同必须守法，如果合同违反了法律、行政法规的强制性规定，则此合同无效。在合同执行过程中，需遵守合同文件中约定的适用法律中关于安全、质量、环境保护和职业健康等方面强制性标准、规范的规定。

国内项目需遵循中华人民共和国法律、行政法规、部门规章以及工程所在地的地方法规、自治条例、单行条例和地方政府规章，如《中华人民共和国民法典》《中华人民共和国建筑法》《中华人民共和国招标投标法》《建设工程质量管理条例》及项目所在地的行政法规和规章等。

国际项目合同文件应受投标函附录中规定的国家（或其他管辖区域）法律的制约，合同文件的适用法律一般在合同中明确。

6.1.4 合同文件的解释

语言本身不可避免地存在模糊性、多义性和歧义性。在合同中可能会出现与社会生活相疏离的、专业化的术语，这些术语的含义经常与社会生活中的通常意义有所不同。合同当事人订立合同均为达到一定目的，合同的各项条款及其用语均是达到该目的的手段。合同目的应是当事人双方在合同中通过一致的意思表示而确定的目的。当事人又有着不同的理解视阈，对同一条款、同一词语的理解，可能有差异甚至完全相反。在实际履行过程中，这种理解上的差异才凸显出来。

风电场 EPC 总承包合同文件中一般会将合同文本中所涉及的专业术语进行定义与解释，详细界定其在合同中所表达的意义。除应遵循上述合同文件的优先次序、主导语言原则和适用法律原则外，还应遵循国际上对工程承包合同文件进行解释的一些公认的原则。

1. 诚实信用原则

各国法律都普遍承认诚实信用原则，即诚信原则，它是解释合同文件的基本原则之一。诚信原则是指合同双方当事人在签订和履行合同中都应是诚实可靠、恪守信用的。根据这一原则，法律推定当事人在签订合同之前都认真阅读和理解了合同文件，都确认合同文件的内容是自己真实意思的表示，双方自愿遵守合同文件的所有规定。因此，按这一原则解释，即"在任何法系和环境下，合同都应按其表述的规定准确而正当地予以履行"。

根据此原则对合同文件进行解释应做到：

（1）按明示意义解释，即按照合同书面文字解释，不能任意推测或附加说明。

（2）公平合理的解释，即对文件的解释不能导致明显不合理甚至荒谬的结果，也不能导致显失公平的结果。

（3）全面完整的解释，即对某一条款的解释要与合同中其他条款相容，不能出现矛盾。

2. 反义居先原则

此原则是指如果由于合同中有模棱两可、含糊不清之处，因而导致对合同的规定有两种不同的解释时，则按不利于文件起草方或提供方的原则进行解释，也就是以与起草方相反的解释居于优先地位。

对于风电场 EPC 总承包合同，业主总是合同文件的起草或提供方，因此当出现上述情况时，承包商的理解与解释应处于优先地位。但是在实践中，合同文件的解释权通常属于监理工程师，这时，承包商可以要求监理工程师就其解释作出书面通知，并将其视为"工程变更"来处理经济与工期补偿问题。

3. 明显证据优先原则

该原则是指如果合同文件中出现几处对同一问题有不同规定时，则除了遵照合同文件优先次序外，应服从以下原则：具体规定优先于原则规定；直接规定优先于间接规定；细节规定优先于笼统规定。根据此原则形成了一些公认的国际惯例有：细部结构图纸优先于总装图纸；图纸上数字标志的尺寸优先于其他方式（如用比例尺换算）；

数值的文字表达优先于阿拉伯数字的表达；单价优先于总价；定量说明优先于其他方式的说明；规范优先于图纸；专用条款优先于通用条款等。

4. 书写文字优先原则

按此原则规定书写条文优先于打字条文；打字条文优先于印刷条文。

6.1.5 合同条款的标准化

合同是通过经济活动取得经济效益的纲目，但也是产生风险的根源。通过规范的合同和合法合规的风险解决机制，可以有效避免风险。

EPC总承包是目前国际上主流工程发包方式之一，相应的标准化合同文本应运而生。不同国家或组织先后出版了标准化合同文本，其中最有影响力的是FIDIC于1999年出版的《设计采购施工（EPC）/交钥匙工程合同条件》，该合同条件的第2版于2017年修订后出版；2011年12月，国家发展和改革委员会等九部委联合颁布了《标准设计施工总承包招标文件》（2012年版），其中包含了EPC总承包合同示范文本，简称《标准合同条款》；2020年11月住房和城乡建设部、市场监管总局对《建设项目工程总承包合同示范文本（试行）》（GF－2011－0216）进行了修订，制定了《建设项目工程总承包合同（示范文本）》（GF－2020－0216）。这些EPC总承包合同条件的主要特征有：合同客体均包括工程设计和施工、采用总价计价方式、承包人为单一主体或联合体，主要合同条款也比较类似。

然而，各个工程建设项目具有复杂性、单件性与特殊性，标准化合同文本中的合同条款仅为通用性条款，各个项目需根据项目实际情况进行条款扩充与细化。对于风电场EPC总承包项目，因风电场项目技术上的相似性，建设过程中的重要控制点也具有相似性，即主要风险点具有一定的相通性。为了提高项目管理效率，降低合同条款差错率，编制风电场项目EPC总承包合同标准化合同条件具有一定的必要性。

一般情况下，合同条款主要对以下内容进行约定：合同范围，发承包方义务，质量、进度、安全及环保管理要求，合同价款支付，工程变更与索赔，合同价款调整，违约责任等，以上合同条款亦为合同主要条款。合同条款的标准化可从以上内容的标准化约定开展，结合风电场项目EPC总承包项目的常规情况进行描述。

6.1.6 合同相关各方权利和义务

6.1.6.1 工程发承包方的基本关系

工程发包方指具有工程发包主体资格和支付工程价款能力的当事人以及取得该当事人资格的合法继承人。发包方有时称发包方、发包单位、建设单位或业主、项目法人。风电场EPC项目中的发包方即为风电场EPC项目的业主方。

工程承包方是从事工程承包的单位受工程发包方的委托，依据合同约定对工程项目的可行性研究、勘察设计、采购、施工、试运行、验收等实行全阶段或若干阶段的承包。风电场 EPC 项目中的工程承包方即为 EPC 总承包商，对承包工程的质量、安全、进度、成本控制全面负责。

从合同角度，工程发包方为合同甲方，工程承包方为合同乙方，双方均有相应的权利与义务，为平等的经济主体。从项目管理角度，工程发包方与工程承包方为项目发承包关系，发包方通过合同委托承包方进行项目实施，发包方具有管理与监督承包方项目实施过程的权利，承包方有实现合同目标而向发包方获取相应合同价款的权利，双方的行为准则为双方共同签认的合同文件。

6.1.6.2　发包方的义务和权利

1. 发包方的义务

在履行合同过程中，发包方应遵守法律，并保证承包方免于承担因发包方违反法律而引起的任何责任。一般情况下，对于风电场 EPC 总承包项目，发包方的主要义务体现在以下方面：

（1）遵守法律。发包人在风电场 EPC 合同履行过程中应遵守法律，并保证承包人免于承担因发包人违反法律而引起的任何责任。

（2）发出承包人开始工作通知。发包人应委托监理人按合同的约定向承包人发出开始工作通知。

（3）提供施工场地。发包人应按专用合同条款约定向承包人提供风电场施工场地及进场施工条件，并明确与承包人的交接界面。

（4）办理证件和批件。法律规定和（或）合同约定由发包人负责办理的工程建设项目必须履行的各类审批、核准或备案手续，发包人应按时办理。法律规定和（或）合同约定由承包人负责的有关设计、施工证件和批件，发包人应给予必要协助。

（5）支付合同价款。发包人应按 EPC 总承包合同约定向承包人及时支付合同价款。专用合同条款对发包人工程款支付担保有约定的，从其约定。

（6）组织竣工验收。发包人应按合同约定及时组织竣工验收。

（7）其他义务。发包人应履行合同约定的其他义务。

2. 发包方的权利

在项目实施过程中，发包方有权对承包方的行为进行监督管理，并提出合理建议与要求。一般情况下，对于 EPC 总承包风电场项目，发包方的主要权利体现在以下方面：

（1）发包方有权按照合同约定和适用法律关于安全、质量、环境保护和职业健康等强制性标准、规范的规定，对承包方的设计、采购、施工、竣工试验等实施工作提出建议、修改和变更，但不得违反国家强制性标准、规范的规定。

（2）发包方有权对工程的质量、进度进行检查。在不妨碍承包方正常作业的情况下，发包方可以随时对作业进行进度、质量进行检查。

（3）发包方有权对承包方提交的总体施工组织设计进行审查，并在合同限定的期限内提出建议和要求。发包方的建议和要求，并不能减轻或免除承包方的任何合同责任。

（4）发包方在必要时有权以书面形式发出暂停通知。因发包方原因造成的暂停，给承包方造成的费用增加由发包方承担，造成关键路径延误的，竣工日期相应顺延。

（5）发包方有权根据合同约定，对因承包方原因给发包方带来的任何损失和损害，提出赔偿。

6.1.6.3　承包方的义务和权利

1. 承包方的义务

承包方在履行合同过程中应遵守法律，并保证发包方免于承担因承包方违反法律而引起的任何责任。一般情况下，对于EPC总承包风电场项目，承包方的主要义务体现在以下方面：

（1）承包方应按合同约定的标准、规范以及工程的功能、规模、考核目标和竣工日期，完成设计、采购、施工、竣工试验和（或）指导竣工后试验等工作，并对工作中的任何缺陷进行整改、完善和修补，使其满足合同约定的目的。并在项目实施过程中保证其人力、机具、设备、设施、措施材料、消耗材料、周转材料及其他施工资源，满足实施工程的需求。

（2）承包方全面负责施工场地的安全管理。应采取合理的施工安全措施，确保工程及其人员、材料、设备和设施的安全，防止因工程施工造成的人身伤害和财产损失。

（3）承包方应负责施工场地及其周边环境与生态的保护工作。承包方应按照合同约定，并遵照《建设工程勘察设计管理条例》《建设项目环境保护管理条例》及其他相关法律规定进行工程的环境保护设计及职业健康防护设计，保证工程符合环境保护和职业健康相关法律和标准规定。

（4）承包方应从开工之日起至发包方接收工程或单项工程之日止，负责工程或单项工程的照管、保护、维护和保安责任，保证工程或单项工程除不可抗力外，不受到任何损失、损害。

（5）承包方只能对合同约定工作内容进行分包，同时应严格执行国家有关分包事项的管理规定。分包方应符合国家法律规定的企业资质等级，否则不能作为分包方。承包方不得将承包的工程对外转包，也不得以肢解方式将承包的全部工程对外分包。承包方对分包方的行为向发包方负责，承包方和分包方就分包工作向发包方承担连带责任。

（6）承包方应按法律规定及合同约定纳税，应缴纳的税金包括在合同价格内。

2. 承包方的权利

在合同执行过程中，发包方与承包方为对等关系，承包方有权根据法律规定或合同约定向发包方提出合理诉求。一般情况下，对于 EPC 总承包风电场项目，承包方的主要权利体现在以下方面：

（1）因发包方未能按时办妥项目相关批准手续等原因造成承包方进场时间延误时，由发包方承担给承包方造成的窝工损失，导致工程关键路径延误时竣工日期相应顺延。承包方有权提起相应的补偿诉求。

（2）发包方未按合同约定的时间和要求提供原材料、设备、场地、资金、技术资料的，承包方有权要求顺延工程日期，并提出窝工损失赔偿。

（3）对因发包方原因给承包方带来损失或造成的工程关键路径延误，承包方有权要求赔偿或（和）延长竣工日期。

6.2　合　同　的　履　行

合同履行是各方当事人按照合同的规定，全面履行各自的义务，实现各自的权利，使各方的目的得以实现的行为。风电场 EPC 总承包合同的履行是其合同管理全过程中的重要部分。

6.2.1　EPC 总承包设计管理

6.2.1.1　设计范围与内容

在风电场 EPC 项目合同履行阶段，承包方应按照发包方提供的项目基础资料、现场障碍资料和国家有关部门、行业和地方的相关标准、规范规定的设计深度开展工程设计，并符合发包人要求，同时对其设计的工艺技术和建筑功能，以及工程的安全、环境保护、职业健康的标准，设备材料的质量、工程质量和完成时间负责。

在合同实施过程中，国家、行业或地方颁布了新的标准或规范时，承包方应向发包方提出遵守新标准、新规范的建议书。对其中的强制性标准、规范，承包方应严格遵守，发包方作为变更处理；对于非强制性的标准、规范，发包方可决定采用或不采用，决定采用时，作为变更处理。

依据适用法律和合同约定的标准、规范所完成的设计图纸、设计文件中的技术数据和技术条件，是工程物资采购质量、施工质量及竣工试验质量的依据。一般风电场 EPC 项目的设计范围包括工程地形图测量、地质勘测、微观选址、初步设计、施工图设计、竣工图编制及为发包方施工图审查提供必要的文件和资料等其中的若干项内容。以下对工程测量、地质勘查、土建设计及设备选型等设计内容进行简要介绍。

1. 工程测量

根据工程各设计阶段的工作内容及场址地形地貌条件，确定满足风电场、升压站、道路建设要求的测图比例尺及深度要求。测量工作结束后，应组织验收和编写测量报告。

2. 地质勘查

风电场的工程勘察主要包含风电场中风机位、集电线路、场内道路和升压变电站中的一般房屋建筑及构筑物等部分。

3. 土建设计

（1）风电场土建设计主要包括：道路工程、风电场机组地基基础设计、箱式变压器基础设计、集电线路工程四部分内容。道路工程根据审查批复的风电场可行性研究报告（或微观选址报告）、拟采用的风机容量及型号、拟采用的风机吊装方案及设备类型等因素确定路面宽度及路基标准。风电场机组地基基础设计主要依据风机载荷、地基分类等因素提出基础设计、桩基础设计、地基处理及检测等方面的技术要求。

（2）升压变电站土建设计主要包括：总平面布置、道路、建筑、结构设计、采暖通风、给排水等方面。总平面布置应按最终规模进行规划设计，并宜考虑分期实施的可能。道路设计主要包括道路范围、标准，路基标准和路面形式等方面。

4. 设备选型

风电机组、电气设备等的选型应符合国家及行业相关规范标准，安全可靠、技术先进、性价比最优，要求严格保证性能指标；风电场及升压站各部分系统的保护、监视、智能控制功能应齐全，对紧急故障采取保护措施；风电场和升压变电站的消防设计应符合国家及地方相关规范标准。

6.2.1.2 设计进度管理

对风电场 EPC 总承包项目而言，设计进度管理直接影响工程的实施，设计进度需满足建安工程、设备采购、项目调试的进度需要。风电场 EPC 项目所有技术活动均依托于设计，因而设计进度管理是工程进度控制最重要的环节之一。

一般情况下，在 EPC 总承包合同签订后，承包方按照发包方要求根据批准的项目进度计划和合同约定的设计审查阶段及发包方组织的设计阶段审查会议的时间安排，编制设计进度计划，报发包方批准后执行。承包方需按照经批准后的计划开展设计工作。承包方收到发包方提供的项目基础资料、现场障碍资料后，以合同约定的时间点作为设计开工日期。因承包方原因影响设计进度时，发包方或其委托的监理人有权要求承包方修正设计进度计划、增加投入资源并加快设计进度。因发包方原因影响设计进度的，工程竣工日期相应顺延，并进行相应的费用补偿。

为满足建安工程、设备采购、项目调试的进度需求，需从设计进度计划的编制、修正、执行等环节予以控制，保证按计划开展设计工作。可以通过采用合同措施和管理措施加强对设计进度的控制。

1. 合同措施

在风电场项目 EPC 总承包合同中，应对设计进度管理提出明确要求，界定发承包双方的责任和义务。在合同中可以就设计进度管理从以下方面进行约定：

（1）明确设计进度计划，以及相关报告的编制、审查、修正等的相关要求。

（2）合同中要求承包方设置设计经理和设计负责人，加大设计协调力度。

（3）合同价款支付条件与设计进度计划达成率与关键图纸完成率相结合。

（4）在合同中针对承包方设计进度计划的执行情况，设置合理的奖罚措施。

2. 管理措施

（1）在对设计进度计划的合理性、完整性进行审查时，同时需考虑设计进度计划与采购、建安、调试计划的匹配性。其中，设计计划与采购计划的协调尤为重要，除了需满足设备采购招标进度需求外，还应充分考虑设计与设备采购的接口交换需求。

（2）跟踪设计进展，合理安排审查会议。对承包方的设计文件进行系统性地跟踪管理，定期召开设计进度协调会，解决设计过程中遇到的问题。合理安排设计审查会议，加快设计方案的审查进度。

6.2.1.3　设计方案审查

风电场项目的功能与实施效率取决于设计方案，设计方案是项目设计的根本，直接影响项目的质量、进度和成本。设计方案的审查内容主要包括：设计依据是否充分，设计内容是否完整，文件标识是否齐全规范，深度是否达到有关规定要求；各专业设计是否符合工程建设强制性标准及合同要求；是否有方案比较，比较是否充分合理，是否明确了工程规模，推荐方案是否合理等。风电场项目设计方案审查要点一般包括：风电场机组基础方案选择，场内道路布置方案，集电线路系统的设计方案，辅机设备选型，厂内外系统接口技术方案等内容。

风电场项目承包人的设计文件应报发包人审查同意。审查的范围和内容在发包人要求中约定。发包人不同意承包人的设计文件的，可以通过监理人以书面形式通知承包人，并说明不符合合同要求的具体内容。承包人根据监理人的书面说明，对承包人的设计文件进行修改后重新报送发包人审查，审查期重新起算。合同约定的审查期满，发包人没有做出审查结论也没有提出异议的，视为承包人的设计文件已获发包人同意。

承包人的设计文件不需要政府有关部门审查或批准的，承包人应当严格按照经发包人审查同意的设计文件开展设计和实施工程。承包人的设计文件需政府有关部门审查或批准的，发包人应在审查同意承包人的设计文件后一定时间内（如 7 天）向政府有关部门报送设计文件，承包人应予以协助。对于政府有关部门的审查意见，不需要修改发包人要求的，承包人需按该审查意见修改承包人的设计文件；需要修改发包人要求的，发包人应重新提出发包人要求，承包人应根据新提出的发包人要求修改承包人的设计文件。上述情形还应适用变更条款、发包人要求中的错误条款的有关约定。

政府有关部门审查批准的，承包人应当严格按照批准后的承包人的设计文件开展设计和实施工程。

6.2.2 EPC 总承包质量与安全管理

6.2.2.1 质量管理

工程质量管理是指为保证和提高工程质量，通过一定的质量管理手段所进行的管理活动。工程质量是否合格是项目建设的根本问题。风电场项目建设投资大，运营期长，只有达到质量标准的项目才能交付使用，投入运行后才可以发挥投资效益。对于风电场 EPC 项目的质量管理，需从工程设计、设备采购及工程施工三方面开展，工程设计、设备采购及工程施工中任一环节出现质量问题均会影响整个项目的质量。

1. 设计质量管理

工程项目设计质量是决定工程建设质量的关键环节。风电场项目建筑单体数量多，其布置和形式，结构类型、材料、构配件及设备等，直接影响工程结构的安全可靠性，是建设投资的综合功能能否充分实现的关键。施工前期设计的严密性、合理性，从根本上决定了风电场工程建设的成败，是项目功能得以实现的保证。

风电场项目质量应符合国家及行业相关规范及标准要求，而相关规范或标准的要求均通过设计文件呈现，设计文件继而指导项目实施，因此，设计质量管理是风电场 EPC 项目质量管理的根本，设计文件审查至关重要。

设计质量管理的主要内容包括以下方面：

（1）严格贯彻国家法律、地方法规和风电场行业建设技术标准要求。

（2）保证设计文件的准确性、合理性、经济性及可施工性。

（3）符合国家规定的设计深度要求，并注明合理使用年限。

（4）严格执行设计图纸审查程序。

2. 设备质量管理

设备是风电场 EPC 项目建设的物质基础，设备质量直接影响风电场项目的整体质量，是风电场项目成败的关键因素之一。电力设备技术复杂，专业性强，且具有一定的系统性，设备质量管理具有一定的必要性和困难性。为避免设备质量缺陷对项目造成不利影响，需加大设备质量管理力度，加强设备监造，全方位确保设备各项性能指标符合工程要求。

在 EPC 总承包项目中，一般设备主要质量控制责任在供货厂商，对于较重要的设备，为避免设备质量问题给项目带来的风险，发包方或承包方会对设备实施现场监造及对工厂进行检验。设备质量管理的主要内容为：①设备生产原材料质量管理；②设备外购件质量管理；③设备加工工艺质量管理；④设备外观质量管理。

在风电场 EPC 总承包项目中，承包方对项目负有质量保证义务。为保证工程质量，承包方应建立健全质量保证体系。发包方有权对承包方的质量保证体系进行监督审查。同时，在各设计和实施阶段开始前，承包方应编制具体的质量保证细则和工作程序，并对设计、材料、工程设备以及全部工程内容及其施工工艺进行全过程的质量检查和检验，作详细记录，编制工程质量报表。发包方有权对全部工程内容及其施工工艺、材料和工程设备进行检查和检验。

3. 施工质量管理

风电场项目施工是在建设场地上按照设计图纸及相关文件将设计意图付诸实施并建成最终风电场实体的活动。风电场设计成果只有通过施工才能成为风电场工程实体，因此设计意图能否实现取决于风电场项目施工，其直接关系到风电场项目的安全可靠性，以及使用功能能否实现。在一定程度上，风电场项目施工过程中的质量控制是保证风电场实体质量的决定性环节。

施工是把设计蓝图转变成工程实体的过程，也是最终形成工程产品质量的重要环节。因而，施工阶段的质量管理自然成为提高工程质量的关键。风电场项目施工质量管理的主要内容为：①确保施工方案、施工组织设计和技术措施的合理性及可操作性；②保证工程实施中有关材料、半成品的质量；③严格控制各个工序的施工质量；④严格实施各类质量检验工作。

6.2.2.2　安全管理

EPC 总承包项目的安全管理是整个工程项目总承包管理的重要组成部分，是确保项目施工有序开展，实现项目目标的重要保证。安全问题是工程建设项目不可逾越的红线。风电场 EPC 项目具有高处作业、交叉作业、野外作业多以及人员流动作业等特征，又兼具大型吊装等重大危险源。因此，在项目施工过程中，通过采取系统科学的安全管理方法，确保安全管理工作有效开展，具有重要的意义。对于风电场 EPC 项目的安全管理，同样需从设计、设备及施工三方面开展，任一环节出现安全风险均会影响整个项目的安全。

1. 设计安全管理

工程设计是项目建设的关键，设计安全对工程施工、运行及维护等各阶段具有重大影响，设计中若产生安全风险的影响重大。设计文件应遵循法律、法规和工程建设强制性标准，在设计文件中注明涉及施工安全的重点部位和环节，提出保障施工作业人员和预防安全事故的措施建议，防止因设计不合理导致生产安全事故的发生。同时，应注重设计审查，在设计阶段消除可能存在的安全风险。图纸会审及设计交底也是必要的环节，可在施工前发现设计中存在的安全风险，将安全风险在项目实施前进行识别、规避。

2. 设备安全管理

风电场 EPC 项目设备种类繁多且技术复杂，设备的质量直接影响项目的安全，因此设备质量的把控对项目安全具有重要意义。设备的质量检验检测是项目安全管理的重要环节。

项目实施过程中，承包方对项目安全管理负总责，承包方依法将风电场工程分包给其他单位时，分包合同中应明确承包方和分包方的安全管理义务，承包方对分包工程的安全管理承担连带责任。发包方有权对承包方的安全工作内容进行监督，检查承包方安全工作的实施，同时对承包方的安全管理工作做出指示。

3．施工安全管理

工程施工阶段是工程建设周期中持续时间最长的阶段，施工阶段安全管理是项目安全管理成败的关键，是一项系统工程。在风电场项目道路施工、设备安装施工等过程中，需结合项目实施方案，进行安全风险识别，结合安全风险点，设置安全管理重点。同时，在工程施工阶段的安全管理可通过将管理内容模块化进行管理，将施工安全管理内容分为安全管理体系建设、安全资源配置、安全过程管控、安全技术管理等，并设置管理标准，对照标准实施管控。

6.2.3 进度管理

6.2.3.1 进度目标

风电场 EPC 总承包项目的进度目标是实现项目综合效益的关键之一，项目的总体进度目标指的是整个项目的进度目标，是在项目决策阶段确定的，项目总进度目标的控制是发包方委托承包方进行项目管理的主要任务之一。制定科学合理的进度目标可以更好地实现项目的综合效益，如果进度目标过于宽松，会产生较多的时间成本，影响项目最终投资收益；如进度目标过于苛刻，会产生更多的施工资源投入，加大项目建设成本。因此，合理的进度目标需经过对项目投资收益进行方案论证，进行综合考量后确定。

6.2.3.2 项目整体进度管理

工程项目进度管理是工程建设过程中一项重要而复杂的任务，是工程建设的三大目标管理的内容之一。项目进度管理是为实现项目整体进度目标而进行的计划、组织、实施、协调和控制等一系列活动。对于风电场 EPC 总承包项目，设计、施工及采购三个环节的进度管理均会影响项目整体进度。

在 EPC 总承包项目中，设计为项目实施的龙头，项目设计为项目施工及设备采购的前置条件与实施依据，因此设计进度直接影响项目施工进度及设备采购进度。在风电场 EPC 合同中，应首先从整个项目角度开展进度管理，进而分阶段或分子项进行进度管理。从整个项目角度，进度管理要点包括：

（1）承包商提交实施项目的计划。承包人应按合同约定的内容和期限，编制详细的进度计划，包括设计、承包人提交文件、采购、施工等各个阶段的预期时间以及将设计、采购和施工组织方案说明等报送监理人。监理人应在专用条款约定的期限内批复或提出修改意见，批准的计划称为"合同进度计划"，是控制合同工程进度的依据。承包人还应根据合同进度计划，编制更为详细的分阶段或分项进度计划，报监理人批准。监理人未在约定的时限内批准或提出修改意见的，该进度计划视为已得到批准。

（2）开始工作。符合专用条款约定的开始工作条件时，监理人获得发包人同意后应提前 7 天向承包人发出开始工作通知。合同工期自开始工作通知中载明的开始工作日期起计算。工程总承包合同未用"开工通知"的原因是由于承包人收到开始工作通知后首先开始设计工作。

（3）修订进度计划。不论何种原因造成风电场项目施工的实际进度与合同进度计划不符时，承包人可以在专用条款约定的期限内向监理人提交修订合同进度计划的申请报告，并附有关措施和相关资料，报监理人批准。监理人也可以直接向承包人发出修订合同进度计划的指示，承包人应按该指示修订合同进度计划，报监理人批准。监理人审查并获得发包人同意后，应在专用条款约定的期限内批复。

（4）顺延合同工期的情况。一般标准工程总承包合同条件的通用条款规定，在履行合同过程中因非承包人原因导致合同进度计划工作延误的，应给承包人延长工期和/或增加费用，并支付合理利润。此处非承包人原因，可能包括发包人原因或政府管理部门的原因。

1）发包人原因。其包括工程变更、未能按照合同要求的期限对承包人文件进行审查、因发包人原因导致的暂停施工、未按合同约定及时支付预付款和进度款、发包人提供的基准资料错误、发包人采购的材料及工程设备延误到货或变更交货地点、发包人未及时按照《发包人要求》履行相关义务，以及发包人造成工期延误的其他原因。

2）政府管理部门的原因。按照法律法规的规定，合同约定范围内的工作需国家有关部门审批时，发包人、承包人应按照合同约定的职责分工完成行政审批的报送。因国家有关部门审批迟延造成费用增加和/或工期延误的，由发包人承担责任。

EPC 总承包合同中有关进度管理的暂停施工、发包人要求提前竣工的条款，与工程施工合同管理的相关规定相同。施工阶段的质量管理也与一般施工合同的规定相同。在 EPC 总承包合同签订后，承包方应根据项目工期目标编制项目进度计划，项目进度计划经发包方批准后实施。因承包方原因使工程实际进度明显落后于项目进度计划时，承包方有义务、发包方也有权利要求承包方自费采取措施，赶上项目进度计划；因发包方原因使工期延误或发包方书面提出赶工要求的，发包方应给予承包方工程补偿或费用补偿。

6.2.3.3　分阶段进度管理

在风电场 EPC 总承包合同签订后，承包方应根据工程整体进度目标，同时结合项目施工及设备采购进度编制合理的设计进度计划，并且制定科学高效的设计审查流程，提高设计进度。以下从施工进度管理及设备采购进度管理两方面介绍相关要点。

1. 施工进度管理

风电场项目施工进度管理是承包方根据合同规定的工期要求编制施工进度计划，并以此作为管理目标，对施工全过程进行检查、对比、分析，及时发现计划进度与实际进度的偏差，采取有效措施或者调整施工进度计划，保证工期目标实现的全部活动。为实现有效的施工进度管理，需从以下方面实施工作：

（1）项目进度目标按期实现的必备条件是有一个科学合理的进度计划。施工进度计划是工程项目施工进度管理的依据，施工进度计划的编制是否科学合理，是保证能否进行有效施工进度管理的关键。施工进度管理受诸多因素影响，在编制进度计划时需事先对影响进度的各类因素进行全面调查研究，并对其对项目施工进度的影响进行预测、评估。在编制施工进度计划时，需结合各项工作的逻辑关系，合理安排资源，避免在某一短暂时间施工内容过于集中，出现资源配置不合理现象；同时，在编制施工进度计划时，需避免出现辅助性工程漏项现象，需全盘考虑工程各个环节各项工作，以免造成施工过程中产生过多突发性工作，从而影响施工计划的正常实行；施工进度计划需按照工程实际情况进行系统性编制，结合项目规模、工艺条件、气候等因素全面考虑，确保工期计划的可靠合理性。

（2）在科学合理的施工进度计划下，施工进度计划的执行是施工进度管理的重要内容。为保证实际施工进度满足施工进度计划要求，一方面需结合施工资源情况进行合理的资源配置，确保施工资源满足施工进度要求；另一方面，需通过合理的施工工艺、施工顺序优化，提高工程施工效率。因此，在实际施工时，需结合各项施工内容及施工工序，将进度计划进行分解，落点于具体的施工单元，进而对各项施工单元从资源配置及施工工艺方面进行管理控制，保证各施工单元进度目标的实现。在项目施工进度管理过程中，可以借助专业的工程项目施工进度管理软件，从整体上对项目的施工进度状况进行掌控，综合分析各方面的施工因素，实时掌握实际进度与计划进度的偏差，及时对进度计划进行调整或修正。

（3）在项目施工过程中，实际施工进度计划经常会因为各种原因而偏离施工进度计划，如施工进度计划编制缺陷、施工过程中环境变化、现场情况调整、资源供应情况变化等，此时需按照现场实际情况调整施工进度计划。因此，在实际实施过程中会不断发现问题、不断调整，不存在一成不变顺利实施的施工进度计划。当工程的实际施工进度与计划施工进度产生偏离，进度加快或进度滞后均会对施工组织设计产生影响，给施工工序组织带来问题，需及时采取有效措施加以调整，分析偏离控制目标的原因，予以弥补或调整计划。

2. 设备采购进度管理

在风电场项目的采购中，设备种类繁多，设备按期进场是保证施工进度计划顺利实施的前置条件，也是项目达成进度目标的重要环节。设备采购进度计划以设计进度计划为前序条件，并与施工进度计划进行匹配，是保证项目设备安装工程各个环节顺利进行的关键，也是实现项目整体目标的关键。设备采购进度管理要点如下：

（1）以满足工程施工进度要求为前提制定科学合理的采购进度计划与催交检验计划，并综合考虑设备采购招标定标、采购合同签订及设备生产周期，合理安排供货周期。针对重要设备或制造周期较长的设备制定设备监造计划，对设备制造的投料情况及进度情况进行跟踪检查。

（2）对设备采购进度进行实时监控，结合设备采购计划及施工计划进行综合分析，对关键节点的设备供货进度进行重点关注，加强催交催运工作。对于项目中重要设备或生产周期较长的设备，应提早组织招标，签订采购合同，并加强监造力度；对发生拖期的设备要及早反馈信息，及早采取强有力的措施，保证按期到达现场。

（3）在签订设备采购合同时，应在合同中明确具体的供货时间和地点，并约定延误供货的违约条款。

6.2.4　支付管理

6.2.4.1　合同价款

工程项目合同价款模式通常有总价、单价及成本加酬金三种模式。EPC 总承包管理模式的合同价款一般为固定总价或成本加酬金模式，而风电场项目因相关技术已经成熟，基本采用固定总价模式。

发包方通常在招标阶段利用市场竞争将各类风险转移给 EPC 总承包方，在竞争关系中，将潜在承包方承担的风险范围扩大。因此，在固定总价 EPC 总承包模式下，发包方对项目实施过程的管理工作量大大减少，同时调动了承包方设计方案优化、提高项目实施效率、主动规避或降低风险的主动性。

EPC 总承包项目的发包阶段通常在可行性研究、方案设计或者初步设计完成后，发包方仅具有产量目标、投资预期、建设标准和关键里程碑节点目标等，因此 EPC 总承包项目固定总价是在市场竞争关系下确定的。基于市场竞争的压力，EPC 承包方会更大限度地依靠自身专业技术能力进行设计优化，进而降低成本，因此在某种程度上固定总价模式有利于发包方控制项目成本最优。并且，固定总价合同价格一旦确定，发包方仅需在关键的质量、进度、里程碑节点等进行监控，无须太多管理资源投入，后续实施较为顺畅。

一般情况下，风电场 EPC 总承包项目采用交钥匙的固定总价模式确定合同价款。但因风机及塔筒相关性能指标对项目后期运行维护影响较大，且风机及塔筒设备购置费占总投资比重较大，为保证项目质量或降低成本，部分发包方会将风机及塔筒设备作为甲供设备或者为暂估价进行 EPC 招标。

6.2.4.2　合同价格调整

合同在执行过程中，会因为各种外部、内部因素的影响，使合同初始状态发生变化，导致承包方在履行原合同内容过程中的成本发生变化。根据公平合理原则，在合同执行过程中需结合实际情况对合同价款进行适当调整，即最终合同价格是合同约定价格和依据合同约定所产生的调整合同价格之和。一般产生合同价格调整的情况有以下方面：

（1）物价波动引起的价格调整。一般情况下，对于工期较长的项目，合同会约定因物价波动引起的价格调整，并明确具体的价格调整计算方式，一般风电场 EPC 总承包项目工期较短，普遍约定合同价格不因物价波动而调整。

（2）法律法规变化引起的价格调整。基准日后，因法律、法规变化导致承包人的施工费用发生增减变化时，根据法律以及国家或省、自治区、直辖市有关部门的规定，监理人采用商定或确定的方式对合同价款进行调整。

（3）工程变更引起的价格调整。对于 EPC 总承包项目，承包方对自身的设计、采购、施工、竣工试验、竣工后试验存在的缺陷，应自费修正、调整和完善，不属于变更。发包方对于工程规模、质量标准、工程性能指标的调整及合同基准日之后法律法规变化等合同约定的其他情形的变化将构成变更。工程变更所造成的价格调整根据合同约定原则执行。

（4）索赔引起的合同价款调整。在工程实施过程中，因合同约定不明确或其他发承包方未能履约的情况发生时，将会产生索赔。索赔最终的处理结果通过费用补偿或工期补偿来体现，因索赔而产生的费用补偿将会引起合同价款的调整。

（5）违约引起的合同价款调整。在合同执行过程中，为约束合同双方严格执行合同约定，一般会设置合同违约条款。在合同履约过程中，合同双方违约引起的违约处罚将会在合同价款支付中扣除，最终结算合同价款将减少。

6.2.4.3　合同支付

风电场 EPC 总承包项目一般为固定总价合同，即在合同约定的承发包条件范围之内的合同总价是固定不变的。合同价款结算分为工程进度结算和竣工结算。固定总价合同的结算具有一定的特殊性。

1. 工程进度支付

EPC 总承包合同结算分为技术服务类价款结算、设备采购价款结算和建安工程价款结算。一般技术服务类价款结算结合服务类型及服务成果，对服务阶段进行分解，分阶段按合同约定比例进行结算；设备采购价款一般按订立采购合同、进场验收合格、安装就位、工程竣工等阶段和约定结算比例进行结算；建安工程进度结算可通过月进度结算和里程碑节点结算两种方式实现；如采用月进度结算，按月度实际发生工程量和合同价格清单中的单价进行结算；如采用里程碑节点结算，按实际进度所对应的合同价格进行结算。如在合同执行过程中发生的各项变更及索赔等合同约定的合同价格调整项目经过发承包双方确认完成，可在工程进度款结算当期进行结算支付。

2. 竣工结算

竣工结算额一般为固定总价合同额及合同价格调整合同额之和。因此，需审核确认承包方是否按合同约定完成合同约定承包范围内的工作内容，竣工结算时招标工程量不需再计算，只需对合同约定的合同价格调整项目产生的工程量变化进行审核。在竣工验收完成后，承包方需根据合同约定向发包方递交完整的竣工结算报告和竣工结算资料，竣工结算资料应为具有完整逻辑链条的资料，足以证明各项费用结算的合理性与充分性。竣工结算资料的格式、内容和份数，在合同条款中约定。

3. 最终结清

缺陷责任期终止证书签发后，承包人可按专用合同条款约定的份数和期限向监理人提交最终结清申请单，并提供相关证明材料。

监理人收到承包人提交的最终结清申请单后的 14 天内，提出发包人应支付给承包人的价款送发包人审核并抄送承包人。发包人应在收到后 14 天内审核完毕，由监理人向承包人出具经发包人签认的最终结清证书。

发包人应在监理人出具最终结清证书后的 14 天内，将应支付款支付给承包人。

6.2.4.4　变更与索赔管理

在总承包合同的执行过程中，合同的变更与索赔是不可缺少的重要构成部分，也是风电场项目建设过程中所有参与者应当重视的问题。

任何类型的工程变更都有可能引起一系列施工工艺的变化、工期的延长、技术手段的调整、费用的增加等。因此，做好工程变更的管理工作，加强对合同额外工程的界定和处理，是合同双方保障合同利益的关键核心点之一，也是避免发生工程纠纷的重要一环。

除合同变更外，风电场项目不可控因素较多，因此索赔管理也是合同管理的重点议题之一。合同索赔最重要的是以合同为依据，厘清工程索赔内容，详细说明索赔事由，并附必要的记录和证明。想要得到合理的索赔补偿，就需要在项目实施过程中关注合同条款中相关索赔程序的约定，特别要注意索赔意向的提出时间。《建设项目工程总承包合同（示范文本）》（GF－2020－0216）规定："索赔事件发生后，应在知道或应当知道索赔事件发生后 28 天内，向监理人递交索赔意向通知书，并说明发生索赔事件的事由；若承包人未在前述 28 天内发出索赔意向通知书，则丧失要求追加付款和（或）延长工期的权利，监理工程师和发包人有权拒绝承包人的索赔要求。"因此，承包人应在索赔事件发生时及时收集整理相关资料，在规定时间内提出索赔意向，确保自身的合理利益。

6.3 合同的风险管理

6.3.1 合同风险分析

风电场业主通过签订 EPC 总承包合同将风电场项目的勘察设计、设备采购、施工等全部或部分委托给总承包企业，总承包企业负责对工程的质量、安全、进度、造价等重点方面进行全过程管理。由于风电场 EPC 总承包项目一般建设规模大、系统繁杂、涉及的专业技术面广，EPC 总承包商的合同风险因素很多，风险发生的可能性也会随之增大，因而风电场 EPC 项目的合同风险管理就显得更为重要。由于 EPC 总承包模式对管理人员的水平和能力要求更高，科学的风险管理体系可以降低总承包商合同履行中的风险。EPC 总承包模式的引入和使用可以在一定程度上使总承包企业的财务管理、设计管理、施工管理、采购管理、内部控制和协调能力紧密结合，也可以更好地控制工程质量、安全、进度、费用等关键风险要素。因此，我们将从风电场项目的质量控制、安全控制、进度控制及费用控制四个方面来分析风电场项目 EPC 总承包合同管理可能存在的风险及相应的合同风险管理措施。

6.3.1.1 质量控制风险

工程质量是风电场项目最重要的考核指标之一，因此工程质量的管理及风险防控是贯穿于整个项目周期的，EPC 总承包商在对风电场项目全过程的质量控制风险管理上具有天然的整体把控优势。工程质量控制管理不仅是对施工过程中的工艺把控，它还可以将项目最初的可行性研究阶段作为起点，通过合理安全的设计，在源头上确保工程质量；在招标采购阶段中，通过购买符合设计质量要求、符合材料品质要求的设备及材料来控制质量风险；在施工建造阶段，按照设计要求及规范的施工工艺流程将设计与材料结合成完整的实体工程；最后，通过各分部分项工程的检查验收、分部工程之间的衔接、竣工验收等质量控制节点来对风电场项目质量风险进行把控。因此，风电场项目质量控制风险的把控不仅涉及发包人和总承包商，也是从事风电场项目的参与人员共同需要面对的问题。

对于风电场 EPC 总承包项目来说，质量控制风险主要有以下方面：

（1）设计方没有按照风电场设计标准及场区实际情况进行风电场项目设计，导致设计出现瑕疵甚至是缺陷的。

（2）设备及材料供应商没有按照设计规范要求及材料供应标准提供质量合格的风电场设备及材料的。

（3）总承包商没有对供应商的设备及材料进行充分验收工作的。

（4）总承包商没有按照图纸及施工技术标准进行规范作业的。

（5）监理对设备及材料进场质检不到位，导致质量风险的。

（6）发包人对设备及材料供应商进行指定分包，指定分包的设备及材料不符合工程需要的。

6.3.1.2　安全控制风险

风电场项目的安全控制风险涉及的范围较广，风电场项目 EPC 总承包商往往承担着相较传统模式和一般工程项目更大的安全风险，这就要求总承包商积极采取应对措施，从根源上使安全风险处于可控状态。通常来说，现场的安全管理属于风电场项目安全管控中最重要的一环。

由于投标时周期较短，往往在风电场设计时会采用较为粗泛的工程基础资料，因此在进场后，对地质条件的重新勘察，对地质情况进行深入分析并调整施工方案是十分重要的，特别是对于风机设备基础的基坑深挖工作，需要对施工区域的地质情况进行详细勘探，再根据地质条件调整放坡施工的内容，在基坑上还需铺设安全防护网并采取一定的加固措施，防止出现土方滑落的问题。

此外，运输、吊装作业中面临的安全隐患也不容小觑。风电场项目施工过程中，大型设备进场及吊装往往是工程一大难点，在运输时如果运输道路的平整度和压实度不能达到标准要求，则有可能出现地基塌陷、设备损坏等严重问题。对吊装作业来说，大型风电场设备进行吊装时应根据现场环境条件确定合理的吊装方法，制订紧急风险的处理预案，以减少吊装安全控制的风险。

除此之外，由于风电场项目中涉及大量机电设备，风电场项目中的火灾、爆炸事故屡见不鲜，项目施工过程中的防火防爆问题也是安全风险的重要因素，因此想要做好风电场项目的安全控制工作，做好场区的防火防爆措施是必不可少的，例如对于变压器、压力罐等高压类型设备应设置泄压装置，确保设备运行的安全性，也避免泄压造成的人身安全事故；对于风电场的易燃易爆设备应设置防雷及接地装置，加强设备储放区域的防静电水平，减少事故发生的可能性。

6.3.1.3　进度控制风险

风电场项目的施工工期较短，一般工期不会超过一年，而风电场项目涉及的工程内容繁杂，因此进度风险的管控对于风电场项目的实施来说是非常关键的内容。从已完成的风电场项目来看，风电场 EPC 总承包项目工程进度出现许多滞后情况，导致滞后的原因也是多方面的。

（1）风电场项目工程往往比较分散，占地面积大，且我国风电场项目多处于偏远的西北部地区及北部地区，电网的建设设施相对落后，风电场项目可以接入的电网接入点往往较远，因此需要通过较长的送出电力线路将风电场输入电网，由此将产生较多的线路走廊清理、征地补偿、跨越公路及线路等诸多对外协调工作，还可能遇到拦路、阻工等社会性风险，拖后风电场项目进度。

（2）风电场项目从工程立项开始，到设计审批、施工报备、并网发电、竣工验收等一系列工作均需经过政府部门及电网公司层层审批，中间环节繁杂，且各部门对于风电场项目的审批立场不同，协调工作存在较大的不确定性，因此各类手续的办理也是工程进度风险中的一大影响因素。

（3）从风电场项目本身出发，进度控制遇到的风险因素同样种类繁多。例如，风电场项目的大型设备如风机、塔筒等存在较长的制作周期，如遇到风电场抢工潮，有时甚至会长达数月，但是风电场项目的工期往往不到一年，因此给风电场的进度控制带来较大的压力。此外，大型风电场设备的运输也是进度控制的不利因素。由于风机、塔筒体型较大，形状不规则且自重较重，因此运输道路需要宽敞且承载力强，如遇到项目处于偏远地区或者山坡丘陵，那么设备运输将会成为一大难点，如果在运输途中设备发生破损或者损害，则有可能造成厂家的设备返修工作，更加拖慢工程进度。

（4）工程施工中，特别是设备安装工程中，也存在较多进度控制风险，如吊装工程中，吊装作业除需根据风机、塔筒供货周期安排外，还需要根据气象资料的数据，选择风速较低的时间进行作业，以降低吊装工程的施工风险，而作业时间上的不确定性也是进度控制的风险之一。

风电场 EPC 总承包项目的进度风险管理是一项内容繁杂的系统工程，需要统筹考虑各方面因素。EPC 项目管理人员在项目建设过程中要能够提前、准确预判风险，规避进度风险造成的损失，从而提高企业项目管理能力。

6.3.1.4 费用控制风险

如何有效地控制风电场项目成本或费用，提高风电场项目的管理水平，对于风电场 EPC 总承包项目的相关企业来说是需要不断探究的问题。由于风电场项目的地质资料、地理位置、设备选型、征地难度及施工工艺等的区别往往会使最终建设成本与投标预算时的成本产生价款差异，带来费用控制的风险。因此，在投标过程中，有意向的 EPC 总承包商应对与风电场项目较为敏感的工程特性进行深入了解，比如风电场往往占地面积较大，了解整个场地的整体地质变化，将地质变化的波动所产生的影响纳入费用考虑的范围内，通过改变风电机组基础型式、风电机组施工工艺等方式综合考虑费用成本往往可以有效控制费用风险。

除前期投标控制的方法外，制订较为详细的费用控制方案也可以有效降低费用控制风险。例如，风电场 EPC 总承包项目管理可以通过加强合同付款结算控制，使管理者能够对费用的进出有相对控制权；或者对合同资金使用进行筹划，例如要求分包的施工单位对于每月款项进行预提，EPC 总承包企业管理者通过对预提款项的分析、判断，对需要修改的不合理的资金使用情况提前进行整改，也是有效降低费用风险的方法。

在整个风电场项目中，设备和材料的采购成本占有很大的比例，所以相关人员需要在采购工作中做好成本控制工作。首先，对施工过程中所需设备、材料做好市场分析，即调查市场上相关材料和设备的供求情况。这有助于工作人员及时了解设备和材料市场的情况，然后制订合理的采购计划；其次，采购设备、材料的时间安排是结合施工阶段、施工量确定对某些设备、材料的需求，进行集中采购，防止临时采购、施工中的多次和零星采购；另外，对设备、材料进行登记，防止库存积压问题严重，可很好地控制采购成本，并可在施工淡季期间大量采购，以节省成本。

6.3.2　合同风险识别

风电场项目作为新能源电站项目，具有工程规模巨大、投资额度高、建设工期长、影响项目建设的不确定因素比较多等特点。采用 EPC 总承包模式的风电场项目也具有这一特点，而且 EPC 模式下的风电场建设项目集合经济、技术、管理与组织等诸多方面，在这些方面都存在着相当大的不确定性，这就造成其风险的存在。风险是项目管理中的不确定因素，如果不能得到有效控制，会造成建设项目实施过程出现各种问题，如施工成本增加、计划难以执行、工期延误等，最终使得整个建设项目的总体效益降低，甚至可能导致项目失败。作为项目管理者，要对项目进行有效管理，就必须提高对风险的认识水平，对风险进行有效的控制要对项目实施过程各个阶段的风险有清晰的认识，从而有重点地对风险进行管理。

风险识别首先要明确主体，主体不同，风险影响因素和影响大小也不同。FIDIC 编写的《设计采购施工（EPC）/交钥匙工程合同条件》（2017 年版）专门针对 EPC 模式合同条件制定，并对这种模式下部分宏观层面和项目层面业主和总承包商的风险承担进行了界定。在 EPC 模式下风电场建设项目中业主的风险因素主要是由以下方面引起的：

（1）业主自身因素引起的风险。这主要包括业主本身的管理水平高低、业主组建的项目管理部门人员的素质及业务水平高低、对合同的管理能力大小、财务管理水平等多方面的因素给业主带来的不确定性影响。

（2）政策与相关制度变动带来的风险。由于风电场建设项目都是投资规模较大的大型项目，主要投资来源为国有企业（主要为几家大型发电集团），业主同政府联系紧密，受到社会关注。业主风险大小跟政府的新能源政策和制度有着密切的联系。现在新能源项目的相关政策和相关管理制度尚未完善，可能会发生变动，这也会给业主带来比较大的风险。

（3）工程方面的风险。在工程项目建设过程中，由于工程所处环境的变化、自然灾害的影响、材料设备市场价格的变动或者总承包商的变更等诸多原因，业主也会遇到工程建设之前未预料到的风险，会给业主造成相当大的风险。

风电场EPC总承包项目的风险识别过程中，首先，要对风险因素的产生进行划分并且对风险产生的根源进行合理分析，从源头进行风险把控。其次，对于识别出的风险因素可能导致的后果应进行检测评估，确保风险发生后带来的影响能进行有效地回避、管控或转移。此外，风险往往并不是单一存在的，工程重点风险内容可能存在相互关联的交叉风险隐患，因此，对于风险的分析工作应深入进行并且应结合风电场项目实践进行。

除此之外，风电场项目中风险识别本身涉及的管理机构、管理对象范围较为广泛，而风险识别存在一定的主观性，容易产生一定的判断偏差而导致风险识别的不公平性和不准确性。因此，在整个合同范围内的管理单位及参与单位的信用程度及项目团队的执行能力将对于风险因素的识别起到至关重要的影响作用，选择良好的、有领导力的项目经理及信用度高的执行单位可以从根源上减少风险产生的可能性，从而降低风险识别的难度。

6.3.3 合同风险控制

6.3.3.1 风险监测评估

对于识别出的重要风险因素，应进行合理的风险监测评估工作，监测评估风险发生的可能性和可能带来的损失，并对引发风电场项目建设风险因素的根源进行深入挖掘，防止出现由单一风险因素导致的交叉或连带的风险。

风险的监测评估一方面可以利用已有的数据资料进行统计分析；另一方面，由于存在地域的不同、时间的差异及项目内容的不同，应对特定项目进行必要的调研和分析，也可以请专家依据经验评估。风险评估做得是否深、是否细，将直接影响对该项目的决策，同时也会影响中标后的风险管理和控制。监测评估工作作为风电场项目风险排查的重要措施手段，已随着风电场项目的发展不断升级。通过对风险因素管理的监测，可以发现风险控制情况，并及时地制定纠偏措施，有效防止风险管理制度的缺失或缺陷。

目前阶段，风险监测评估工作可以通过计算机技术、通信管理技术、人工智能管理技术等科技手段组建工程风险监控网络及监控数据库，对在建的风电场项目进行实时监控，并通过智能化信息采集处理系统对信息进行甄别，以便确定风险对象，提高风险监测的真实性及准确性，减少风险因素的识别范围，为风电场EPC总承包项目建设实施提供有力保障。

6.3.3.2 风险管控

对于风电场EPC总承包项目而言，风险管控的实施工作应针对项目的全生命周期。

对于风电场前期投标工作而言，由于风电场项目技术日益成熟，工程的材料设备基本情况相对明了，但是由于投标周期短暂，对于风电场的地质情况、风速情况、水文勘察情况等往往无法完全掌握，通常以相对靠近的已实施或已完工工程信息进行类比，信息偏差给投标工作带来了一定的风险管控难度。因此，收集各地风电场项目地勘资料、水文资料、风资源信息等对于投标阶段的风险管控可以起到一定的帮助。

在风电场 EPC 总承包项目中，设备采购往往占据合同总价的较大比例。考虑到风电场项目存在工期紧、设备质量标准要求高、设备制造周期长等制约因素，使得采购阶段风险管控变得至关重要。对此，承包人通常通过组建专门的采购管理团队，从筛选合格成熟的设备厂家到把控设备的供货周期，再到后期的保修维护等，对设备采购阶段的风险进行全过程管理。

对于施工阶段来说，风电场项目的施工难度较大，因此施工阶段的风险管控措施是确保风电场项目顺利进行的必要手段。常见的施工风险管控涉及的方面较多，例如对于质量及进度风险，总承包商一般会通过招揽有施工资质、有施工经验的成熟施工分包单位，确保质量及进度满足工程要求；对于风电场项目中存在的较为特殊和困难的施工内容，除选择优质的施工分包单位外，还需做好相关的技术配合工作，如对于风电场项目中的吊装作业，在选取有吊装经验的队伍提前进场进行吊装工作的协调部署外，还应通过安装测风塔，对吊装期间的风资源数据进行监测。根据风资源规律，利用小风时段进行吊装，并提前给吊装机具、相关人员与设备购买保险，将风险灾害进行有效地转移、回避。

6.3.4　合同违约与争议处理

遵守合同是工程项目建设的基本法则，工程中的任何一方没有按照合同约定来完成自己义务的行为都属于违约行为，应当承担一定的违约责任。按照责任主体划分，合同违约可以分为发包人违约及承包人违约。

1. 发包人违约

在风电场 EPC 总承包项目中，发包人的主要义务是付款及提供风电场项目所需的风电场、基础资料，履行项目审批手续等辅助性配合工作，因此发包人可能产生的违约状况往往也体现在上述义务的执行方面。在《建设项目工程总承包合同示范文本》（GF-2020-0216）中，对于发包人违约的情形作出如下规定：

（1）因发包人原因导致开始工作日期延误的。

（2）因发包人原因未能按合同约定支付合同价款的。

（3）发包人违反约定，自行实施被取消的工作或转由他人实施的。

（4）因发包人违反合同约定造成工程暂停施工的。

（5）工程师无正当理由没有在约定期限内发出复工指示，导致承包人无法复工的。

（6）发包人明确表示或者以其行为表明不履行合同主要义务的。

（7）发包人未能按照合同约定履行其他义务的。

2．承包人违约

相对发包人来说，风电场 EPC 总承包合同的承包人往往承担着从项目设计到采购招标再到项目实施及质量保修全部的责任与义务，因此承包人违约的情形远多于发包人。承包人作为总承包项目的实施者，对工程的质量、工期进度、成本控制及安全管理都承担相应的工作内容及义务，因此，除专用合同条件另有约定外，在履行合同过程中发生的下列情况之一的，属于承包人违约：

（1）承包人的原因导致的承包人文件、实施和竣工的工程不符合法律规定、工程质量验收标准以及合同约定。

（2）承包人违反合同约定进行转包或违法分包的。

（3）承包人违反约定采购和使用不合格材料或工程设备。

（4）因承包人原因导致工程质量不符合合同要求的。

（5）承包人未经工程师批准，擅自将已按合同约定进入施工现场的施工设备、临时设施或材料撤离施工现场。

（6）承包人未能按项目进度计划及时完成合同约定的工作，造成工期延误的。

（7）由于承包人原因未能通过竣工试验或竣工后试验的。

（8）承包人在缺陷责任期及保修期内，未能在合理期限对工程缺陷进行修复，或拒绝按发包人指示进行修复的。

（9）承包人明确表示或者以其行为表明不履行合同主要义务的。

（10）承包人未能按照合同约定履行其他义务的。

对于承包人而言，除了上面所列的违约情形外，对于工程合同内容的错误履行或者不履行，皆有被认定是违约的风险。因此，在合同执行的过程中，承包人应严格遵守合同要求及规定，避免违约责任的产生。

当发包人和承包人在履行合同中发生争议，可以友好协商解决或者提请争议评审组评审。合同当事人友好协商解决不成、不愿提请争议评审或者不接受争议评审组意见的，一般可以向约定的仲裁委员会申请仲裁或向有管辖权的人民法院提起诉讼。

6.4 合同的终止

6.4.1 合同终止原因

合同是工程的基本约束法则，通常来说，当项目承包人将合同工程全部移交给发包人，且保修期满，发包人或被授权的监理人已颁发保修责任终止证书，合同双方均未遗留按合同规定应履行的义务时，工程合同自然终止。但合同除了正常因工程建设完毕而终止外，还会因为发包人要求终止、承包人要求终止、不可抗力事件持续发生等原因终止。

对于通常的风电场 EPC 总承包合同来说，合同条款中往往明确规定由发包人终止合同的情形，通常承包人如有下列行为时，发包人有权终止合同：

（1）承包人未能按照要求进行施工或者履行合同中的其他义务的。

（2）承包人未经允许将工程分包或者违法转包的。

（3）承包人破产，无力承担项目建设的。

（4）承包人完成的建设工程质量不符合要求，且未能按照要求对工程进行修补的。

（5）承包人未按照要求提供履约保函、预付款保函等担保文件的。

可以看出，发包人终止合同的主要原因可分为两大类：一类是由于承包人不按照合同要求履行合同，构成违约，发包人有权终止合同；另一类是由于承包人自身无法满足工程履约条件，发包人为了维护自身的合法利益，最终终止合同。

相较于发包人终止合同的情形来看，承包人可以终止合同的情况往往较少，一般来说，当发包人持续不支付到期应支付的进度款项时，承包人可以要求暂停施工，直到发包人付款后再复工，如暂停时间超过较长的天数时，承包人有权终止合同以维护自身的权益。但是，考虑到我国建筑行业的竞争较激烈，发包人在合同关系中占据优势地位，因此在总承包合同编制过程中有时发包人会要求承包人主动放弃承包人终止合同的权利，确保在合同执行的过程中承包人可以承担一定的工程建设风险。

除了发包人终止合同与承包人终止合同外，因不可抗力事件而终止合同的情形在我国总承包建设领域也是较为常见的。不可抗力是指不能合理预见、不能避免并且不能克服的客观情况，比如自然灾害、社会动荡等。不可抗力的出现有可能导致合同的一方或者双方无法继续履行合同，同时也无法将不能履行合同的责任归责于任何一方，因此在总包合同中，往往会在合同条款中明确，当不可抗力事件持续发生一段时间后，如果不可抗力事件仍在继续，合同双方均可以选择发出终止通知，终止总承包合同。不可抗力事件导致的合同终止不同于发包人终止合同和承包人终止合同，其本质属于法律规定下合同履行义务的释放。

6.4.2　合同解除

在国内外的合同研究中，对于合同终止与合同解除两者的区分往往存在着理解争议。一方认为合同终止与合同解除概念相同，另一方将合同解除看作是合同终止的方式之一。在我国法律中，合同的解除并不完全等同于合同的终止，合同的终止作为合同解除的上位概念出现。根据《中华人民共和国民法典》规定，合同的终止包括履行完毕、合同解除、债务抵消、债权债务的同归等情形。由此可见，在我国合同解除属于合同终止的一种形式，即合同解除是合同履约过程中所出现的非正常终止现象。

合同解除的条件包括基于法律条文所赋予合同的法定解除条件及在合同拟定过程中双方自行约定的条款解除条件。当工程合同执行中出现约定解除的事项、满足解除的特定条件时，双方可以行使合同解除的权利。考虑到在总承包合同模式下的合同执行中往往出现较多问题，从尊重合同的角度出发，往往将合同解除作为最后一道保护防线。当合同执行中出现合同一方未能按照合同要求履行职责时，另一方应通知未履行职责一方进行改正；当被通知改正方不按照通知进行改正时，另一方有权要求解除合同。

当合同关系解除后，合同的结算支付条款对于合同双方仍存在一定的法律约束力。在合同解除时，如果承包人已经按照总包合同要求完成了全部或者部分工程，则发包人应按照原合同条款的约定支付相应的款项。

除结算外，合同解除后的重要问题就是对于合同解除责任方或者违约方赔偿责任的确定。当一方违约导致合同解除时，另一方有权要求违约方赔偿合同解除对自己造成的损失，但对于合同解除后的赔偿额度及范围，往往在总包合同中无法做到详尽、明确规定，因此，合同解除的条件、解除原因、责任归属是合同解除时合同当事人需研究的重点方向。

在合同解除后，虽然合同的权利和义务已终止，但是对于合同双方来说，除了结算付款、赔偿责任划分之外，还需考虑合同解除后的材料设备处理、工程资料的移交等问题。合同解除后，在解除合同后的结算没有完全结束前，承包人对于工程现场的相关设备及资料仍有妥善保管的义务，承包人不得私自将设备及材料撤离现场。与工程相关的图纸、设计文件、工程技术资料等工程重要资料所有权属于发包人，因此承包人应按照原合同工程资料移交要求对文件进行保密移交工作。除此之外，合同解除后的清场退场也是合同解除后的重要工作。当合同解除时，承包人原则上已经失去了对于工程现场的占有及使用的权利，因此，承包人应做好清场和退场的工作，具体主要工作内容包含：①移交已完成的工程及现场的工程物资；②迅速撤离和拆除临时设施，运走除安全需要外的其他货物；③将未被抵押或者赔偿的设备、机具等撤离现场；④按照合同及发包人要求有序撤离施工场地，尽可能将现场恢复成原始状态，便于发包人继续完成工程。

6.5 本 章 小 结

本章内容从风电场项目EPC总承包合同的订立、履行及终止全合同生命周期的管理内容展开。在合同订立阶段，对合同文件的形式、合同文件的组成及优先顺序、合同条款标准化及合同各方的权利义务等方面进行了阐述；在EPC合同履约阶段，风电场项目的技术、质量、安全管理体系的未落实，工期拖延或者设计变更导致的成本增加，以及业主出现违约行为是关键性风险。本章从设计管理、质量与安全管理、进度管理、成本管理及风险管理等方面对合同执行阶段的风险管理内容及措施进行了介绍；同时，从合同终止的原因、合同解除及相关法律后果的角度，对 EPC 总承包合同终止的相关内容进行了阐述。

第7章 风电场项目施工采购

本章主要介绍了风电场项目施工招标、风电场项目施工招标文件编制、招标标底和控制价编制及两者的区别、投标人资格审查，以及风电场施工招标开标、评标和决标等方面的相关概念、方法和要求。

7.1 施工招标文件及其编制

建设工程招标文件是建设工程招标活动中最重要的法律文件，风电场项目施工招标亦是如此。施工招标文件不仅规定了完整的招标程序，而且还提出了各项技术标准和交易条件，拟列合同的主要条款。招标文件是评标委员会评审的依据，也是签订合同的基础，同时也是投标人编制投标文件的重要依据。

7.1.1 施工招标文件

招投标是市场经济条件下工程项目承发包的主要方式，它在优化资源配置的同时实现有序竞争。风电场项目施工招标是指招标人的施工任务发包，通过招标方式鼓励施工企业投标竞争，从中选出技术能力强、管理水平高、信誉可靠且报价合理的承建单位，并以签订合同的方式约束双方在施工过程中的经济活动。区别于风电场项目的其他招标，风电场项目施工招标发包的工作内容一般包括风机基础及道路工程、风电机组及塔筒吊装工程、集电线路及箱式变压器安装工程、变电站工程、接地工程以及送出工程。

一般而言，施工招标的主要程序为：建立招标组织→拟定招标方案→编制招标文件→发布招标公告或投标邀请书→资格预审→发售招标文件→组织现场踏勘和答疑→开标→评标→决标→发放中标通知书→签订合同。其中编制招标文件是招标工作的源头，也是最为关键的环节。风电场施工项目招标文件是指风电场业主招标人向投标人发出，并告知风电场项目施工特点、需求，以及施工招标投标活动规则和施工合同条件等信息的要约邀请文件。该文件是施工招标投标活动的主要依据，也是承发包双方订立合同协议的基础，对项目招标投标活动各方均具有法律约束力。

7.1.2　施工招标文件的编制原则与要求

招标人能否编制出完整、严谨的招标文件，会直接影响到风电场项目施工招标的质量，也关系到项目目标能否实现。招标单位编制招标文件应做到系统、完整、准确、明了，使投标人一目了然，标准化、规范化的招标文件不仅能够避免很多误解和矛盾，还可以提高招标效率。

7.1.2.1　编制施工招标文件的原则

风电场施工招标文件的编制原则与其他建设工程招标文件的编制原则相似，需满足以下原则：

（1）应遵守国家的有关法律和法规，如《中华人民共和国民法典》《中华人民共和国招标投标法》等多种法律法规。若招标文件的规定不符合国家的法律、法规，则有可能导致招标文件作废，有时发包人还要赔偿损失。

（2）应公正地处理发包商和承包商（或供货商）的利益，即要使承包商获得合理的利润。若不恰当地将过多的风险转移给承包方，势必迫使承包商加大风险费，提高投标报价，最终还是增加发包商支出。

（3）招标文件应正确地、详尽地反映风电场建设项目的客观情况，以使投标人的投标能建立在可靠的基础上，从而尽可能减少履约过程中可能发生的争议。

（4）招标文件包括许多内容，从投标人须知、合同条件到规范、图纸、工程量清单等，这些内容应力求统一，尽量减少和避免各种文件间的矛盾。招标文件的矛盾会为承包商创造许多索赔的机会，甚至会影响整个风电场的施工或造成较大经济损失。

7.1.2.2　编制施工招标文件的要求

风电场施工招标文件的编制除满足以上的编制原则外，还需满足以下要求：

（1）招标文件规定的各项技术标准应符合国家强制性标准。招标文件中规定的各项技术标准均不得要求或标明某一特定的专利、商标、名称、设计、原产地或生产供应者，不得含有倾向或者排斥潜在投标人的其他内容。如果必须引用某一生产供应者的技术标准才能准确地说明拟招标项目的技术标准时，则应当在参照后面加上"或相当于"的字样。

（2）招标人可以要求投标人在提交符合招标文件规定要求的投标文件外，提交备选投标方案，但应当在招标文件中做出说明，并提出相应的评审和比较办法。

（3）风电场施工招标项目如需要划分标段、确定工期的，招标人应当合理划分标段、确定工期，并在招标文件中载明。对工程技术上紧密相连、不可分割的单位工程不得分割标段。依法必须进行施工招标的项目招标人不得利用划分标段规避招标。

（4）招标文件应当明确规定所有评标因素，以及如何将这些因素量化，或者根据这些因素进行评估。在评标过程中，不得改变招标文件中规定的评标标准、方法和中标条件。

（5）招标文件应当规定一个适当的投标有效期，以保证招标人有足够的时间完成评标并与中标人签订合同。投标有效期从投标人提交投标文件截止之日起计算。

7.1.3 施工招标文件的主要内容

风电场项目的施工招标文件与其他建设项目施工招标文件的内容类似，按照《标准施工招标文件》（2007年版），一般包括招标公告/投标邀请书、投标人须知、合同主要条款、投标文件格式、工程量清单、技术条款、设计图纸、评标标准和方法、投标辅助材料等内容。招标单位应当在招标文件中规定实质性要求和条件，并通过醒目的方式进行标识。

1. 招标公告/投标邀请书

招标公告的内容应与公开媒体刊登的招标公告的内容一致。邀请招标的，投标邀请书应要求投标人在规定的时间前确认是否参加投标，以便投标人数量不足时及时邀请其他投标人。

风电场项目招标进行资格预审的，投标邀请书同时起到代资格预审通过通知书的作用。由于已经完成了资格预审，因此其投标邀请书内容不包括招标条件、项目概况与招标范围和投标人资格要求等内容，同时为提高招标投标工作效率，招标人在投标邀请书中也增加了在收到投标邀请书后的规定时间内，以传真或快递方式予以确认是否参加投标的要求。

2. 投标人须知

投标人须知的作用是具体制定投标规则，明确投标人的投标程序，确保其能进行响应性的投标行为。投标人须知一般包括总则、招标文件、投标文件的编制、投标文件的递交、开标、评标、合同的授予。

3. 评标办法

评标办法是指评价投标人投标文件的方法。招标人评标办法要在招标文件中公布，并在评标过程中执行。评标办法有各种各样，《标准施工招标文件》（2007年版）推荐了经评审的最低投标价法、综合评估法两种评标办法，并具体说明了评审方法和相关指标。对某一项目招标可从中选择一种。

4. 合同条款

合同条款通常包括：一般约定，发包人义务，有关监理单位的约定，有关承包人义务的约定，材料和工程设备，施工设备和临时设施，交通运输，测量、放线，施工安全、治安保卫和环境保护，进度计划，开工和竣工，暂停施工，工程质量，试验和检验，变更与变更的估价原则，价格调整原则，计量与支付，竣工验收，缺陷责任与保修责任，保险，不可抗力，违约，索赔，争议的解决等共24条。合同附件格式包括了合同协议书格式、履约担保格式、预付款担保格式等。

合同主要条款一般包括通用合同条款和专用合同条款两部分，其中通用合同条款通常选择常见的标准示范合同文本，专用合同条款一般采用标准的填空形式，具体条款与通用条款一一对应，作为对通用合同条款的补充、修订、删除等，以符合项目的具体情况。

5. 工程量清单

"工程量清单"通常包括：工程量清单说明、投标报价说明、其他说明和工程量清单四部分内容。

6. 设计图纸

设计图纸是合同文件的重要组成部分，是编制工程量清单以及投标报价的主要依据，也是进行施工及验收的依据。

7. 技术规范

技术规范的目的是规定招标方所需要工程的技术特征。准确、清晰的技术规范可以使投标人编制出具有响应性的投标书，方便招标方审查、评价和比较投标书。技术规范的编写应允许在广泛范围内展开竞争，一般都是由业主、咨询公司或设计院编写。编写技术规范时，必须注意不能有限制性规定，不论是采用我国的国家标准还是采用其他标准，技术规范中都应规定：满足其他权威性标准并能保证相当于或优于原技术规范中所述要求的质量应该是可以接受的。

8. 投标文件格式

投标文件格式的主要作用是为投标人编制投标文件提供固定的格式和编排顺序，以规范投标文件的编制，同时便于评标委员会评标。

【案例 7 - 1】　某风电机组及塔筒吊装工程招标文件（摘录）

该范本共分四卷，其中：第一卷包括招标公告/投标邀请书、投标人须知、评标办法、合同条款及格式、工程量清单，第二卷为投标文件格式，第三卷为技术标准和要求，第四卷为图纸。第三、第四卷根据不同招标项目的类别和规模选择性使用。具体内容如下：

（1）招标公告：包括招标条件、项目概况与招标范围、投标人资格要求、招标文件的获取、投标文件的递交以及发布公告的媒介。

招标范围：

1）安装：具体包括风机吊装、叶片和轮毂的组装及吊装、塔筒及附件安装、电缆敷设、光缆敷设、照明灯具安装、塔筒内接地，以塔筒为界（含塔筒外冷却装置及塔筒门外梯）到风机的一切安装工作（不含低压电缆接至箱式变压器），包括上述工作范围内的接线及检查、消缺工作等。

2）卸车与保管：风机（包括电缆、通信线缆及附件等）、叶片、轮毂和塔筒（包括螺栓）的卸车及保管。

3）其他：油漆（吊装、卸货及其他原因造成的油漆损坏的补漆）及风电机组安装完成后在塔筒底部喷漆编号；塔筒安装后使用不褪色涂料对应螺栓孔对螺栓进行编号；吊装前的风电机组、叶片、塔筒等设备的清洁和吊装验收前的机舱、塔筒内清洁工作；塔筒连接螺栓现场抽检，并由有检测资质的第三方出具检测报告（费用由投标人承担）；施工用水、电由投标人自行解决。外省企业需办理进入省区备案相关手续，办理特种设备备案等相关手续。

（2）招标条件、项目概况与招标范围、投标人资格要求、投标邀请书的确认、招标文件的获取、投标文件的递交、联系方式以及监督机构。

投标人须知：包括总则、招标文件、投标文件、投标、开标、评标、合同授予、重新招标和不再招标、纪律和监督以及需要补充的其他内容。

（3）评标办法（综合评估法）：评标方法、评审标准及评标程序。

（4）合同条款及格式：主要包括合同协议书、通用合同条款以及专用合同条款。

（5）工程量清单：包括工程量清单说明、投标报价说明、其他说明及工程量清单。

（6）投标文件格式：包括投标函及投标函附录、授权委托书、投标人关于资格的声明函、投标保证金、已标价工程量清单、施工组织设计、项目管理机构、拟分包项目情况表（若有）、资格审查资料、投标文件偏差表以及其他材料。

（7）技术标准和要求。

7.2 施工招标标底、控制价及其编制

7.2.1 施工招标标底

7.2.1.1 施工招标标底概念

招标标底（tender base price）是招标方测算的招标项目的预期价格。在国外，标底一般被称为"估算成本""合同估价"或"投标估值"。风电场项目的施工招标标底就是业主方根据风电场项目的具体情况编制的完成该项目所需的全部费用，标底经常被用作衡量投标人工程报价的尺子，也是工程评标的主要依据之一。

标底是投资方核实建设规模的依据，是衡量投标单位报价的准绳，是评标的重要尺度。

标底的作用，一是使招标人预先明确自己在拟建工程上应承担的财务义务；二是给上级主管部门提供核实工程项目规模的依据；三是衡量投标人标价的准绳，也是评标的主要尺度之一。

《中华人民共和国招标投标法实施条例》规定，招标人可以自行决定是否编制标底，没有强制编制标底的规定；但规定一个招标项目只能有一个标底，且标底必须保密。接受委托编制标底的中介机构不得参加受托编制标底项目的投标，也不得为该项目的投标人编制投标文件或者提供咨询。此外，《中华人民共和国招标投标法实施条例》规定，招标项目设有标底的，招标人应当在开标时公布。标底只能作为评标的参考，不得以投标报价是否接近标底作为中标条件，也不得以投标报价超过标底上下浮动的范围作为否决投标的条件。

7.2.1.2　编制标底的依据和原则

标底一般由风电招标单位或委托经有关部门批准的具有编制标底资格的单位根据设计图纸和有关规定计算，并经本地工程造价管理部门核对。编制标底的依据有：①建设工程量清单计价规范；②国家或省级、行业建设主管部门颁发的计价定额和计价办法；③建设工程设计文件及相关资料；④招标文件中的工程量清单及有关要求；⑤与风电建设项目相关的标准、规范、技术资料；⑥工程造价管理机构发布的工程造价信息，工程造价信息没有发布的参照市场价；⑦其他相关资料，主要指的是施工现场情况、风电场项目特点及常规施工方案等。

编制标底一般应考虑下列原则：

（1）标底的编制应具有规范性和统一性。标底的编制应根据国家公布的统一工程项目划分、统一计量单位、统一计算规则以及施工图纸、招标文件，并参照国家制定的基础定额和国家、行业、地方规定的技术标准规范，以及市场价格。标底的计价内容和计价依据应与招标文件一致。

（2）标底的编制应以项目的实际情况为依据。

（3）标底的计价应该与实际变化相吻合。标底价格作为招标人的预期控制价格，应尽量与市场的实际变化相吻合，要有利于开展竞争和保证工程质量，让承包商有利润空间。如果对工程质量要求更高，还应增加相应的费用。标底中的市场价格可参考有关建设工程价格信息服务机构和社会发布的价格行情。

7.2.1.3　编制标底的方法

编制风电场项目的标底主要使用综合单价法。首先确定招标范围内各计价项目的工程单价，然后将各计价项目的工程量乘以对应的工程单价，汇总相加后再加上工程单价未包含的其他费用（如措施费等），得到招标项目估价，经调整后得出招标标底。

7.2.2　施工招标控制价

7.2.2.1　施工招标控制价概念

招标控制价是招标人根据国家或省级、行业建设主管部门颁发的有关计价依据和办法，以及拟定的招标文件和招标工程量清单，结合工程具体情况编制的招标工程的最高投标限价。国有资金投资的工程建设项目应实行工程量清单招标，并应编制招标控制价。

招标控制价的内涵决定了招标控制价不同于标底，可不保密。为体现招标的公平、公正，防止招标人有意抬高或压低工程造价，招标人应在招标文件中如实公布招标控制价，不得对所编制的招标控制价进行上浮或下调。招标人在招标文件中公布招标控制价时，应公布招标控制价各组成部分的详细内容，不得只公布招标控制价总价。同时，招标人应将招标控制价上报工程所在地的工程造价管理机构备查。招标控制价超过批准的概算时，招标人应将其报原概算审批部门审核。投标人的投标报价高于招标控制价的，其投标应予拒绝。

我国对国有资金投资项目实行投资概算审批制度，因此国有资金投资工程项目，招标控制价原则上不能超过批准的投资概算。

7.2.2.2 招标控制价的作用

招标控制价应由具有编制能力的招标人，或受其委托具有相应资质的工程造价咨询人编制。其主要作用有：

（1）招标人有效控制项目投资，防止恶性投标带来的投资风险。

（2）增强招标过程的透明度，有利于正常评标。

（3）利于引导投标方投标报价，避免投标方在无标底情况下的无序竞争。

（4）招标控制价可以反映出社会平均水平，为招标人判断最低投标价是否低于成本提供参考依据。

（5）可为工程变更新增项目确定单价提供计算依据。

（6）作为评标的参考依据，避免出现较大偏离。

（7）投标人根据自己的企业实力、施工方案等报价，不必揣测招标人的标底，提高了市场交易效率。

（8）减少了投标人的交易成本，使投标人不必花费人力、财力去套取招标人的标底。

（9）招标人把工程投资控制在招标控制价范围内，提高了交易成功的可能性。

7.2.2.3 招标控制价的编制原则

风电场的招标控制价编制与标底价编制的依据类似，并注意以下事项：

（1）使用的计价标准、计价政策应是国家或省级、行业建设主管部门颁布的和相关政策规定的计价定额。

（2）采用的材料价格应是工程造价管理机构通过工程造价信息发布的材料单价，工程造价信息未发布材料单价的，其价格应通过市场调查确定。

（3）国家或省级、行业建设主管部门对工程造价计价中的费用或费用标准有规定的，应按规定执行。

7.2.2.4 招标控制价的编制方法

招标控制价编制方法与招标标底编制方法类似，主要差异是在编制招标控制价时，要适当下调社会生产力水平，并考虑工程实施中的风险因素，包括工程变化和市场波动的风险。因而，工程招标控制价一般比标底要高，但比相对应的工程概算要低。

7.2.3　招标控制价与标底的区别

标底和招标控制价均是工程造价在招投标阶段的表现形式之一，并且都是由招标人自行编制或委托具备资质的中介机构编制的，但两者有着本质区别，具体体现在以下方面。

7.2.3.1　作用不同

（1）标底是评标定标、衡量投标人投标报价是否合理的重要依据。标底是招标人为了实现工程施工发包而提出的招标价格，它是招标方的预期购买价格或拟控制的价格。我国《中华人民共和国招标投标法》没有明确规定招标工程是否必须设置标底价格，招标人可以根据工程的实际情况自己决定是否需要设置标底。如设标底，除了可以使招标人明确自己的经济义务并作为上级建设主管部门核实招标工程建设规模的依据外，其最主要的作用是可以作为衡量投标人投标报价是否合理的重要依据和尺度。

（2）招标控制价起到拦标线的作用，是招标工程的最高限价。实行工程量清单招标后，由于招标方式的改变，使标底保密这一法律规定逐渐淡化，无法发挥遏止哄抬标价的作用，个别省市出现了工程招标时所有投标人的报价均高于标底的现象，给招标人带来了困扰。因此，为了避免投标人串标、哄抬标价造成国有资产流失，提出了招标控制价的概念，它与有些省市之前已经实行的拦标价、预算控制价、最高限价有着相同的本质。招标控制价作为招标人能够接受的最高交易价格，投标人的投标报价高于招标控制价的，其投标应予以拒绝。

7.2.3.2　公开性不同

（1）标底严格保密。标底作为衡量投标人投标报价是否合理的依据，其高低无疑会对各投标人能否中标产生影响。为了提高投标的中标率，各投标人在投标报价时均会努力去迎合标底，甚至不惜代价非法谋求标底。因此，为了确保招标过程的公平性和公正性，标底作为招标单位的绝密资料应严格保密，并且应采取措施避免泄露标底的情况发生。标底从编制开始应一直保密，直到开标会议（即投标截止时间）召开才可以当众宣布该工程的标底。

（2）招标控制价需在招标文件中如实公布。招标控制价的特点和作用决定了招标控制价不同于标底，无需保密。为体现工程招标的公开、公平、公正原则，防止招标人有意抬高或压低工程造价，因此规定招标人应在招标文件中如实公布招标控制价，不得上调或下浮。招标人在招标文件中公布招标控制价时，应公布招标控制价各组成部分的详细内容，不得只公布招标控制价总价，并应将招标控制价上报工程所在地工程造价管理机构备查。

7.2.3.3 适用范围不同

（1）标底适用于有标底招标。所谓有标底招标即招标时招标人事先编制标底，并在评标时作为衡量投标人投标报价的依据。传统的有标底招标方式为我国工程建设领域顺应社会主义市场经济原则起到了积极作用，但随着我国市场经济体制改革的深化和加入世贸组织与国际接轨的需要，其弊端日益凸现。如设标底时易发生泄露标底及暗箱操作的问题，失去招标的公平公正性；在采用综合评估法这种评标方法时，当招标人事先编制的标底不够合理，用一个不合理的价格去衡量各个投标人的报价显然是不科学的；将标底作为衡量投标人报价的基准，越接近标底得分越高，导致投标人尽力地去迎合标底，因此往往招投标过程反映的不是投标人的实力，而是投标人编制预算文件的能力。

（2）招标控制价适用于无标底招标。无标底招标是相对于有标底招标而言的。针对有标底招标存在的大量弊端，为了鼓励投标人的报价竞争，招标人可以不预先制定标底，而是用反映投标人报价平均水平的某一值作为评标基准价去评定各投标文件报价部分的得分，这就是无标底招标。然而无标底招标在实施过程中对价格控制会比较困难，在不同程度上会碰到围标造成的哄抬标价以及低价抢标现象，因此，招标控制价应运而生。

招标控制价相对于标底来说有以下优点：

1）可有效控制投资，防止恶性哄抬报价给招标人带来的风险。

2）提高了交易透明度，避免了暗箱操作等违法活动的产生。

3）促使各投标人自主报价、公平竞争，符合市场规律。投标人自主报价，不再受标底的左右。

4）设置了控制上限，尽量减少了招标人对评标基准价的影响。

7.2.3.4 审查内容和机构不同

（1）标底是事前审查。编制的标底应报招标管理机构审查，未经审查的标底一律无效，不能作为评标的依据，即采用事前审查方式。

（2）招标控制价为事后备查。对于国有资金投资的项目，编制的招标控制价应报工程所在地的工程造价管理机构备查，即采用事后备查方式。

7.3 施工投标人资格审查

7.3.1 投标人资格审查内容

风电场项目业主单位可以根据项目本身的特点和需要，要求潜在投标人或者投标人提供满足其资格要求的文件，对潜在投标人或者投标人进行资格审查。

投标人是响应招标、参加投标竞争的法人或者其他组织。投标人应当具备承担风电场项目招标的能力，国家有关规定或招标文件对投标人资格条件有规定的，投标人应当具备规定的资格条件。投标人资格审查是由招标人、招标代理机构、评标委员会发起的对上述资格条件进行的审查，其最终目的是通过审查方式筛选出符合国家规定资格或招标文件要求资格的合格投标人，保障项目评标委员会能够在具备承揽该项目资质条件的投标人中优选，评出最佳投标人。资格审查是中标人选择的必经程序，是评标、定标前的关键环节。

7.3.1.1 投标人资格审查方式

投标人资格审查方式根据招标文件相关要求不同，可分为资格预审、资格后审两种方式。资格预审是在投标前对潜在投标人进行的资格审查，招标人通过发布资格预审公告，根据资格预审的条件、标准和方法，向不特定的潜在投标人发出投标邀请，招标人或者由其依法组建的资格审查委员会按照资格预审文件确定的审查方法、资格条件以及审查标准，对资格预审申请人的经营资格、专业资质、财务状况、类似项目业绩、履约信誉等条件进行评审，以确定通过资格预审的申请人。经资格预审后，招标人向资格预审合格的潜在投标人发出资格预审合格通知，告知获取招标文件的时间、地点和办法，并同时向资格预审不合格的潜在投标人告知资格预审的结果。未通过资格预审的申请人，将不具有投标的资格。资格预审的方法包括合格制和有限数量制。一般情况下应采用合格制，潜在投标人过多的，可采用有限数量制。

资格后审是在开标后由评标委员会对投标人进行的资格审查。采用资格后审时，招标文件中会载明对投标人资格要求的条件、标准和方法，招标人在开标后由评标委员会按照招标文件规定的标准和方法对投标人的资格进行审查，经资格后审不合格的投标人，评标委员会会将其投标作废标处理。资格后审是评标工作的一个重要内容，招标人应根据风电场项目的特点和要求，对投标人进行资格审查，包括选择资格审查机制、确定审查内容和审查方法。

7.3.1.2 投标人资格审查内容

风电场项目投标人资格审查的内容，各国各地不尽相同，资格预审和资格后审也存在差异，但概括起来基本有以下方面：

（1）投标人一般性资料审核。投标人一般性资料审核的内容包括：

1）投标人的名称、注册地址（包括总部、地区办事处、当地办事处）和传真、电话号码等，对于国际招标工程，还有投标人国别。

2）投标人的法人地位、法人代表姓名等。

3）投标人公司注册年份、注册资本、企业资质等级等情况。

4）若与其他公司联合投标，还需审核合作者的上述情况。

（2）财务情况审核。财务情况审核的内容包括：

1）近3年（有的要求5年）来公司经营财务情况。对近3年经审计的资产负债表、公司益损表，特别是对总资产、流动资产、总负债和流动负债情况进行审核。

2）与投标人有较多金融往来的银行名称、地址和书面证明资信的函件，同时还要求写明可能取得信贷资金的银行名称。

3）在建工程的合同金额及已完成和尚未完成部分的百分比。

（3）施工经验记录审核。施工经验记录审核的内容包括：

1）列表说明近几年（如5年）内完成的各类工程的名称、性质、规模、合同价、质量、施工起讫日期、发包人名称和国别。

2）与本招标工程项目类似的工程的施工经验，这些工程可以单独列出，以引起审核者重视。

（4）施工机具设备情况审核。施工机具设备情况审核的内容包括：

1）公司拥有的各类施工机具设备的名称、数量、规格、型号、使用年限及存放地点。

2）用于本项目的各类施工机具设备的名称、数量和规格，以及本工程所用的特殊或大型机械设备情况，属公司自有还是租赁等情况。

（5）人员组成和劳务能力审核。人员组成和劳务能力审核的内容包括：

1）公司总部主要领导和主要技术、经济负责人的姓名、年龄、职称、简历、经验以及组织机构的设置和分工框图等。

2）参加本项目施工人员的组织机构及其主要行政、技术负责人和管理机构框图。

3）参加本项目施工的主要技术工人、熟练工人、半熟练工人的技术等级、数量以及是否需要雇用当地劳务等情况。

4）总部与本项目管理人员的关系和授权。

（6）必要的证明或其他文件的审核。必要的证明或其他文件通常包括：

1）安全生产许可证。企业是否具备由政府相关部门颁发的、有效的安全生产许可证。

2）审计师签字、银行证明、公证机关公证，国际工程还应有大使馆签证等。

3）承包商誓言等。

7.3.2　投标人资格审查方法及注意事项

7.3.2.1　资格预审程序

资格审查委员会按照初步审查和详细审查两个阶段进行。

1. 初步审查

初步审查是检查申请人提交的资格预审文件是否满足申请人须知的要求，内容包括：

（1）提供资料的有效性。法定代表人授权委托书必须由法定代表人签署。

申请人基本情况表应附申请人营业执照副本及其年检合格的证明材料、资质证书副本及安全生产许可证等材料的复印件。

（2）提供资料的完整性，包括以下方面：

1）前附表规定年份的财务状况表，应附经会计事务所或审计机构审计的财务会计报表，包括资产负债表、现金流量表、利润表和财务情况说明书的复印件。

2）前附表规定近几年完成的类似项目情况表，应附中标通知书和（或）合同协议书、工程接受证书（工程竣工验收证书）的复印件。

3）正在施工和新承接的项目情况表，应附中标通知书和（或）合同协议书复印件。

4）前附表规定近几年发生的诉讼及仲裁情况表，应说明相应情况，并附法院或仲裁机构做出的判决、裁决等相关法律文书复印件。

5）接受联合体资格预审申请的，申请人除了提供联合体协议书并明确联合体牵头人外，还应包括联合体各方符合上述要求的相关情况资料。联合体各方不得再以自己的名义单独或加入其他联合体在同一标段中参加资格预审。

2．详细审查

详细审查是评定申请人的资质条件、能力和信誉是否满足招标工程的要求，但前附表没有规定的方法和标准不得作为审查依据。

（1）主要审查内容。

1）资质条件。承接工程项目施工的企业必须有与工程规模相适应的资质，不允许低等级资质的企业承揽高等级工程的施工。由同一专业的单位组成的联合体，按照资质等级较低的单位确定资质等级。

2）财务状况。通过经审计的资产负债表、现金流量表、利润表和财务情况说明，既要审查申请投标人企业目前的运行是否良好，又要考察是否有充裕的资金支持完成项目的施工。由于申请投标人一旦中标，只有完成一定的合格工作量后，才可以获得相应工程款的支付，因此在施工准备和施工阶段需要有相应的资金维持施工的正常运转。

3）类似项目的业绩。如果申请人没有完成过与招标工程类似的施工经历，则缺少施工经验。通过考察完成过的类似项目业绩，尤其是与本项目同规模或更大规模的施工业绩，可以反映出申请人项目施工的组织、技术、风险防范等方面的能力。尤其对大型、复杂、有特殊专业施工要求的招标项目，此点尤为重要。

4）信誉。信誉良好是能够忠实履行合同的保证，前附表规定最近几年不能有违约或毁约的历史。对于以往承接工程的重大合同纠纷，应通过法院裁决书或仲裁裁决书来分析事件的起因和责任，对其信誉进行评估。

5）项目经理资格。项目经理是施工现场的指挥人和直接责任人，对项目施工的成败起关键作用。除了审查职称、专业知识外，重点考察其参与过的工程项目施工的经历，以及在项目上担任的职务是否为主要负责人，以判断其在本工程中能否胜任项目经理的职责。

6）承接本招标项目的实施能力。申请人正在实施的其他工程施工项目，会对资金、施工机械、人力资源等产生分流，通过申请人提交的正在施工和新承接的项目情况表中的项目名称、签约合同价、开工日期、竣工日期、承担的工作、项目经理名称等，分析若该申请人中标，能否按期、按质、按量完成招标项目的施工任务。

（2）资格预审文件的澄清。审查过程中，审查委员会可以通过书面形式，要求申请人对所提交的资格预审文件中不明确的内容进行必要的澄清或说明。申请人的澄清或说明应采用书面形式，并不得改变资格预审申请文件的实质性内容。申请人的澄清和说明内容属于资格预审申请文件的组成部分。招标人和审查委员会不接受申请人主动提出的澄清或说明。

7.3.2.2 资格审查方法

1. 应淘汰的申请人

按照标准施工招标资格预审文件的规定，有下述情况之一的，属于资格预审不合格。

（1）不满足规定的审查标准：

1）初步审查中，有一项不符合审查标准的不再进行详细审查，判为资格预审不合格。

2）详细审查中，有一项因素不符合审查标准的，不能通过资格预审。

（2）不按审查委员会要求澄清或说明。审查委员会对申请人提供的资料有疑问要求澄清，而其未予书面说明，按该项不符合标准对待，予以淘汰。

（3）在资格预审过程中的违法违规行为：

1）使用通过受让或者租借等方式获取的资格、资质证书。

2）使用伪造、变造的许可证件。

3）提供虚假的财务状况或者业绩。

4）提供虚假的项目负责人或者主要技术人员简历、劳动关系证明。

5）提供虚假的信用状况。

6）行贿或其他违法违规行为。

2. 资格预审合格者数量的确定

资格预审通过者的数量可以采用合格制或有限数量制中的一种，应在前附表中注明。

（1）合格制。所有初步审查和详细审查符合标准的申请人均通过资格预审，可以购买招标文件，参与投标竞争。合格制的优点是参加投标的人数较多，有利于招标人在较宽的范围内择优选择中标人，且竞争激烈可以获得较低的中标价格。但其缺点是，由于投标人数多，导致评标费用高、时间长。

（2）有限数量制。初步评审和详细评审合格申请人数量不少于 3 家且没有超过预先规定的通过数量时，均通过资格预审，不进行评分。如果合格申请人的数量多于预定数量，则对各申请人的详细评审各项要素予以评分，按总分的高低排序，选取预定数量的申请人通过资格预审。

对投标人实行资格预审时，一般采取综合评价方法：①淘汰报送资料极不完整的投标申请人。资料不全则难以在机会均等的条件下进行评分；②根据风电场项目的特点，将资格预审所要考虑的各种因素进行分类，并确定各项内容在评定中所占的比例，即确定权重系数。每一大项下还可进一步划分若干小项，对各个资格预审申请人分别给予打分，进而得出综合评分；③淘汰总分低于预定及格线的投标申请人；④对及格线以上的投标人进行分项审查，为了能将施工任务交给可靠的承包人完成，不仅要看其综合能力评分，还要审查其各分项得分是否满足最低要求。

评审结果要报请发包人批准。经资格预审后，招标人应向资格预审合格的投标申请人发出资格预审合格通知书，告知获取招标文件的时间、地点和方法，并同时向资格预审不合格的投标申请人告知资格预审结果。

当采用资格后审时，也可参考上述综合评价机制。

7.3.2.3　资格审查注意事项

（1）审查时，不仅要审阅其文字材料，还应有选择地做一些考察和调查工作。因为有的申请人得标心切，在填报资格预审文件时，只填部分质量好、造价低、工期短的工程，还会出现言过其实的现象。

（2）投标人的商业信誉很重要，但这方面的信息往往不容易得到。应通过各种渠道了解投标申请人有无严重违约或毁约的记录，在合同履行过程中是否有过多的无理索赔和扯皮现象。

（3）对拟承担本项目的主要负责人和设备情况应特别注意。有的投标人将施工设备按其拥有总量填报，可能包含应报废的设备或施工机具，一旦中标却不能完全兑现。另外，还要注意分析投标人正在履行的合同与招标项目在管理人员、技术人员和施工设备方面是否发生冲突，以及是否还有足够的财务能力再承接本项目。

（4）联合体申请投标时，必须审查其合作声明和各合作者的资格。

（5）应重视各投标人过去的施工经历是否与招标项目的规模、专业要求相适应，施工机具、工程技术及管理人员的数量、水平能否满足本项目的要求，以及具有专长的专项施工经验是否比其他投标人占有优势。

7.4 施工招标的开标、评标和决标

7.4.1 施工招标的开标

7.4.1.1 施工开标的时间地点

风电场施工开标同一般建设项目，需在规定的日期、时间、地点当众宣布所有投标人送来的投标文件中的投标人名称和报价。开标时间、地点通常在招标文件中确定；开标由招标人或其委托的招标代理主持，邀请投标人代表、公证部门代表等有关方面代表参加。招标人要事先以有效的方式通知投标人参加开标；投标人代表应按时、按地参加开标。

7.4.1.2 有效投标书及开标的一般要求

（1）有效投标书（或文件）。投标文件有下列情形之一的，招标人应当拒收：①逾期送达；②未按招标文件要求密封。

（2）开标的一般要求：

1）如果招标文件中规定投标人可提出某种供选择的替代投标方案，这种方案的报价也在开标时宣读。

2）对规模较大的风电场项目的招标，有时分两个阶段开标，即投标文件同时递交，但分两包包装，一包为技术标，另一包为商务标。技术标的开标，实质上是对技术方案的审查，只有在技术标通过之后才开商务标，技术标不通过的则将商务标原封不动退回。

3）设有标底的招标项目，应在按宣布的开标顺序当众开标前公布标底。

4）开标后任何投标人都不允许更改其投标内容和报价，也不允许再增加优惠条件，但在发包人需要时可以作一般性说明和疑点澄清。

5）开标后，招标人进入评标阶段。

7.4.1.3 施工开标程序

主持人按下列程序进行开标：

（1）宣布开标纪律。

（2）公布在投标截止时间前递交投标文件的投标人名称，并点名确认投标人是否派人到场。

（3）宣布开标人、唱标人、记录人、监标人等有关人员姓名。

（4）按照投标人须知前附表的规定检查投标文件的密封情况。

（5）按照投标人须知前附表的规定确定并宣布投标文件开标顺序。

（6）设有标底的，公布标底。

（7）按照宣布的开标顺序当众开标，公布投标人名称、标段名称、投标保证金的递交情况、投标报价、质量目标、工期及其他内容，并记录在案。

（8）投标人代表、招标人代表、监标人、记录人等有关人员在开标记录上签字确认。

（9）开标结束。

7.4.2　施工招标的评标

7.4.2.1　应当否决的投标

在进行风电场项目施工评标时，若有下列情形之一的，评标委员会应当否决投标人的投标：

（1）投标文件未经投标单位盖章和单位负责人签字。

（2）投标联合体没有提交共同投标协议，或共同投标协议不合格的。

（3）投标人不符合国家或者招标文件规定的资格条件。

（4）同一投标人提交两个以上不同的投标文件或者投标报价，但招标文件要求提交备选投标的除外。

（5）投标报价低于成本或者高于招标文件设定的最高投标限价。

（6）投标文件没有对招标文件的实质性要求和条件做出响应。

（7）投标人有串通投标、弄虚作假、行贿等违法行为。

7.4.2.2　施工评标的原则

风电场项目的评标工作需讲究严肃性、科学性和公平合理性，任何单位和个人不得非法干预或者影响评标过程和结果；对投标文件的评价、比较和分析，要客观公正，不以主观好恶为标准；评标人员要遵守评标纪律，严守保密原则，以维护招投标双方的合法权益。风电场项目评标总体应遵循公平、公正、科学和择优的原则，具体原则包括标价合理，工期适当，施工方案科学合理，施工技术先进；工程质量、工期、安全保证措施切实可行；中标方有良好的社会信誉和项目业绩。

7.4.2.3　施工评标的办法及步骤

风电场项目评标一般有经评审的最低投标价法和综合评估法两种办法，无论是哪种方法，均应当在招标文件中明确规定评标时除价格以外的所有评标因素，以及如何将这些因素量化或者据以进行评估。在评标过程中，不得改变招标文件中规定的评标标准、方法和中标条件。

1. 经评审的最低投标价法

经评审的最低投标价法，即评标委员会对满足招标文件实质要求的投标文件，根据规定的量化因素及量化标准进行价格折算，按照经评审的投标价由低到高的顺序推荐中标候选人，或根据招标人授权直接确定中标人，但投标报价低于其成本的除外。经评审的投标价相等时，投标报价低的优先；投标报价也相等的，由招标人自行确定。经评审的最低投标价法一般要经过初步评审和详细评审两个过程。

（1）初步评审。初步评审包括：

1）形式评审。施工招标形式评审的内容和要求见表7-1。

表7-1 施工招标形式评审的内容和要求

形 式 评 审 内 容	形 式 评 审 要 求
投标人名称	与营业执照、资质证书、安全生产许可证一致
投标函签字盖章	有法定代表人或其委托代理人签字或加盖单位章
投标文件格式	符合投标文件格式的要求，无实质性修改
联合体投标人	提交联合体协议书，并明确联合体牵头人（如有）
报价唯一	只能有一个报价

2）资格评审。施工招标资格评审的内容和要求见表7-2。

表7-2 施工招标资格评审的内容和要求

资 格 评 审 内 容	资 格 评 审 要 求
营业执照	具备有效的营业执照
安全生产许可证	具备有效的安全生产许可证
资质等级	符合投标人须知的相关规定，一般还要查对投标负责人的授权委托书
财务状况	符合投标人须知的相关规定
类似项目业绩	符合投标人须知的相关规定
信誉	符合投标人须知的相关规定
项目经理	符合投标人须知的相关规定，一般还要查对除项目经理以外的其他高级管理人员
其他要求	符合投标人须知的相关规定
联合体投标人	符合投标人须知的相关规定（如有）

3）响应性评审。响应性评审主要审查内容包括：①投标内容、工期、工程质量、投标有效期、投标保证金，这些必须符合投标人须知的相关要求；②权利义务，其必须满足合同条款及格式的规定；③已标价工程量清单，其要符合工程量清单给出的范围及数量；④技术标准和要求，其必须符合技术标准和要求的规定。

4）施工组织设计和项目管理机构评审。其审查内容和要求见表7-3。

表7-3 施工组织设计和项目管理机构评审内容和要求

评审内容	评 审 要 求
施工方案与技术措施	施工布置的合理性评审：对分阶段实施的，还应评审各阶段之间的衔接方式是否合适，以及如何避免与其他承包商之间（若有的话）发生作业干扰。 施工方法和技术措施评审：主要评审各单项工程所采取的方法、工序技术与组织措施。包括所配备的施工设备性能是否合适、数量是否充分。采用的施工方法是否既能保证工程质量，又能加快进度，并减少干扰；工程安全保证措施是否可靠等

续表

评审内容	评审要求
质量管理体系与措施	（1）质量管理体系评审：投标人质量管理体系设计方案是否规范、完整，能否与工程特点相适应。 （2）质量保证措施评审：质量保证措施方案是否针对工程特点，是否可靠、有效
安全管理体系与措施	（1）安全管理体系评审：投标人安全管理体系是否规范、完整，能否与工程特点相适应。 （2）安全保证措施评审：安全保证措施方案是否针对工程安全薄弱环节，是否可靠、有效
环境保护管理体系与措施	（1）环境保护管理体系评审：投标人环境保护管理体系是否规范、完整，能否适应工程的特点。 （2）环境保护措施评审：环境保护措施方案是否落地，是否可靠、有效
工程进度计划与措施	首先要看总进度计划是否满足招标要求，进而再评价其是否科学和严谨，以及是否切实可行。发包人有阶段工期要求的工程项目，对里程碑工期的实现也要进行评价
资源配备计划	（1）要依据施工方案中计划配置的施工设备、生产能力、材料供应、劳务安排、自然条件、工程量大小等诸因素，将重点放在审查作业循环和施工组织是否满足施工高峰月的强度要求上，从而确定其总进度计划是否建立在可靠的基础上。 （2）由投标人提供或采购的材料和设备，在质量和性能方面是否能满足设计要求或招标文件中的标准。必要时可要求投标人进一步报送主要材料和设备的样本，出厂说明书或型号、规格、地址等
技术负责人	从事技术工作的能力，从事类似工程的经验等
其他主要人员	安全管理人员（专职安全生产管理人员）、质量管理人员、财务管理人员应是投标人本单位人员，其中安全管理人员应具备有效的安全生产考核合格证书
施工设备	主要施工设备的数量、性能和完好状态，能否保证工程质量和安全施工
试验、检测仪器设备	主要试验、检测仪器设备的数量、精度能否满足工程质量和安全管理的要求

（2）详细评审。详细评审的主要任务是确定评标价。评标委员会应根据招标文件规定的单价遗漏、付款条件、保修期服务等方面量化因素，以及招标文件规定的各因素的权重或量化计算方法，将这些因素一一折算为一定的货币额，并加入到投标报价中，最终得出的就是评标价。

评标委员会发现投标人的报价明显低于其他投标报价，或者在设有标底时明显低于标底，使得其投标报价可能低于其成本的，应当要求该投标人作出书面说明并提供相应的证明材料。投标人不能合理说明或者不能提供相应证明材料的，由评标委员会认定该投标人以低于成本报价竞标，其投标作废标处理。

2. 综合评估法

综合评估法，也称打分法，是指评标委员会按招标文件确定的评审因素、因素权重、评分标准等，对各招标文件的各评审因素给予赋分，以投标书综合分的高低为基础确定中标人的方法。综合评估法能较为系统、全面地评价投标人履行工程合同的能力、水平。但评审较为复杂，一般为大型或复杂工程采用。综合评估法的过程与经评审的最低投标价法类似，但内容不同。

（1）初步评审。综合评估法初步评审的内容包括形式评审、资格评审、响应性评审等，这些具体评审的内容和要求与经评审的最低投标价法类似。

（2）详细评审。不同工程的详细评审存在一定差异，详细评审的内容列举如下：

1）投标人不设标底情况下，确定基准价。采用各投标人有效报价的平均值确定评标基准价 S，其公式为

$$S = \begin{cases} \dfrac{a_1 + a_2 + \cdots + a_n - M - N}{n-2}, & (n>5) \\[2mm] \dfrac{a_1 + a_2 + \cdots + a_n}{n}, & (n<4) \end{cases}$$

式中　a_i——投标人的有效报价（$i = 1,2,3,\cdots,n$）；

　　　n——有效报价的投标人的个数；

　M、N——最高、最低投标人的有效报价。

2）投标人设标底情况下，采用复合标底确定评标基准价 S，其公式为

$$S = TA + \frac{a_1 + a_2 + \cdots + a_n}{n}(1-A)$$

式中　a_i——投标人的有效报价（$i = 1,2,3,\cdots,n$）；

　　　n——有效报价的投标人的个数；

　　　T——招标人标底；

　　　A——招标人标底在评标基准价中所占的权重，权重在招标文件中约定。

3）投标报价的偏差率的计算公式为

$$偏差率 = \frac{投标人报价 - 评标基准价}{评标基准价}$$

4）评分标准。评分主要内容包括施工组织设计、项目管理机构、投标报价和其他因素等 4 方面。评分的具体内容、分值和评分标准针对不同招标工程则不尽相同。

除上述两种常见的评标办法外，《中华人民共和国招标投标法实施条例》还规定：对技术复杂或者无法精确拟定技术规格的项目，招标人可以分两阶段进行招标。

第一阶段，投标人按照招标公告或者投标邀请书的要求提交不带报价的技术建议，招标人根据投标人提交的技术建议确定技术标准和要求，编制招标文件。

第二阶段，招标人向在第一阶段提交技术建议的投标人提供招标文件，投标人按照招标文件的要求提交包括最终技术方案和投标报价的投标文件。招标人要求投标人提交投标保证金的，应当在第二阶段提出。

评标办法多种多样，因此需要结合工程项目的特点合理选择。在实际工程中，风电场项目大多采用综合评估法。

7.4.2.4 施工评标的成果

评标委员会完成评标后，应向招标人提出书面评标成果，即评标报告，并在该报告中推荐1~3名的中标候选人，且有明确排列顺序。评标报告由评标委员会全体成员签字。

依法必须进行招标的项目，招标人应当自收到评标报告之日起三日内公示中标候选人，公示期不得少于三日。中标通知书由招标人发出。

7.4.2.5 施工评标委员会

《中华人民共和国招标投标法》明确规定：评标委员会由招标人负责组建，评标委员会成员名单一般应于开标前确定。原国家计划委员会等七部委2001年联合发布的《评标委员会和评标办法暂行规定》明确：依法必须进行工程招标的工程，其评标委会由招标人的代表和有关技术、经济等方面的专家组成，成员人数为5人以上单数，其招标人、招标代理机构以外的技术、经济等方面专家不得少于成员总数的2/3。

评标委员会的专家成员，应当由招标人从建设行政主管部门，或其他有关政府部门确定的专家库，或者工程招标代理机构的专家库和相关专业的专家名单中确定。一般招标项目采取随机抽取的方式，特殊招标项目可以由招标人直接确定。评标委员会成员名单在中标结果确定前应当保密。

评标专家一般应符合下列条件：

（1）从事相关专业领域工作满8年，并具有高级技术职称或同等专业水平。

（2）熟悉有关招标投标法律法规，并具有与招标项目相关的实践经验。

（3）能够严肃认真、公平公正、诚实廉洁地履行职责。

有下列情形之一的，不得担任评标委员会成员：

（1）投标人或投标人主要负责人的近亲属。

（2）项目主管部门或行政监督部门的人员。

（3）与投标人有经济利益关系，可能影响公正评审的。

（4）曾因在招标、评标以及其他与招标投标有关活动中有违法行为而受过行政处罚或刑事处罚的。

7.4.3 施工招标的决标

7.4.3.1 施工决标的概念

决标也称定标，即最后确定中标人或最后决定将合同授予某一个投标人的活动。风电场项目的决标一般由招标人/发包人作出，招标人也可委托评标委员会进行决标。

7.4.3.2 决标的相关规定

《中华人民共和国招标投标法》规定，中标人的投标应当符合且能够最大限度满足招标文件中规定的各项综合评价标准或是能够满足招标文件的实质性要求，并且经评审的投标价格最低的（投标价格低于成本的除外）才能中标。

在确定中标人之前，招标人不得与投标人就投标价格、投标方案等实质性内容谈判。

招标人根据评标委员会提出的书面评标报告和推荐的中标候选人确定中标人。招标人也可以授权评标委员会直接确定中标人。

国有资金占控股或者主导地位、依法必须进行招标的项目，招标人应当确定排名第一的中标候选人为中标人。排名第一的中标候选人放弃中标、因不可抗力不能履行合同、不按照招标文件要求提交履约保证金，或者被查实存在影响中标结果的违法行为等情形，不符合中标条件的，招标人可以按照评标委员会提出的中标候选人名单排序依次确定其他中标候选人为中标人，也可以重新招标。

7.4.3.3 签订合同

确定中标人后，招标人应在投标有效期内以书面形式向中标人发出中标通知书，同时将中标结果通知未中标的投标人。中标通知书对招标人和中标人均具有法律效力。

中标人自中标通知书发出之日起 30 天内，应与招标人，以招标文件和中标人的投标文件为依据，订立书面合同。中标人无正当理由拒签合同的，招标人取消其中标资格，其投标保证金不予退还；给招标人造成的损失超过投标保证金数额的，中标人还应当对超过部分予以赔偿。发出中标通知书后，招标人无正当理由拒签合同的，招标人向中标人退还投标保证金；给中标人造成损失的，还应当赔偿损失。

通常招标人在签合同前要与中标人进行合同谈判。合同谈判必须以招投标文件为基础，各方提出的修改补充意见在经双方同意后，确立作为合同协议书的补遗，并成为合同文件的组成部分。

双方在合同协议书上签字，同时承包人应提交履约担保，才算正式决定了中标人，至此招标工作方告一段落。招标人应及时通知所有未中标的投标人，并退还所有的投标保证金。

7.4.4 施工招标的纪律与保密

7.4.4.1 对招标人的纪律要求

招标人不得泄露招标投标活动中应当保密的情况和资料，不得与投标人串通损害国家利益、社会公共利益或者他人合法权益。下列行为均属招标人与投标人串通投标：

（1）招标人在开标前开启投标文件，并将投标情况告知其他投标人，或者协助投标人撤换投标文件，更改报价。

（2）招标人向投标人泄露标底。

（3）招标人与投标人商定，投标时压低或抬高标价，中标后再给投标人或招标人额外补偿。

（4）招标人预先内定中标人。

（5）其他串通投标行为。

7.4.4.2　对投标人的纪律要求

投标人不得相互串通投标或者与招标人串通投标，不得向招标人或者评标委员会成员行贿谋取中标，不得以他人名义投标或者以其他方式弄虚作假骗取中标；投标人不得以任何方式干扰、影响评标工作。

7.4.4.3　对评标委员会成员的纪律要求

评标委员会成员应严格遵守国家有关保密的法律、法规和规定，如不得收受他人的财物或者其他好处，不得向他人透漏对投标文件的评审和比较、中标候选人的推荐情况以及评标有关的其他情况。评标委员会成员应严格自律，并接受上级主管部门和有关部门的审计和监督。在评标活动中，评标委员会成员不得擅离职守，影响评标程序正常进行，不得使用评标办法没有规定的评审因素和标准进行评标。

7.4.4.4　对与评标活动有关的工作人员的纪律要求

与评标活动有关的工作人员不得收受他人的财物或者其他好处，不得向他人透漏对投标文件的评审和比较、中标候选人的推荐情况以及与评标有关的其他情况。在评标活动中，与评标活动有关的工作人员不得擅离职守，影响评标程序正常进行。

7.5　本　章　小　结

风电场项目施工招标涉及的主要工作包括施工招标文件编制、招标标底和控制价编制、投标人资格审查，以及风电场施工招标开标、评标和决标等。风电场项目施工招标文件目前有多个示范文本。它们内容大同小异，但当确定采用某一文本后，应按该文本要求编制。施工标底或控制价是招标人在编制招标文件中要确定的十分重要的参数。前者是招标人对招标项目的价格预期，后者是招标人对最高投标价的限价。应根据风电场项目的特点、市场现状和社会生产力水平组织编制。评标是风电场项目施工招标中的重要一环，其关系到选择谁中标和施工合同价的高低。施工评标的基本办法有两种：一是经评审的最低投标价法，二是综合评估法。两者评标过程分为初步评审和详细评审；初步评审内容类似，但详细评审内容差别较大。

第8章 风电场项目施工合同管理

合同管理贯穿了风电场项目实施的全过程，而施工阶段，由于技术协同人、材、机的高度集中使得风电场项目施工合同管理尤为重要。风电场项目的相关主体包括发包人、承包人、监理人等，都是通过"合同"建立起相互关系，施工过程中的进度、质量、投资、安全等核心控制要素也都是在合同管理的调整、保护、制约下进行的。本章从风电场项目施工的合同文件、施工合同各方权利和义务、进度管理、质量与安全管理、工程支付管理等方面对风电场项目施工合同管理的内容进行介绍。

8.1 施 工 合 同 文 件

合同文件是指导风电场项目施工合同管理的重要依据，也是参与风电场项目施工各方履行权利和义务的准则和行为规范。不论是发包人、监理工程师还是承包人不仅要掌握已经形成的最终合同协议，而且还要了解这些条款或规定的来龙去脉；不仅要了解合同条款，而且也要熟悉工程量清单、规范和图纸，要把合同文件作为一个整体来考虑。

8.1.1 合同文件的优先次序

对一般大中型风电场项目而言，通常施工合同文件解释的优先次序为：①合同协议书；②中标通知书；③投标函及投标函附录；④专用合同条款；⑤通用合同条款；⑥技术标准和要求；⑦图纸；⑧已标价的工程量清单；⑨其他合同文件。

8.1.2 合同文件的解释原则

合同是双方的合意行为，是平等主体的自然人和法人及其他组织之间设立、变更、终止民事权利义务关系的协议。当合同文件出现含糊或歧义时，合同双方需要确定合同条款的真实意思。对合同文件的解释，除应遵循上述合同的优先次序、主导语言原则和适用法律，还应遵循国际上对工程承包合同文件进行解释的一些公认的原则：

1. 要约和承诺的原则

我国《中华人民共和国合同法》第十三条载明："当事人订立合同，采取要约、承诺方式。"要约为订立的一方向另一方提出的合同草案或合同条件,承诺方则完全同意和接受要约方的订约条件,要约和承诺双方一旦达成协议,合同随即成立。双方按要约与承诺的内容、方法、范围、权利与义务履约,否则,将承担违约责任。

2. 整体解释的原则

解释合同时,应根据合同文件的全部规定从整体上进行合同含义的注释,而不能一叶障目、断章取义、割裂各条款之间的关系,违背整个合同精神去解释某一条款。

3. 反义居先的原则

反义居先原则的含义是,当合同文件中有矛盾和含糊不清,引起对合同条款的规定和理解有两种不同的解释时,应该以合同起草一方相反的意图优先解释合同条款,而不是以合同起草方的意图为准。

4. 按合同所使用的词句、合同的有关条款来解释的原则

由于合同双方所站角度不同,对合同有不同的理解,对合同的某些内容可能产生争议。当事人对合同条款有争议的,应当按照合同使用的词句、合同的有关条款、合同的目的、交易习惯以及诚实信用原则,确定该条款的真实意思。

5. 按合同的目的来解释的原则

工程项目合同均有特定的目的,合同目的对项目运行起导向作用,在一定情况下决定项目的行为内容、形式、过程与方法。在履行合同过程中,"履行方式不明确的,按照有利于实现合同目的的方式履行"[《中华人民共和国民法典》第五百一十一条(五)款];"质量要求不明确的,按照强制性国家标准履行;没有强制性国家标准的,按照推荐性国家标准履行;没有推荐性国家标准的,按照行业标准履行;没有国家标准、行业标准的,按照通常标准或者符合合同目的的特定标准履行。"[《中华人民共和国民法典》第五百一十一条(一)款]。

6. 按交易习惯解释的原则

《中华人民共和国民法典》第五百一十条载明:"生效后,当事人就质量、价款或者报酬、履行地点等内容没有约定或者约定不明确的,可以协议补充;不能达成补充协议的,按照合同有关条款或者交易习惯确定。"

7. 诚实信用的原则

世界各国法律、法理与情理普遍认为,诚实信用原则是解释合同的基本原则之一。其含义是指当事人各方在签订和执行合同时应该诚实,讲究信用,以善意与合作的方式履行合同的义务,不得规避、回避法律与合同。

8.1.3 施工阶段合同管理原则

风电场项目施工合同管理具有以下原则:

1. 自愿原则

自愿原则体现为合同签订首先是自由的。如果出现胁迫，或有失公允地订立合同，则这些情况下订立的合同都为无效合同。既然合同是双方自愿签订，那么双方对于合同的管理也是自由的。如何考量工期，如何考量成本，如何考量侧重点是基于参与方自行主观判断与设立。故合同签订方，可以自行去考量属于自己的合同管理，不干涉，不要求，但都会为了合同目标实现而努力。

2. 合法原则

合法原则是合同管理的一项基本原则。在合同订立、履约、索赔等一系列活动中都要依法依规。双方基于合同履行合同义务，必然会对合同中出现的各种各样的要求进行选择、判断、执行，但都不能出现违背合同管理原则的情况。即使有些约定，是承发包双方自行的约定，但国家也会有相应的技术标准、质量标准。风电场项目的技术标准、质量标准只能高于国家强制性标准的规定，而不能只经双方同意就降低标准，这也是不符合法律要求的。

3. 信用原则

信用原则，不单单是一种约定俗成的观念，更是作为当事人共同遵守的准则，在合同管理中发挥着诚信履约的保障作用，应引起高度重视。合同中包含权利与义务。从项目的开始，双方要互利共赢，要完成合同规定的义务来满足合同双方的需求，积极保护对方的权益。在项目实施过程中，双方依照合同进行义务的履行，不能出现欺诈等行为。合同终止并不代表着权利与义务的不可执行，协助保密都是双方应该考量的因素，基于的正是信用原则。

4. 公平原则

风电场项目施工合同应当保护和平衡合同当事人的合法权益，不能以大欺小。对于合同自身的解释，更要站在公平的考量角度上，不得因私偏袒任何一方，公平才是这个行业发展的基础，而合同的公平原则也正是对合同双方权利的有利保证。

5. 效率原则

施工阶段的合同管理有助于有效完成风电场项目的建设，有效就是管理所能带来的意义本身。合同不能只成为一个形式和参考。合同作为整体的依据，在合同管理中需要把控效率这个原则。在处理合同纠纷以及遇到管理水平低下、合同签订不认真、程序缺乏等造成的履约困难时都要把握效率这一原则，只有这样，合同管理才能达到目标，合同的意义也就更加凸显。

8.2 施工合同各方权利和义务

风电场项目施工合同相关各方是指合同当事人及其他相关各方，合同当事人即发包人和承包人，其他相关各方则主要包括监理人、设计人和分包人。

风电场项目施工合同是发包人、监理人（或监理工程师）和承包人进行项目管理的基本准则。风电场项目属于建设工程的一种，其施工合同相关各方的权利和义务与一般工程项目基本相同。在目前实行"监理制"的背景下，主要介绍施工合同的发包人、承包人、监理人三方的一般权利和义务。

8.2.1　发包人的一般权利和义务

风电场项目施工合同中规定的发包人权利和义务一般有：

（1）遵守法律。发包人在履行合同过程中应遵守法律，并保证承包人免于承担因发包人违反法律而引起的任何责任。

（2）开工前手续的办理。发包人应办理法律规定由其办理的许可、批准或备案手续，包括但不限于建设用地规划许可证、建设工程规划许可证、建设工程施工许可证以及施工所需临时用水、临时用电、中断道路交通、临时占用土地等许可和批准。海上风电场项目具有不占用土地资源、海上作业等特点，项目开工前，应落实有关解决方案或协议，完成通航安全、接入系统等相关专题的论证工作，并依法取得相应主管部门的批复文件。

（3）发出开工通知。发包人应委托监理人按施工合同的约定向承包人发出开工通知。

（4）提供施工场地。发包人应按专用合同条款约定向承包人提供施工场地，以及施工场地内的有关资料。

（5）协助承包人办理证件和批件。发包人应协助承包人办理法律规定的有关施工证件和批件。

（6）组织工程设计交底。发包人应根据合同进度计划，组织设计单位向承包人进行工程设计交底。

（7）支付合同价款。发包人应按合同约定向承包人及时支付合同价款。

（8）组织竣工验收。发包人应按合同约定及时组织竣工验收。

（9）其他义务。发包人应履行合同约定的其他义务。

8.2.2　承包人的一般权利和义务

风电场项目施工合同中规定的承包人权利和义务一般有：

（1）风电场项目的建设施工必须严格遵守国家、地方、行业相关法律、标准、规程规范。承包人需承担违反相关法律法规的责任。

（2）许可和批准。办理法律规定应由承包人办理的许可和批准文件，并将办理结果书面报送发包人留存。对于海上风电场项目应注意施工企业需具备海洋工程施工资质。

(3) 现场查勘。承包人应对基于发包人提交的基础资料所做出的解释和推断负责，但因基础资料存在错误、遗漏导致承包人解释或推断失实的，由发包人承担责任。

承包人应对施工现场和施工条件进行查勘，并充分了解工程所在地的气象条件、交通条件、风俗习惯以及其他与完成合同工作有关的资料。因承包人未能充分查勘、了解前述情况或未能充分估计前述情况可能产生后果的，承包人承担由此增加的费用和（或）延误的工期。

(4) 对项目经理的一般规定：

1) 承包人应向发包人提交项目经理与承包人之间的劳动合同，以及承包人为项目经理缴纳社会保险的有效证明。承包人不提交上述文件的，项目经理无权履行职责，发包人有权要求更换项目经理，由此增加的费用和（或）延误的工期由承包人承担。

2) 项目经理应常驻施工现场，且每月在施工现场的时间不得少于专用合同条款约定的天数。项目经理不得同时担任其他项目的项目经理。

3) 项目经理按合同约定组织工程实施。

4) 发包人有权书面通知承包人更换其认为不称职的项目经理，承包人无正当理由拒绝更换项目经理的，应按照专用合同条款的约定承担违约责任。

5) 项目经理因特殊情况可授权其下属人员履行其某项工作职责，该下属人员应具备履行相应职责的能力，并应提前7天将上述人员的姓名和授权范围书面通知监理人，并征得发包人书面同意。

(5) 分包的规定。承包人不得将其承包的全部工程转包给第三人，或将其承包的全部工程肢解后以分包的名义转包给第三人。承包人不得将工程主体、关键性工作分包给第三人。除专用合同条款另有约定外，未经发包人同意，承包人不得将工程的其他部分或工作分包给第三人。分包人的资格能力应与其分包工程的标准和规模相适应。按投标函附录约定分包工程的，承包人应向发包人和监理人提交分包合同副本。承包人应与分包人就分包工程向发包人承担连带责任。

(6) 工程的完成。按法律规定和合同约定完成工程，认真执行监理工程师的指令，保证工程质量，按合同规定的内容、时间和质量要求完成全部承包工作。工程未移交给发包人前负责照管工程，并在保修期内负责缺陷的修复工作。

按合同约定的工作内容和施工进度要求，编制施工组织设计和施工措施计划，并对所有施工作业和施工方法的完备性和安全可靠性负责。

按照法律规定和合同约定编制竣工资料，完成竣工资料立卷及归档，并按专用合同条款约定的竣工资料的套数、内容、时间等要求移交发包人。

（7）安全施工与环境保护。按法律规定和合同约定采取施工安全措施，办理工伤保险，确保工程及其人员、材料、设备和设施的安全，防止因工程施工造成的人身伤害和财产损失。

按法律规定和合同约定采取环境保护措施负责施工场地及其周边环境与生态的保护工作。

在进行合同约定的各项工作时，不得侵害发包人与他人使用公用道路、水源、市政管网等公共设施的权利，避免对邻近的公共设施产生干扰。承包人占用或使用他人的施工场地，影响他人作业或生活的，应承担相应责任。

（8）款项的使用。将发包人按合同约定支付的各项价款专用于合同工程，且应及时支付其雇用人员工资，并及时向分包人支付合同价款。

（9）违约与索赔。如发包人违约，承包人有权减缓施工速度，暂停施工，直至解除合同。由于非承包人原因而使承包人蒙受损失时，可向发包人提出索赔。承包人对监理工程师决定不同意时，可提请仲裁机构进行仲裁。由于承包人原因未能按合同规定的日期完工，承包人应支付误期损失赔偿费。因承包人的原因致使建设工程在合理使用期限内造成人身和财产损害的，承包人应承担损害赔偿责任。

（10）施工合同规定的其他权利和义务。即除上述 9 个方面之外的、在施工合同中约定的其他权利和义务。

8.2.3 监理人的一般权利和义务

工程实行监理的，发包人和承包人应在专用合同条款中明确监理人的监理内容及监理权限等事项。监理人应当根据发包人授权及法律规定，代表发包人对工程施工相关事项进行检查、查验、审核、验收，并签发相关指示，但监理人无权修改合同，且无权减轻或免除合同约定的承包人的任何责任与义务。除专用合同条款另有约定外，监理人在施工现场的办公场所、生活场所由承包人提供，所发生的费用由发包人承担。

风电场项目中监理人的权利和义务与一般的建设工程项目类似，一般有实施监理、协助施工、质量检验、进度控制、费用审核、人员撤换、协调关系、财产归还与保密以及监理合同规定的其他权利和义务。

8.3 施 工 合 同 进 度 管 理

风电场项目施工过程中的进度管理是借助管理工具和技术对项目各个阶段的进展进行科学规划与管理的行为，其本质是项目的进度管理和费用管理。项目进度管理的目的是在承包人和发包方约定的时间内，在一定的成本费用约束下实现项目的建设目标。项目进度管理包含两方面的内容:一是编制进度计划;二是工程进度控制。

8.3.1 工期

1. 合同工期

合同工期是指发包人和承包人在协议书中约定,按总日历天数(包括法定节假日)计算的承包天数,包括开工日期与竣工日期。

2. 延期开工

承包人应当按照开工通知中规定的开工日期开工。承包人不能按时开工的,应当不迟于协议书约定的开工日期前 7 天,以书面形式向发包人、监理人提出延期开工的理由和要求。发包人、监理人应当在接到延期开工申请后的 48h 内以书面形式答复承包人。发包人、监理人在接到延期开工申请后 48h 内不答复,视为同意承包人要求,工期相应顺延。发包人、监理人不同意延期要求或承包人未在规定时间内提出延期开工要求的,工期不予顺延。因发包人原因不能按照开工通知的日期开工的,发包人应以书面形式通知承包人,推迟开工日期,并相应顺延工期。

8.3.2 工程进度计划

1. 合同总进度计划

承包人应按专用合同条款约定的内容和期限,编制详细的施工进度计划和施工方案说明报送监理人。经监理人批准的施工进度计划称为合同进度计划,是控制合同工程进度的依据。承包人还应根据合同进度计划,编制更为详细的分阶段或分项进度计划,报监理人审批。

不论何种原因造成工程的实际进度与合同进度计划不符时,承包人可以在专用合同条款约定的期限内向监理人提交修订合同进度计划的申请报告,并附有关措施和相关资料,报监理人审批;监理人也可以直接向承包人作出修订合同进度计划的指示,承包人应按该指示修订合同进度计划,报监理人审批。监理人应在专用合同条款约定的期限内批复。监理人在批复前应获得发包人同意。

2. 监理工程师对进度计划的审批

风电场项目建设施工是一个工序众多且专业性非常高的工程项目,监理工程师应严格地对施工进度计划进行缜密的审核。审核的内容一般包括以下方面:

(1)施工进度计划应符合施工合同约定的工期要求,子项目进度计划应与项目总进度计划目标相一致。

(2)施工进度计划应符合施工合同的内容约定,无项目遗漏。

(3)施工顺序的安排应符合施工工艺的要求。

(4)进度节点安排应连续、均衡、符合技术能力,适合工程所在地的水文、气象等条件。

　　（5）施工人员、材料、机具等资源供应应满足进度计划的需要。

　　（6）本标段合同工程施工应与其他工程施工之间相互协调。

　　（7）施工进度计划的各项费用应合理，满足发包方的资金限制和物资要求。

　　（8）承包人进度计划与发包方工作计划是否协调。

　　（9）承包人进度计划与其他工作计划是否协调。

8.3.3　工程进度控制

　　1. 开工与开工日期

　　（1）开工是指承包人进入施工现场开始工作的过程。开工意味着正式开始履行施工合同。

　　（2）在施工合同规定的期限内，监理工程师受发包人委托，向承包人发出开工令（开工通知书），开工日期是指承包人接到开工令之日，或是开工令中写明的开工日期。自开工日，加上合同规定的建设工期，即可得到合同的完工日期。

　　风电场项目发包人应按照法律规定获得工程施工所需的许可，经发包人同意后，监理工程师应在计划开工日期 7 天前向承包人发出开工通知，承包人接到开工令后，应及时调遣人员和配备施工设备、材料进入施工现场，并按施工进度计划开展工作。专用合同条款另有约定的除外，如发包人未能向承包人提供必要的开工条件或发包人原因造成监理人未能在计划开工之日起 90 天内发出开工通知的，承包人可提出工程索赔或解除合同。发包人应当承担由此增加的费用和（或）延误的工期；如由于承包人原因延误开工的，则由承包人自己承担责任。

　　2. 工程进度月报表

　　为了使监理工程师更好地把握施工现场的进度情况，风电场项目施工承包人应按月向业主和监理工程师提交一式五份的进度报告。月报表应包括下列内容：

　　（1）当前施工进度概述。

　　（2）实际进度与计划进度的对比曲线，注明提前和滞后的工作。

　　（3）承包商成员驻留设施场地的情况。

　　（4）施工现场施工机具的使用情况清单。

　　（5）本月材料、设备进库清单和消耗量、库存量（包括交付情况）。

　　（6）本月完成的工程量和累计完成的工程量。

　　（7）水文、气象资料。

　　（8）施工文件中注明的工程批准的放弃或变更清单。

　　（9）存在的问题和需要发包人和监理工程师解决的问题。

　　（10）下月进度计划。

（11）本月安全报告。

3. 调整和修改进度计划

风电场项目施工过程中难免出现实际进度与计划进度不符的情况，此时应根据进度偏差对进度计划产生的影响来判断是否需要进行进度计划的调整和修改，进度计划的调整和修改通常是由实际工期延后于计划工期引起的。需要调整和修改进度计划的情况主要包括：

（1）关键工作的实际进度落后于计划进度。

（2）非关键工作的实际进度落后于计划进度且滞后天数超出其总时差。

（3）非关键工作的实际进度落后于计划进度且未超出其总时差，但后续工作最早开工时间不宜推迟。

出现工期滞后的情况时，监理工程师应下达加速施工指令，承包人接到指令后应立即编制计划调整报告提交监理工程师批准后方可执行。若工程延误特别严重导致工程在合同期内无法按时完工，则应有承包人修订总施工进度计划，提交监理工程师审批。

4. 工期延误的责任

如果因为风电场项目施工承包人未按照合同约定施工，导致实际进度滞后于计划进度，发包人应要求承包人加快进度实现合同工期，若造成工期延误，承包人应承担全部赶工费用，赔偿发包人由此造成的损失，并按照合同约定向发包人支付误期赔偿费。若造成工期延误的是合同工程中的部分工程，其余工程在合同期内通过竣工验收，则误期赔偿费用应按照已颁发工程接收证书的单位工程造价占合同价款的比例幅度予以扣减。如果由于工程变更、不可抗力的影响、发包人违约等非承包人造成的工期延误，承包人可按合同规定的程序进行索赔，发包人应给予延长工期和费用补偿。

8.3.4 暂停施工

风电场项目施工合同的履行时间较长，在合同履行的过程中出现不可抗力或一方违约使另一方受到严重损害的情况下，为了减少工程损失和保护受害方的利益可以采取一种紧急措施，即暂停施工。

1. 引起暂停施工的原因

（1）属于发包人责任的有：

1）发包人未能按专用条款的约定提供风机、塔筒的技术要求及开工条件。

2）工程师未按合同约定提供所需指令、批准等，致使施工不能正常进行。

3）不可抗力。

4）其他发包人的原因引起的暂停施工。

（2）属于承包人责任的有：

1）承包人违约引起的暂停施工。

2）一般天气条件引起的停工。

3）为合理施工和保证工程或人员安全所必须的暂停施工。

4）未经监理工程师同意的承包人擅自停工。

5）其他承包人原因引起的暂停施工。

2. 暂停施工指令

风电场项目发包人、监理人认为确有必要暂停施工时，监理工程师应及时发出暂停施工指令。应当以书面形式要求承包人暂停施工，并在提出要求后 48h 内提出书面处理意见。暂停施工指令是指监理机构向承包人发出的暂停施工的信号，暂停施工指令应包括暂停施工的原因，风电场项目建设工程的停工范围以及暂停后的要求，如停工工程的保护措施、工程质量问题的整改和预防措施等。承包人实施发包人、监理人作出的处理意见后，监理人应与发包人和承包人协商，采取有效措施积极消除停工因素的影响。当工程具备复工条件时，监理人应立即向承包人发出复工通知，承包人应在收到复工通知后的 7 天内复工。

3. 暂停施工的责任判定

承包人原因引起的暂停施工，承包人应承担由此增加的费用和（或）延误的工期，且承包人在受到监理人复工指示后 84 天内仍未复工的，按承包人违约的规定处理。

因发包人原因引起的暂停施工，若监理工程师在下达暂停施工指令后 56 天内未下达复工指令，则承包人可书面通知监理工程师，要求监理工程师在收到通知后 28 天内批准复工。若监理工程师逾期不予批准，发包人应承担由此增加的费用和（或）延误的工期，并支付承包人合理的利润。

因紧急情况需要暂停施工，且监理人未及时下达暂停施工指示的，承包人可先暂停施工，并及时通知监理人。监理人应在接到通知后 24h 内发出指示，逾期未发出指示，视为同意承包人暂停施工。监理人不同意承包人暂停施工的，应说明理由，承包人对监理人的答复有异议的，按照约定处理。

8.4　工程质量与安全管理

风电场项目质量安全问题不仅会损害直接利益人的权利，还会导致较为严重的社会影响，因此必须要高度重视。本节针对风电场项目施工阶段相关利益主体责任和施工不同时期的质量和安全管理措施作具体介绍。

8.4.1　工程质量管理

质量管理是为了确保工程能够满足发包人及工程设计的意图，最终形成工程产品质量和工程项目使用价值的重要过程。风电场项目建设投资大，运营期长，只有达到质量标准的项目才能交付使用，投入运行后才可以发挥投资效益。风电建设质量管理机构应依据合同关系，成立由建设单位、设计单位、监理单位、施工单位和设备供应厂商参加的质量管理机构，各单位应根据合同约定的义务履行质量管理责任。

1. 质量管理工作要求

建设单位、设计单位、监理单位、施工单位和设备供应厂商应依据一定的标准（如 ISO9000 体系）建立质量体系，并通过认证。

（1）施工单位质量管理要求。

1）只有具备相应资质的施工单位，才能参与工程的施工。

2）施工单位应建立、健全施工质量管理体系和质量管理规章制度，并在施工过程中保证其贯彻落实和正常运行。

3）施工单位针对工程特点所编制的施工组织设计，包括管理人员、专业人员和劳动力安排、施工方案、施工机具配置、保证质量的技术措施等，都应能满足工程施工质量的需要。

4）施工单位应组织其职工（包括临时合同工）的技术培训，坚持员工按要求持证上岗，并对其承担的工程质量负责。

5）施工单位应加强施工过程中各个环节、工序的质量检查，规范并实施检验、记录、签字、验收程序，上一道工序质量不合格不得进入下一道工序。施工单位在自检合格的基础上，提请监理单位进行检查验收。

6）施工单位每月定期向建设单位和监理单位报告质量管理情况和工程质量状况，提交试验、检验验收材料，并保证材料的真实性、准确性和完整性。

7）施工单位应建立、健全施工质量档案。

（2）监理单位质量管理要求。

1）建立、健全监理的质量管理体系和质量管理制度。

2）按合同选派具备相应资格的总监理工程师和专业监理工程师进驻施工现场。

3）协助建设单位进行施工单位的资质业绩审查。

4）组织审批施工单位的施工组织设计、施工技术措施及作业指导书，并督促施工单位严格执行。

5）组织图纸会审，签发经建设单位批准的设计变更。对涉及质量的重大问题应做出明确审查意见，并对审查意见负责。

6）坚持事前检查和全过程控制，组织、参与质量检查和验收工作。对施工重点部位及关键工序必须进行旁站监理，当发现有质量问题时，有权命令停工或返工；在接到施工单位的自检报告后，应及时组织验收并签署意见；对施工及检验记录不全、不真实、填写不规范的，监理单位有权拒绝验收，并要求施工单位进行整改。

7）组织对一般质量事故的调查处理工作。

8）建立完善的监理工作档案。

（3）设计单位质量管理要求。

1）设计单位必须拥有国家权威部门颁发的勘测设计资质等级证书，严禁无证设计或越级设计。

2）风电场工程勘测设计合同必须明确规定质量目标和质量要求。

3）勘测设计必须认真按照国家和行业颁布的现行有效的标准、规程、规范、规定进行。

4）设计单位应建立、健全质量管理体系并使之有效运行，所有的勘测设计文件，包括勘测设计大纲、勘测试验任务书、招标技术规范书、设计计算书、设计报告及说明书、试验报告、图纸、设计变更通知等，都必须按规定认真校审和核签。

5）设计采用新技术、新材料、新工艺、新结构时，首先应进行技术经济论证，并以保证质量为前提条件。

6）设计单位应按合同和供图计划，保证供图的进度和质量，并及时进行设计交底，收集施工信息，对存在的问题及时向业主反映意见并提供技术支持。

7）设计单位派出的现场设计代表应做到专业对口，人员相对稳定。

8）设计单位应建立完善的设计文件档案。

2. 材料、工程设备的检查（验）

材料与设备是风电场项目建设的物质基础，其质量直接影响风电场项目的整体质量，是风电场项目成败的关键因素之一。风电场项目电力设备技术复杂，专业性强，且具有一定的系统性，设备质量管理具有一定的必要性和困难性。为避免设备质量缺陷对项目造成的不利影响，需加大设备质量管理力度，加强设备监造，全方位确保设备各项性能指标符合工程要求。

（1）材料和工程设备的检验和交货验收。风电场项目施工相关原材料主要包括进场的水泥、钢材、外加剂、水、掺合料、细骨料（砂）、粗骨料、防水材料等原材料；中间产品主要包括混凝土拌和物、砂浆拌和物、混凝土预制构件等。进场原材料和中间产品的检验应委托具备相应资质的检测单位。

实行发包人供应材料设备的，双方应当约定发包人供应材料设备的一览表。一览表包括发包人供应材料设备的品种、规格、型号、数量、单价、质量等级和地点等，并确定大致的进场时间。发包人按一览表约定的内容提供材料设备，并向承包人提供产品合格证明，对其质量负责。监理人在所供材料设备到货前 24h，以书面形式通知承包人，由承包人派人与发包人、监理人共同清点。承包人派人参加清点后由承包人妥善保管，因承包人原因发生丢失损坏，由承包人负责赔偿。发包人未通知承包人清点，承包人不负责材料设备的保管，丢失损坏由发包人负责。发包人供应的材料设备使用前，由承包人负责检验或试验，若不合格则不得使用，检验或试验费用由发包人承担，若合格则检验或试验费用由承包人承担。

承包人负责采购材料设备的，应按照专用条款约定及有关标准要求采购，并提供产品合格证明，对材料设备质量负责。承包人在材料设备到货前24h通知发包人、监理人清点。承包人需要使用代用材料时，应经发包人、监理人认可后才能使用，由此增减的合同价款双方以书面形式议定。

（2）监理人检查或检验。监理人和承包人应商定对工程所用的材料和工程设备进行检查和检验的具体时间和地点。通常情况下，监理工程师应到场参加检查或检验，如果在商定时间内监理工程师未到场参加检查或检验，且监理工程师无其他指示（如延期检查或检验），承包人可自行检查或检验，并立即将检查或检验结果提交给监理工程师。除合同另有规定外，监理工程师应在事后确认承包人提交的检查或检验结果。

对于承包人未按合同规定检查或检验材料和工程设备的，监理工程师应指示承包人按合同规定补做检查或检验。此时，承包人应无条件地按监理工程师的指示和合同规定补做检查或检验，并应承担检查或检验所需的费用和可能带来的工期延误责任。如果监理工程师的检查或检验结果表明承包人提供的材料或工程设备不符合合同要求时，监理工程师可以拒绝接收，并立即通知承包人。此时，承包人除立即停止使用外，应与监理工程师共同研究补救措施。如果在使用过程中发现不合格材料，监理工程师视具体情况，下达运出现场或降级使用的指示。

3. 隐蔽工程

经承包人自检确认的工程隐蔽部位具备覆盖条件后，承包人应通知监理人在约定的期限内检查。承包人的通知应附有自检记录和必要的检查资料。监理人应按时到场检查。经监理人检查确认质量符合隐蔽要求，并在检查记录上签字后，承包人才能进行覆盖。监理人检查确认质量不合格的，承包人应在监理人指示的时间内修整返工后，由监理人重新检查。

监理人未按约定的时间进行检查的，除监理人另有指示外，承包人可自行完成覆盖工作，并作相应记录报送监理人，监理人应签字确认。监理人事后对检查记录有疑问的，可约定重新检查。

承包人覆盖工程隐蔽部位后，监理人对质量有疑问的，可要求承包人对已覆盖的部位进行钻孔探测或揭开重新检验，承包人应遵照执行，并在检验后重新覆盖恢复原状。经检验证明工程质量符合合同要求的，由发包人承担由此增加的费用和（或）工期延误，并支付承包人合理利润；经检验证明工程质量不符合合同要求的，由此增加的费用和（或）工期延误由承包人承担。承包人未通知监理人到场检查，私自将工程隐蔽部位覆盖的，监理人有权指示承包人钻孔探测或揭开检查，由此增加的费用和（或）工期延误由承包人承担。

4. 竣工验收与保修

（1）竣工验收。

1）根据《标准施工招标文件》（2007 年版）相关合同条款，工程具备竣工验收条件，承包人按竣工验收有关规定，向监理人提供竣工验收申请报告。

2）监理人收到竣工验收申请报告后，由监理人审核其报告的各项内容，应在 28 天内将审核意见通知承包人。

3）若监理人审查后认为工程已具备完工验收条件，则应在收到完工验收申请报告后的 28 天内提请发包人组织工程竣工验收。

4）发包人经过验收后同意接受工程的，应在监理人收到竣工验收申请报告后的 56 天内，由监理人向承包人出具经发包人签认的工程接收证书。工程未经竣工验收或竣工验收未通过的，不得移交发包人。

（2）工程保修。承包人应按法律、行政法规或国家关于工程质量保修的有关规定，对交付发包人使用的工程在质量保修期内承担质量保修责任。在全部工程完工验收前，发包人已提前验收的部分工程，若未投入正常运行，其保修期仍按全部工程完工日期起算；若验收后投入正常运行，其保修期应从该部分工程移交证书上注明的完工日期起算。

工程保修责任：

1）工程保修期内，承包人应负责修复完工资料中未完成的缺陷，修复清单所列的全部项目。

2）保修期内如发现新的缺陷和损坏，或原修复的缺陷又遭损坏，承包人应负责修复。至于修复费用由谁承担，这取决于缺陷和损坏的原因。由于承包人施工中的隐患或其他承包人原因所造成的，应由承包人承担；若由于发包人使用不当或发包人其他原因所致，则由发包人承担。

（3）清理现场与撤离。在工程实施期间，承包人应使现场避免出现一切不必要的障碍物，存放并妥善处置承包人的任何设备或多余材料。承包人应从现场清除、运走任何残物、垃圾或不再需要的临时工程。在工程完工验收报告得到确认后，承包人应立即从现场中清除并运走承包人的所有设备、剩余材料、残物、垃圾和临时工程。承包人应保持该现场与工程处于发包人代表满意的清洁和安全状态。除此之外，承包人应有权在现场保留为履行承包人合同规定的各项义务所需的那些承包人的设备、材料和临时工程，直至合同期结束。

若承包人不能在工程竣工验收报告得到确认后 28 天内运走所有留下的承包人的设备、剩余材料、残物、垃圾和临时工程，发包人可予出售或另作处理。发包人有权从此类出售的收益中扣留足够款额以支付出售或处理及整理现场所发生的费用支出。

此类收益的所有余额应归还承包人。若出售所得不足以补偿发包人的支出，则发包人可从承包人处收回不足部分的款额。

8.4.2 工程安全管理

工程施工安全管理是一个系统性、综合性的管理，其管理的内容涉及生产的各个环节。因此，施工企业在安全管理中必须坚持"安全第一，预防为主，综合治理"的方针，制定安全政策、计划和措施，完善安全生产组织管理体系和检查体系，加强施工安全管理。

1. 安全管理主要目标

（1）施工企业应根据企业的总体发展目标，制定企业安全生产年度及中长期管理目标。

（2）安全管理目标应包括生产安全事故控制指标、安全生产隐患治理目标，以及安全生产、文明施工管理目标等，安全管理目标应量化。

（3）安全管理目标应分解到各管理层及相关职能部门，并定期进行考核。

（4）坚决杜绝较大以上安全事故的发生，坚决杜绝出现公众性、社会性、影响信誉的安全事件发生。

（5）一般安全事故的起数、死亡率应处于同行业的最好控制水平，每年的安全生产主要指标应处在逐年改善的状态，安全事故的发生率、死亡率呈逐年递减趋势。

2. 安全管理主要内容

（1）制定安全政策。

（2）建立、健全安全管理组织体系。

（3）安全生产管理计划和实施。

（4）安全生产管理业绩考核。

（5）安全管理业绩总结。

3. 各单位安全责任

（1）建设单位的安全责任。

1）应组织编制保证安全施工的措施，并自风电场项目开工报告批准之日起15日内报建设工程所在地的县级以上地方人民政府建设行政主管部门或者其他有关部门备案。建设过程中安全施工的情况发生变化时，应及时对保证安全施工的措施进行调整，并报原备案机关。

2）保证安全施工的措施应根据有关法律法规、强制性标准和技术规范的要求并结合工程的具体情况编制，主要内容应包括项目概况、编制依据、安全生产管理机构及相关负责人、安全生产的有关规章制度制定情况、安全生产管理人员及特种作业人员持证上岗情况、应急预案、工程度汛方案等。

（2）勘察单位的安全责任。应当按照法律、法规和工程建设强制性标准进行勘察，提供的勘察文件应当真实、准确，满足建设工程安全生产的需要。

（3）设计单位的安全责任。

1）对风电场中施工风险较大的项目，设计工作必须充分考虑施工条件、施工技术对施工安全的影响，必要时应参与编制重大安全技术方案、措施和安全监测系统的工作。

2）对于采用新结构、新材料、新工艺以及特殊结构的工程项目，设计单位应在设计中提出保障施工作业人员安全和预防生产安全事故的措施建议。

（4）监理单位的安全责任。

审查施工组织设计中的安全技术措施与专项施工方案是否符合工程建设强制性标准。相关审查方法有：

1）发现安全事故隐患，要求施工单位整改。

2）情节严重的，要求施工单位暂时停工，并报告建设单位。

3）施工单位拒绝执行的，向有关主管部门报告。

（5）施工单位的安全责任。

1）应在施工组织设计中编制安全技术措施和施工现场临时用电方案，对达到一定规模的、危险性较大的工程应编制专项施工方案，并附具安全验算结果，经技术负责人签字以及总监理工程师核签后实施，由专职安全管理人员进行现场监督，主要包括基坑支护与降水工程、土方和石方开挖工程、起重吊装工程、脚手架工程以及其他危险性较大的工程。

2）对风电场项目中涉及高边坡、深基坑、地下暗挖工程、高大模板工程的专项施工方案，还应当组织专家进行论证审查。

4. 安全管理措施

（1）建立健全安全管理责任制度。项目部要建立完善的安全组织机构。项目施工班子要建立以项目经理为安全第一责任人，以现场安全员、项目技术负责人及施工班组长为成员的项目安全领导小组，指定小组办公室，负责从开工到竣工全过程的安全生产工作。建立健全规范、完整的安全管理制度，把安全教育、规章制度执行情况及检查考核全部纳入安全管理体系。生产过程中根据形势和工程施工实际情况，及时修改、完善和补充安全管理规定，对各种不安全因素要及时制定防范措施，真正做到防患于未然。

坚持安全例会制度，及时组织学习上级有关安全生产的法规、文件、制度、规定，讨论分析本单位安全生产情况，认真总结经验教训。认真抓好阶段性安全整治，针对不同阶段安全生产的特点，集中开展安全生产专项整治活动。

（2）加强施工现场安全管理人员的培训并明确责任。强化现场安全管理人员的业务培训使其能够熟练掌握各种安全规程与标准，真正胜任安全监管这一岗位，进而发挥其应有的作用。将安全监管的职责纳入现场工程监理的责任范围之内，使质量监管与安全监管平行进行，在质量符合要求而安全不达标的情况下，不得进行下一道工序的施工。彻底改变某些施工单位重质量、轻安全的思想观念，从源头上消除安全事故隐患，使安全监管制度化、程序化。抓好各级施工现场安全管理人员的安全生产责任制落实，奖罚有据、考核到人。

（3）制订严密的安全技术措施。施工现场的安全技术措施，要针对工程施工的特点和施工中存在的不安全因素及不利条件结合以往的施工经验与教训遵照有关规定，全面具体地将其贯穿于全部施工工序之中。在安全管理中，"投入要适度，工料要适当，精打细算，统筹安排"。既要保证安全生产，又要经济合理，还要考虑力所能及。为了节省资金而忽视安全生产或盲目追求高标准而不惜资金，都不可取。

（4）加强施工队伍的安全教育与培训。安全管理首先是人的管理，要强化安全教育培训，不断提高安全业务素质，增强人的安全防范意识，同时采取有效措施规范人的行为，实行规范化作业，杜绝工作凭感觉、靠经验，使施工人员形成一种程序化、标准化的工作习惯。

（5）深入开展对高坠、触电、坍塌中毒、塔吊等伤害事故的专项治理工作。对高处作业应挂合格的密目安全网进行全封闭施工，安全通道（如电梯井口预留洞口、楼梯口等）应进行防护。加强施工现场基坑及建筑物周边（楼层周边、卸料平台侧边）及楼梯口、电梯口、预留洞口、通道口的防护是防止安全事故发生的有效途径。安全警示标志要醒目地设置在施工现场的各个危险部位，使作业人员和其他有关人员提高注意力，加强自身安全防护，减少安全事故的发生。必须对现场从事塔吊拆、装的人员进行严格管理，未经批准使用的塔吊一律不准进入施工现场，塔吊拆装不但要制订方案，还必须经过审批，同时开展对建筑市场使用的安全防护用品及设备的打假活动，以提高现场的防范能力。

【案例 8-1】 某地风电场建设依据强制性标准和安全技术规范，对风电场建设过程进行安全检查，根据《风力发电机组　设计要求》（GB 18451.1—2012），风电场安全检查依据及检查内容一览表（部分）如下：

风电场安全检查依据及检查内容一览表（部分）

项目	检查内容
接地系统	接地设备（接地电极、接地导线、主接地端点和接地棒）的选择和安装应按国际电工委员会（International Electrotechnical Commission，IEC）发布的 IEC 60364-5-54 进行。任何工作在交流 1000V 或直流 1500V 以上的电气设备，都能为维护而接地
风电机组的竖立	风电机组的竖立应由经过培训和指导的人员用合适和安全的方法进行。竖立过程中，风电机组的电气系统，除非特殊需要，不要接通电源。电气设备的供电工作应遵守制造厂的说明。零件的运行（转动或传动）存在着潜在危险。在整个竖立过程中，要将这些零件固定

项 目	检 查 内 容
紧固件和连接件	螺栓和其他连接件应根据 WTGS 制造厂推荐的扭矩和其他文件提供的扭矩拧紧。应查看紧固件标记，以确定拧紧时的扭矩和其他要求。特别是要进行检查，以便确定：拉索、电缆、转动接头、起重把杆和其他器具的连接和组装是否合适；提升装置的连接是否符合安全要求
吊装安全	起重机、卷扬机和起吊设备以及所有吊钩、吊环和其他器具，应满足安全提升要求，能承受加于其上的全部载荷。制造厂的说明书和有关竖立或装卸的文件应提供零部件重要和安全起吊点。起吊前应进行试吊，以验证起吊设备、吊环、吊钩等能安全起吊

8.5 工 程 支 付 管 理

为了能够合理地利用资金，提高资金的使用效率，确保资金安全稳定，杜绝资金错付、超付现象，对风电场项目工程支付管理要实行一套严格规范的办法。本节从价格调整、预付款、计量、质量保证金、工程进度款支付、竣工结算、索赔等多个方面对风电场项目工程支付管理的具体实施规定和办法进行详细介绍。

8.5.1 价格调整

根据《建设工程施工合同（示范文本）》（GF－2017－0201），除专用合同条款另有约定外，主要当以下两种情况出现时，合同价格应当调整。

8.5.1.1 市场价格波动引起的调整

市场价格波动超过合同当事人约定的范围时，合同价格应当调整。合同当事人可以在专用合同条款中约定选择以下一种方式对合同价格进行调整：

1. 采用价格指数进行价格调整

因人工、材料和设备等价格波动影响合同价格时，根据专用合同条款中约定的数据，计算差额并调整合同价格，即

$$\Delta P = P_0 \left[A + \left(B_1 \frac{F_{t1}}{F_{01}} + B_2 \frac{F_{t2}}{F_{02}} + B_3 \frac{F_{t3}}{F_{03}} + \cdots + B_n \frac{F_{tn}}{F_{0n}} \right) - 1 \right]$$

式中

ΔP——需调整的价格差额；

P_0——约定的付款证书中承包人应得到的已完成工程量的金额，此项金额应不包括价格调整、不计质量保证金的扣留和支付、预付款的支付和扣回，约定的变更及其他金额已按现行价格计价的，也不计在内；

A——定值权重（即不调部分的权重）；

$B_1, B_2, B_3, \cdots, B_n$——各可调因子的变值权重（即可调部分的权重），为各可调因子在签约合同价中所占的比例；

F_{t1}，F_{t2}，F_{t3}，…，F_{tn}——各可调因子的现行价格指数，指约定的付款证书相关周
期最后一天的前 42 天各可调因子的价格指数；

F_{01}，F_{02}，F_{03}，…，F_{0n}——各可调因子的基本价格指数，指基准日期的各可调因子
的价格指数。

式中的各可调因子、定值和变值权重，以及基本价格指数及其来源在投标函附录
价格指数和权重表中约定，非招标订立的合同，由合同当事人在专用合同条款中约
定。价格指数应首先采用工程造价管理机构发布的价格指数，无前述价格指数时，可
采用工程造价管理机构发布的价格代替。

2. 采用造价信息进行价格调整

合同履行期间，因人工、材料、工程设备和机械台班价格波动影响合同价格时，
人工、机械使用费按照国家或省、自治区、直辖市建设行政管理部门、行业建设管理
部门或其授权的工程造价管理机构发布的人工、机械使用费系数进行调整；需要进行
价格调整的材料，其单价和采购数量应由发包人审批，发包人确认需调整的材料单价
及数量，作为调整合同价格的依据。

（1）人工单价发生变化且符合省级或行业建设主管部门发布的人工费调整规定，
合同当事人应按省级或行业建设主管部门或其授权的工程造价管理机构发布的人工费
等文件调整合同价格，但承包人对人工费或人工单价的报价高于发布价格的除外。

（2）材料、工程设备价格变化的价款调整按照发包人提供的基准价格，一般按以
下风险范围规定执行：

1）承包人在已标价工程量清单或预算书中载明材料单价低于基准价格的：除专
用合同条款另有约定外，合同履行期间材料单价涨幅以基准价格为基础超过 5% 时，
或材料单价跌幅以在已标价工程量清单或预算书中载明材料单价为基础超过 5% 时，
其超过部分据实调整。

2）承包人在已标价工程量清单或预算书中载明材料单价高于基准价格的：除专
用合同条款另有约定外，合同履行期间材料单价跌幅以基准价格为基础超过 5% 时，
材料单价涨幅以在已标价工程量清单或预算书中载明材料单价为基础超过 5% 时，其
超过部分据实调整。

3）承包人在已标价工程量清单或预算书中载明材料单价等于基准价格的：除专
用合同条款另有约定外，合同履行期间材料单价涨跌幅以基准价格为基础超过 ±5%
时，其超过部分据实调整。

4）承包人应在采购材料前将采购数量和新的材料单价报发包人核对，发包人确
认用于工程时，发包人应确认采购材料的数量和单价。发包人在收到承包人报送的确
认资料后 5 天内不予答复的视为认可，作为调整合同价格的依据。未经发包人事先核
对，承包人自行采购材料的，发包人有权不予调整合同价格。发包人同意的，可以调

整合同价格。

前述基准价格是指由发包人在招标文件或专用合同条款中给定的材料、工程设备的价格，该价格原则上应当按照省级或行业建设主管部门或其授权的工程造价管理机构发布的信息价编制。

（3）施工机械台班单价或施工机械使用费发生变化超过省级或行业建设主管部门或其授权的工程造价管理机构规定的范围时，按规定调整合同价格。

3. 专用合同条款约定的其他方式

此种方式主要指专用合同条款有规定的其他方式。

8.5.1.2　法律变化引起的调整

基准日期后，法律变化导致承包人在合同履行过程中所需要的费用发生除市场价格波动引起的调整约定以外的增加时，由发包人承担由此增加的费用；减少时，应从合同价格中予以扣减。基准日期后，因法律变化造成工期延误时，工期应予以顺延。

因法律变化引起的合同价格和工期调整，合同当事人无法达成一致的，由总监理工程师按照合同约定审慎做出公正的确定。

因承包人原因造成工期延误，在工期延误期间出现法律变化的，由此增加的费用和（或）延误的工期由承包人承担。

8.5.2　预付款

1. 预付款支付

预付款支付按照风电场项目的专用合同条款约定执行，但最晚应在开工通知载明的开工日期 7 天前支付。预付款应当用于材料、工程设备、施工设备的采购及修建临时工程、组织施工队伍进场等。

除专用合同条款另有约定外，预付款在进度付款中同比例扣回。在颁发工程接收证书前，提前解除合同的，尚未扣完的预付款应与合同价款一并结算。发包人逾期支付预付款超过 7 天的，承包人有权向发包人发出要求预付的催告通知，发包人收到通知后 7 天内仍未支付的，承包人有权暂停施工，并按合同条款约定的发包人违约的情形执行。

2. 预付款担保

发包人要求承包人提供预付款担保的，承包人应在发包人支付预付款 7 天前提供预付款担保，专用合同条款另有约定的除外。预付款担保可采用银行保函、担保公司担保等形式，具体由合同当事人在专用合同条款中约定。在预付款完全扣回之前，承包人应保证预付款担保持续有效。

发包人在工程款中逐期扣回预付款后，预付款担保额度应相应减少，但剩余的预付款担保金额不得低于未被扣回的预付款金额。

8.5.3 计量

已完成合格工程量计量的数据，是工程进度款支付的依据。工程量清单或报价单内承包工作的内容，既包括单价支付的项目，也可能有总价支付部分。

1. 计量原则

工程量计量按照合同约定的工程量计算规则、图纸及变更指示等进行计量。工程量计算规则应以相关的国家标准、行业标准等为依据，由合同当事人在专用合同条款中约定。

2. 计量周期

除专用合同条款另有约定外，工程量的计量一般按月进行。

3. 单价合同计量

根据《建设工程施工合同（示范文本）》（GF－2017－0201），除专用合同条款另有约定外，单价合同的计量一般按如下规定执行：

（1）承包人应于每月 25 日向监理人报送上月 20 日至当月 19 日已完成的工程量报告，并附具进度付款申请单、已完成工程量报表和有关资料。

（2）监理人应在收到承包人提交的工程量报告后 7 天内完成对承包人提交的工程量报表的审核并报送发包人，以确定当月实际完成的工程量。监理人对工程量有异议的，有权要求承包人进行共同复核或抽样复测。承包人应协助监理人进行复核或抽样复测，并按监理人要求提供补充计量资料。承包人未按监理人要求参加复核或抽样复测的，监理人复核或修正的工程量视为承包人实际完成的工程量。

（3）监理人未在收到承包人提交的工程量报表后的 7 天内完成审核的，承包人报送的工程量报告中的工程量视为承包人实际完成的工程量，据此计算工程价款。

4. 总价合同计量

总价子目的计量和支付应以总价为基础，不考虑市场价格浮动的调整。承包人实际完成的工程量，是进行工程目标管理和控制进度支付的依据。

承包人在合同约定的每个计量周期内，对已完成的工程进行计量，并向监理人提交进度付款申请单、专用条款约定的合同总价支付分解表所表示的阶段性或分项计量的支持性资料，以及所达到工程形象进度或分阶段完成的工程量和有关计量资料。监理人对承包人提交的资料进行复核，有异议时可要求承包人进行共同复核和抽样复测。除变更外，总价子目表中标明的工程量是用于结算的工程量，通常不进行现场计量，只进行图纸计量。

5. 其他价格形式合同计量

合同当事人可在专用合同条款中约定其他价格形式合同的计量方式和程序。

8.5.4　质量保证金

经合同当事人协商一致扣留质量保证金的，应在风电场的专用合同条款中予以明确。在风电场项目竣工前，承包人已经提供履约担保的，发包人不得同时预留工程质量保证金。

1. 承包人提供质量保证金的方式

承包人提供质量保证金有以下方式：

（1）质量保证金保函。

（2）相应比例的工程款。

（3）双方约定的其他方式。

除专用合同条款另有约定外，质量保证金原则上采用上述第（1）种方式。

2. 质量保证金的扣留

质量保证金的扣留有以下方式：

（1）在支付工程进度款时逐次扣留，在此情形下，质量保证金的计算基数不包括预付款的支付、扣回以及价格调整的金额。

（2）工程竣工结算时一次性扣留质量保证金。

（3）双方约定的其他扣留方式。

除专用合同条款另有约定外，质量保证金的扣留原则上采用上述第（1）种方式。

发包人累计扣留的质量保证金不得超过工程价款结算总额的 3%。如承包人在发包人签发竣工付款证书后 28 天内提交质量保证金保函，发包人应同时退还扣留的作为质量保证金的工程价款；保函金额不得超过工程价款结算总额的 3%。发包人在退还质量保证金的同时按照中国人民银行发布的同期同类贷款基准利率支付利息。

3. 质量保证金的退还

缺陷责任期内，承包人认真履行合同约定的责任，到期后，承包人可向发包人申请返还保证金。

发包人在接到承包人返还保证金的申请后，应于 14 天内会同承包人按照合同约定的内容进行核实。如无异议，发包人应当按照约定将保证金返还给承包人。对返还期限没有约定或者约定不明确的，发包人应当在核实后 14 天内将保证金返还承包人，逾期未返还的，依法承担违约责任。发包人在接到承包人返还保证金申请后 14 天内不予答复，经催告后 14 天内仍不予答复，视同认可承包人的返还保证金申请。

发包人和承包人对保证金预留、返还以及工程维修质量、费用有争议的，按约定的争议和纠纷解决程序处理。

8.5.5　工程进度款支付

根据《建设工程施工合同（示范文本）》（GF-2017-0201）工程进度款支付规

划如下：

1. 付款周期

除专用合同条款另有约定外，付款周期应按照计量周期的约定与计量周期保持一致。

2. 进度付款申请单的编制

除专用合同条款另有约定外，进度付款申请单应包括下列内容：

（1）截至本次付款周期已完成工作对应的金额。

（2）根据合同约定应增加和扣减的变更金额。

（3）根据合同约定应支付的预付款和扣减的返还预付款。

（4）根据合同约定应扣减的质量保证金。

（5）根据合同应增加和扣减的索赔金额。

（6）对已签发的进度款支付证书中出现错误的修正，应在本次进度付款中支付或扣除的金额。

（7）根据合同约定应增加和扣减的其他金额。

3. 进度付款申请单的提交

（1）单价合同进度付款申请单的提交。单价合同进度付款申请单，按照单价合同计量约定的时间按月向监理人提交，并附上已完成工程量报表和有关资料。单价合同中的总价项目按月进行支付分解，并汇总列入当期进度付款申请单。

（2）总价合同进度付款申请单的提交。总价合同按月计量支付的，承包人按照总价合同的计量约定的时间按月向监理人提交进度付款申请单，并附上已完成工程量报表和有关资料。

总价合同按支付分解表支付的，承包人应按照支付分解表及进度付款申请单编制的约定向监理人提交进度付款申请单。

（3）其他价格形式合同进度付款申请单的提交。合同当事人可在专用合同条款中约定其他价格形式合同的进度付款申请单的编制和提交程序。

4. 进度款审核和支付

（1）除专用合同条款另有约定外，监理人应在收到承包人进度付款申请单以及相关资料后7天内完成审查并报送发包人，发包人应在收到后7天内完成审批并签发进度款支付证书。发包人逾期未完成审批且未提出异议的，视为已签发进度款支付证书。

发包人和监理人对承包人的进度付款申请单有异议的，有权要求承包人修正和提供补充资料，承包人应提交修正后的进度付款申请单。监理人应在收到承包人修正后的进度付款申请单及相关资料后7天内完成审查并报送发包人，发包人应在收到监理人报送的进度付款申请单及相关资料后7天内，向承包人签发无异议部分的临时进度款支付证书。存在争议的部分，按照争议解决的约定处理。

（2）除专用合同条款另有约定外，发包人应在进度款支付证书或临时进度款支付证书签发后 14 天内完成支付，发包人逾期支付进度款的，应按照中国人民银行发布的同期同类贷款基准利率支付违约金。

（3）发包人签发进度款支付证书或临时进度款支付证书，不表明发包人已同意、批准或接受了承包人完成的相应部分的工作。

5. 进度付款的修正

在对已签发的进度款支付证书进行阶段汇总和复核中发现错误、遗漏或重复的，发包人和承包人均有权提出修正申请。经发包人和承包人同意的修正，应在下期进度付款中支付或扣除。

6. 支付分解表

（1）支付分解表的编制要求。

1）支付分解表中所列的每期付款金额，应为截至本次付款周期已完成工作对应的估算金额。

2）实际进度与施工进度计划不一致的，合同当事人可按照商定或确定的约定修改支付分解表。

3）不采用支付分解表的，承包人应向发包人和监理人提交按季度编制的支付估算分解表，用于支付参考。

（2）总价合同支付分解表的编制与审批。

1）除专用合同条款另有约定外，承包人应根据施工进度计划的约定、签约合同价和工程量等因素对总价合同按月进行分解，编制支付分解表。承包人应当在收到监理人和发包人批准的施工进度计划后 7 天内，将支付分解表及编制支付分解表的支持性资料报送监理人。

2）监理人应在收到支付分解表后 7 天内完成审核并报送发包人。发包人应在收到经监理人审核的支付分解表后 7 天内完成审批，经发包人批准的支付分解表为有约束力的支付分解表。

3）发包人逾期未完成支付分解表审批的，也未及时要求承包人进行修正和提供补充资料的，则承包人提交的支付分解表视为已经获得发包人批准。

（3）单价合同的总价项目支付分解表的编制与审批。

除专用合同条款另有约定外，单价合同的总价项目，由承包人根据施工进度计划和总价项目的总价构成、费用性质、计划发生时间和相应工程量等因素按月进行分解，形成支付分解表，其编制与审批参照总价合同支付分解表的编制与审批执行。

7. 支付账户

发包人应将合同价款支付至合同协议书中约定的承包人账户。

8.5.6 竣工结算

竣工结算额一般为固定总价合同额及合同价格调整合同额之和，竣工结算为合同固定总价及合同调整价格的最终确认环节。因此，需审核确认承包方是否按合同约定完成合同约定的承包范围内的工作内容，竣工结算时招标工程量不需再计算，而只需对合同约定的合同价格调整项目产生的工程量变化进行审核。在竣工验收完成后，承包方需根据合同约定向发包方递交完整的竣工结算报告和竣工结算资料，竣工结算资料需为具有完整逻辑链条的资料，足以证明各项费用结算的合理性与充分性。竣工结算资料的格式、内容和份数，在合同条款中约定。

8.5.7 索赔

风电场项目的索赔是指在经济活动中，合同当事人一方因对方违约，或其他过错，或无法防止的外因而受到损失时，要求对方给予赔偿或补偿的活动。风电场项目索赔程序与一般工程项目类似，从主体角度看风电场项目的索赔可分为承包人的索赔和发包人的索赔两类。

1. 承包人的索赔

承包人根据合同认为有权得到追加付款和（或）延长工期时，应按规定程序向发包人提出索赔。

承包人应在引起索赔事件发生后的 28 天内，向监理人递交索赔意向通知书，并说明发生索赔事件的事由。承包人未在前述 28 天内发出索赔意向通知书，丧失要求追加付款和（或）延长工期的权利。承包人应在发出索赔意向通知书后 28 天内，向监理人递交正式的索赔通知书，详细说明索赔理由以及要求追加的付款金额和（或）延长的工期，并附必要的记录和证明材料。

对于具有持续影响的索赔事件，承包人应按合理时间间隔陆续递交延续的索赔通知，说明连续影响的实际情况和记录，列出累计的追加付款金额和（或）工期延长天数。在索赔事件影响结束后的 28 天内，承包人应向监理人递交最终索赔通知书，说明最终要求索赔的追加付款金额和延长的工期，并附必要的记录和证明材料。

对承包人索赔的处理如下：

（1）监理人应在收到索赔报告后 14 天内完成审查并报送发包人。监理人对索赔报告存在异议的，有权要求承包人提交全部原始记录副本。

（2）发包人应在监理人收到索赔报告或有关索赔的进一步证明材料后的 28 天内，由监理人向承包人出具经发包人签认的索赔处理结果。发包人逾期答复的，则视为认可承包人的索赔要求。

（3）承包人接受索赔处理结果的，索赔款项在当期进度款中进行支付；承包人不接受索赔处理结果的，按照争议解决的约定处理。

2. 发包人的索赔

根据合同约定，发包人认为有权得到赔付金额和（或）延长缺陷责任期的，监理人应向承包人发出通知并附有详细的证明。

发包人应在知道或应当知道索赔事件发生后 28 天内通过监理人向承包人提出索赔意向通知书，发包人未在前述 28 天内发出索赔意向通知书的，丧失要求赔付金额和（或）延长缺陷责任期的权利。发包人应在发出索赔意向通知书后 28 天内，通过监理人向承包人正式递交索赔报告。

对发包人索赔的处理如下：

（1）承包人收到发包人提交的索赔报告后，应及时审查索赔报告的内容、查验发包人证明材料。

（2）承包人应在收到索赔报告或有关索赔的进一步证明材料后 28 天内，将索赔处理结果答复发包人。如果承包人未在上述期限内做出答复的，则视为对发包人索赔要求的认可。

（3）承包人接受索赔处理结果的，发包人可从应支付给承包人的合同价款中扣除赔付的金额或延长缺陷责任期；发包人不接受索赔处理结果的，按合同争议解决相关约定处理。

3. 提出索赔的期限

（1）承包人按竣工结算审核的约定接收竣工付款证书后，应被视为已无权再提出在工程接收证书颁发前所发生的任何索赔。

（2）承包人按最终结清约定提交的最终结清申请单中，只限于提出工程接收证书颁发后发生的索赔。提出索赔的期限自接受最终结清证书时终止。

8.6　本　章　小　结

本章内容围绕风电场项目施工合同管理的具体内容展开，结合风电场施工阶段的特点，具体介绍了施工合同文件的具体内容、风电场项目施工合同各方的权利和义务（包括发包人、承包人、监理人等），尤其介绍了风电场项目施工过程中的进度、质量、安全、支付等核心管理要素的合同管理措施与重要事项。

第9章 风电场项目设备采购与合同管理

设备采购工作是风电场项目建设的重要组成部分，风电场项目设备采购的投资占比大、对工程具有决定性作用、风险因素众多，因此应得到更多的重视。签订完善的设备采购合同并保证它能顺利履行，对风电场项目建设的成败和经济效益有着巨大的影响。防范风电场项目的设备采购合同风险，加强设备采购合同管理，是风电场项目建设的重要工作。

9.1 设 备 采 购 要 点

9.1.1 设备分类及采购

风电场项目所需设备繁多，主要可分为发电设备、升压变电设备、通信及控制设备三类。其中，发电设备包括风电机组、塔筒、基础环、机组变压器、集电线路等；升压变电设备包括主变压器、配电装置、所用电系统等；通信及控制设备主要包括监控系统、直流系统、接入系统等。

对具体的风电场项目，业主方通常通过一定的市场交易方式进行设备采购。风电场项目设备采购即指业主方通过招标或其他方式确定生产商或供应商，以获得风电场项目建设所需设备的活动，所需采购的设备包括风电机组、塔筒、主变压器等各类设备。

9.1.2 设备采购核心工作

针对风电场项目设备采购，业主方通常设置专门的设备采购供应部门负责。设备采购供应部门应根据风电场项目的特点和需要，配备一批精干、具有类似工程经验、专业能力强、效率高的采购人员。具体采购工作中应关注以下一些核心工作。

1. 供应商资格的审查

首先，供应商应是一个依法组建、注册、具有独立法人资格和一般纳税人资格，具有合同设备的设计、制造（生产）许可证的生产企业；其次，供应商应满足财务状况良好、履约信誉良好等常规招标标准；最后，采购时应关注供应商相关设备质量认证、近三年销售业绩、并网检测等情况。其中，设备质量认证方面，通常要求供应商具有完善的质量保证体系，必须持国家认定的资质机构颁发的 ISO9001 系列认证证书或等同的质量保证体系认证证书；近三年销售业绩方面，通常要求供应商制造过本次采购招标的相关设备且具有两年及以上运行业绩并提供相关合同证明文件；并网检测方面，应要求以《风电机组并网检测管理暂行办法》（国能新能〔2010〕433 号）作为判断标准，重点检测机组供应商所提供风电机组的电能质量、电网适应性、低电压穿越能力、有功及无功调节能力，以及电气模型验证等，检测参数需按照国家相关标准执行。

2. 主设备风电机组的选型

根据风电项目建设地区风能资源数据和计算分析，并依据《风电场风能资源评估方法》（GB/T 18710—2002），结合当前风电机组设备主流技术，进行技术经济分析，提出符合自身技术要求的主设备风电机组选型方案。

3. 评标办法的选择

风电场项目设备采购重视机型和平准化度电成本，强调综合性价比，价格其次，因而一般选择综合评分法，对商务、价格及技术部分分别按百分制计分法对评审因素进行分值量化。

9.2　设　备　采　购　招　标

风电场项目设备采购招标是指业主通过招标方式鼓励设备供应商参与投标竞争，从中选出产品质量高、信誉可靠且报价合理的供应商，并以签订合同的方式约束双方在合作过程中的经济活动。

9.2.1　风电场项目设备采购招标方式

风电场项目设备采购的常用招标方式包括公开招标与邀请招标两种类型。公开招标，是指招标人以招标公告的方式邀请不特定的法人或者其他组织投标的招标方式。它由招标人按照法定程序，在公开出版物上发布公告或者以其他公开方式发布招标公告，所有符合条件的企业都可以平等参加投标竞争，招标人从中择优选择中标者。邀请招标，是指招标人以投标邀请书的方式邀请特定的法人或者其他组织投标的招标方式。风电场项目的招标人若认为特定的单位能够满足招标人对于项目的要求，往往通过邀请书的方式发出要约邀请。

9.2.2　风电场项目设备采购招标程序

风电场项目设备采购招标程序主要包括招标前准备、招标文件编制、投标人资格审查、开标、评标、定标 6 个环节。

9.2.2.1 招标前准备

招标前的准备工作主要包括明确招标条件、组建招标班子、选择招标代理机构及制定招标计划四方面。

（1）明确招标条件。明确招标条件即明确招标前必须具备的基本条件，主要包括：

1）招标人已经依法成立。

2）按照国家有关规定应当履行项目审批、核准或者备案手续的，已经审批、核准或者备案。

3）有相应资金或者资金来源已经落实。

4）能够提出所需采购设备的使用与技术要求。

（2）组建招标班子。建立起以业主代表作为组长，其他项目管理人员作为组员的招标组织，招标组织须职责清晰、分工明确。

（3）选择招标代理机构。若业主方不具备自行开展设备招标的条件，一般需委托招标代理机构组织招标工作。业主方需重视和招标代理机构的谈判和签约。

（4）制订招标计划。招标计划应包括细化招标方案、合理划分标段、安排工作进程等。

9.2.2.2 招标文件编制

1. 编制原则

招标文件的编制必须遵守国家有关招标投标的法律、法规和部门规章的规定，遵循下列编制原则和要求：

（1）招标文件必须遵循公开、公平、公正的原则，不得以不合理的条件限制或者排斥潜在投标人，不得对潜在投标人实行歧视待遇。

（2）招标文件必须遵循诚实信用的原则，招标人向投标人提供的工程情况，特别是工程项目的审批、资金来源和落实等情况，都要确保真实和可靠。

（3）招标文件介绍的工程情况和提出的要求，必须与资格预审文件的内容相一致。

（4）招标文件的内容要能清楚地反映工程的规模、性质、商务和技术要求等内容，设计图纸应与技术规范或技术要求相一致，使招标文件系统、完整、准确。

（5）招标文件规定的各项技术标准应符合国家强制性标准。

（6）招标文件不得要求或者标明特定的专利、商标、名称、设计的原产地或建筑材料、构配件等，以及含有倾向或者排斥投标申请人的其他内容。如果必须引用某一生产供应者的技术标准才能准确或清楚地说明拟招标项目的技术标准时，则应当在参照后面加上"或相当于"的字样。

（7）招标人应当在招标文件中规定实质性要求和条件，并用醒目的方式标明。

2．主要内容

招标人应当根据风电场项目的特点和需要编制招标文件。招标文件编制的主要内容如下：①招标项目的技术要求；②对投标人资格审查的标准；③投标报价要求；④评标标准；⑤拟签订合同的主要条款；⑥国家对招标项目技术、标准有规定时，招标人按照其规定提出的相应要求。

此外，在编制招标文件时应有如下注意点：

（1）招标人应根据风电场项目的需要合理划分标段、确定工期，并在招标文件中载明。

（2）招标文件不得要求或者标明特定的生产供应者以及含有倾向或者排斥潜在投标人的其他内容。

（3）招标人根据招标项目的具体情况，可以组织潜在投标人踏勘项目现场。

（4）招标人不得向他人透露已获取招标文件的潜在投标人的名称、数量以及可能影响公平竞争的有关招标投标的其他情况。

（5）招标人设有标底的，标底必须保密。

（6）招标人对已发出的招标文件进行必要的澄清或者修改的，应当在招标文件要求提交投标文件截止时间至少 15 日前，以书面形式通知所有招标文件收受人。该澄清或者修改的内容为招标文件的组成部分。

（7）招标人应当确定投标人编制投标文件所需要的合理时间。但是，依法必须进行招标的项目，自招标文件开始发出之日起至投标人提交投标文件截止之日止，最短不得少于 20 日。

9.2.2.3　投标人资格审查

1．审查内容

招标人采用公开招标方式的，应当发布招标公告。招标公告应当载明招标人的名称和地址，招标项目的性质、数量、实施地点和时间以及获取招标文件的办法等事项。同时，招标人可以根据招标项目本身的要求，在招标公告中要求潜在投标人提供有关资质证明文件和业绩情况，并对潜在投标人进行资格审查。资格审查的主要内容如下：

（1）资质条件、营业执照及安全生产条件。

1）在中华人民共和国境内正式注册并具有独立法人资格，具备有效的营业执照。

2）具有招标设备的设计、制造（生产）许可证的生产企业，具备一般纳税人资格。

3）具有完善的质量保证体系，必须持国家认定的资质机构颁发的 ISO9000 系列认证证书或等同的质量保证体系认证证书。

（2）财务情况。近三年财务状况良好，无亏损，提供近三年经审计的财务报告。

（3）业绩情况。制造过招标设备且具有两年及以上运行业绩。

（4）信誉情况。

1）投标人具有良好的银行资信和商业信誉，没有处于被责令停业或破产状态、资产未被接管，须提供开标前 6 个月内开户行出具的银行资信证明。

2）投标人三年内没有串通投标行为或者被有关行政监督部门行政处罚停止投标行为，没有发生严重违约行为以及重大质量安全事故；投标人不得列入国家企业信用信息公示系统（http：//www.gsxt.gov.cn/index.html）严重违法失信企业名单（黑名单）、不得列入中国执行信息公开网（http：//zxgk.court.gov.cn/）失信被执行人名单（被执行人包括投标人、法定代表人）、不得在中国裁判文书网（http：//wenshu.court.gov.cn/）有行贿犯罪记录（被执行人包括投标人、法定代表人及项目经理），提供承诺书。

2. 审查方法

投标人资格审查方法分为资格预审和资格后审两种。前者是在投标之前进行，潜在投标人通过资格预审后，方可参与投标；后者是在开标之后进行，资格后审不合格的投标人会被取消投标资格。

招标人采用资格预审办法对潜在投标人进行资格审查的，应当发布资格预审公告、编制资格预审文件。招标人应当合理确定提交资格预审申请文件的时间。依法必须进行招标的项目提交资格预审申请文件的时间，自资格预审文件停止发售之日起不得少于 5 日。资格预审结束后，招标人应当及时向资格预审申请人发出资格预审结果通知书。未通过资格预审的申请人不具有投标资格。通过资格预审的申请人少于 3 个的，应当重新招标。潜在投标人或者其他利害关系人对资格预审文件有异议的，应当在提交资格预审申请文件截止时间 2 日前提出。招标人应当自收到异议之日起 3 日内做出答复；做出答复前，应当暂停招标投标活动。招标人编制资格预审文件的内容违反法律、行政法规的强制性规定，违反公开、公平、公正和诚实信用原则，影响资格预审结果的，依法必须进行招标的项目招标人应当在修改资格预审文件后重新招标。

招标人采用资格后审办法对投标人进行资格审查的，应当在开标后由评标委员会按照招标文件规定的标准和方法对投标人的资格进行审查，经资格后审不合格的投标人，评标委员会会将其投标作废标处理。

9.2.2.4 开标

开标应当在招标文件确定的提交投标文件截止时间的同一时间公开进行，开标地点应当为招标文件中预先确定的地点。开标由招标人主持，邀请所有投标人参加。开标时，由投标人或者其推选的代表检查投标文件的密封情况，也可以由招标人委托的公证机构检查并公证，经确认无误后，由工作人员当众拆封，宣读投标人名称、投标价格和投标文件的其他主要内容。招标人在招标文件要求提交投标文件的截止时间前收到的所有投标文件，开标时都应当当众予以拆封、宣读。开标过程应当记录，并存档备查。投标人对开标有异议的，应当在开标现场提出，招标人应当当场做出答复，制作记录，并存档备查。

9.2.2.5　评标

1. 评标委员会的组成及工作要求

评标是项目招投标工作中由招标人依法组建评标委员会，评标委员会按照招标文件规定的评标标准和方法，对投标人的投标文件进行评审的法定流程。

评标委员会由招标人代表（招标人代表可以是熟悉招标项目业务，能够胜任评标工作的人员，也可以是经招标人授权的招标代理机构人员）和有关技术、经济等方面的专家组成，成员人数为 5 人以上单数，其中技术、经济等方面专家不得少于成员总数的 2/3。评标委员会的专家成员从专家库中以随机抽取方式确定，其中对于技术复杂、专业性强或者国家有特殊要求的招标项目，专家库随机抽取方式难以确定胜任的专家，可由招标人直接指定评标专家。

风电场项目的评标工作需讲究严肃性、科学性和公平合理性，招标人应当采取必要的措施，保证评标在严格保密的情况下进行，任何单位和个人不得非法干预、影响评标的过程和结果。在进行评标工作时，必须遵循如下基本原则：

（1）公开、公平、公正。招标文件中评标方法内容的设置要公开、公平、公正，并且透明，对所有投标人一视同仁，不得对部分投标人存有排斥倾向（如给予部分投标人补贴政策或对部分投标人设置有针对性的偏见条款等）。评标委员会在正确把握招标项目特点和需求的前提下严格按照评标方法对所有投标文件进行评审。

（2）系统考评。一方面，要求评标方法的内容全面，能体现出投标人完成招标项目的综合实力；另一方面，对于完成招标项目的关键要素，在设置评标内容时，应重点强调其评审要求。另外，《中华人民共和国招标投标法（修订草案公开征求意见稿）》第四十六条强调国家鼓励招标人将全生命周期成本纳入价格评审因素，并在同等条件下优先选择全生命周期内能源资源消耗最低、环境影响最小的投标。

（3）科学择优。评标方法的设立应当符合现行有关法律法规的规定，评标程序应当符合一定的逻辑顺序。评标委员会基于科学的评标方法和评标程序择优推荐中标候选人。

在进行风电场项目设备采购评标时，若有下列情形之一的，评标委员会应当否决投标人的投标：

1）投标文件未经投标单位盖章和单位负责人签字。

2）投标联合体没有提交共同投标协议。

3）投标人不符合国家或者招标文件规定的资格条件。

4）同一投标人提交两个以上不同的投标文件或者投标报价，但招标文件要求提交备选投标的除外。

5）投标报价低于成本或者高于招标文件设定的最高投标限价。

6）投标文件没有对招标文件的实质性要求和条件作出响应。

7）投标人有串通投标、弄虚作假、行贿等违法行为。

2. 评标方法

风电场项目设备采购重视机型和平准化度电成本，强调综合性价比第一，价格其次，一般采用综合评估法作为评标方法。综合评估法是指评标委员会按规定的评审标准对符合招标文件实质性要求的投标文件进行综合评审并打分，在剔除低于成本且未能合理提供相关证明材料的投标价的基础上，按照评标综合得分排序最高推荐中标候选人的一种评标方法。

采用综合评估法，评标委员会通常先对投标文件进行初步评审，投标文件中有一项不符合评审标准的即作废标处理，其中，对于未进行资格预审的，评标委员会需首先要求投标人提交投标人须知规定的有关证明和证件的原件以供核验；然后对通过初步审查的投标文件按照规定的量化因素和分值进行打分；最后对各评审因素的分值采用加权的形式相加，计算出每个投标人的总得分，总得分排序最高的投标人成为中标候选人。

9.2.2.6 定标

风电场项目设备采购定标即最后确定中标人或最后决定将合同授予某一个投标人的活动，一般由招标人或发包人作出，也可由招标人委托评标委员会进行定标。

9.3 设备采购风险识别和管理

9.3.1 风险识别

当前风电场项目中，设备采购环节的风险识别主要基于过去风电设备采购管理经验及项目工程特点，对可能影响风电场项目效益的风险类型进行识别分析。总结项目采购研究和实践经验，可将业主方风电场项目设备采购风险主要分为如下几类：

1. 成本风险

虽然与其他建设项目相比，风电场项目建设周期不算长，但建设单位在项目立项时仍然难以准确预见未来设备购买情况，制定的采购计划难免有不准确或不科学之处。实际执行中，采购计划与实际需求可能存在较大出入，常因所需采购设备过时或预算超支而需对原采购计划进行调整。由于原材料价格可能因政策、金融等诸多因素的影响而波动，导致所购设备价格上涨，使采购支出比预期的采购支出有所增加。因此采购面临着成本超支的风险,不利于采购合同管理,也不利于项目总投资的控制管理。

2. 进度风险

由于供应商在生产要素的组织管理等方面存在不足或决策失误,使交货日期迟于采购合同所要求的日期,从而使建设单位不能按项目进度及时采购到所需设备,给采购带来延期交货的风险,影响风电场项目的进度。

3. 质量风险

建设单位采购到的设备质量,将直接影响风电场项目完成的质量。供应商或是存在自身生产能力的局限,或是为了追求自身利益的最大化而发生不诚信行为,如偷工减料、以次充好,所提供的设备达不到采购合同要求,从而给风电场项目带来质量风险。

4. 商务风险

(1) 采购围标、串标风险。围标是指多个投标厂商自行或在某一厂商的组织下,投同一个标,协商谁投低标,谁投高标,谁中标。串标是指两个或两个以上投标单位虽然分别单独投标,但不管谁中标,都联合完成合同任务,利益共享。围标和串标各有不同的表现形式。这种不正当竞争是通过不正当手段,排挤其他竞争者,以达到使某个利益相关者中标,从而谋取利益的目的。

(2) 合同风险。合同风险是指建设单位采购人员在签订合同过程中,由于对合同条款考虑不周,或供应商违反合同条款,给建设单位造成经济损失。签订合同是建设项目采购活动的重要环节。如果采购人员不了解合同的有关规定和国内、国际贸易的有关知识,就可能签订不完善的合同,被对方钻空子,使建设单位蒙受损失。

9.3.2　风险管理

为了科学、合理规避和降低设备采购风险,实现采购预期目标,促进建设项目的顺利完成,应做好以下工作:

(1) 针对成本风险,应重视采购预算,做好采购计划。建设单位要加强对预算和计划的审核,注重合理性,综合考虑大型、精密、通用性强的设备购置与使用规划,对设备需求做出长期规划和中、短期的计划,避免重复建设。在制订采购计划时,避免采购失误,达到资金使用效益最大化。

(2) 针对进度风险,应当编制合理的进度计划,落实进度保证措施,尽可能减少自然因素对工期的影响,以合同依据在施工的过程中紧盯施工进度,针对施工过程中出现的问题及时制订解决措施,保证工程能够顺利完成。

(3) 针对质量风险,采购管理团队必须明确采购质量的重要性。这就要求采购人员在采购过程中不应一味追求采购价格最低化,不应把节约资金作为采购的首要和唯一目标，而应对所要采购设备的质量和效用进行通盘考虑，在为建设项目节约采购资金的同时，保证设备采购的质量。

（4）针对商务风险，应建立供应商资格审查制度，选择供应商，重视供应商的筛选和评级。在订立设备采购合同之前，对拟采购设备和潜在供应商进行必要的考察分析和筛选，对参加投标的所有供应商进行资格审查，包括资格预审、资格复审、资格后审，以便在采购初期把由供应商方面的不确定所带来的风险降到最低。在采购前对不了解的产品和供应商进行考察，了解供应商所采取的营销方式、销售体系架构，以及该产品的市场销售及信誉情况，增加对产品的性能、质量、供应商综合实力等方面的了解，便于明确拟采购产品的定位和技术要求，熟悉供应商产品质量和档次，在采购工作中占据主动，避免被一时的虚假现象所蒙蔽。

1）通过完善评标定标方法、完善投标保证金管理制度和通过电子化投标等手段减少围标、串标风险。

2）加强设备采购全过程监督，即计划、审批、询价、招标、签约、验收、付款和领用等所有环节的监督。重点关注计划制订、合同签订、质量验收和付款四个关键控制点，内控审计、财务审计、制度考核三管齐下。加强采购全过程监督跟踪和控制，发现问题及时采取措施处理，以降低采购风险。科学规范采购机制，不仅可以降低建设单位的设备采购价格，提高建设项目设备采购质量，还可以保护采购人员和避免外部矛盾。

9.4　设备采购合同管理

9.4.1　合同特点

设备采购合同是供货方转移设备所有权给采购方，采购方支付价款的合同。

风电场项目设备采购合同具备以下特点：

（1）合同专业性强。风电场项目设备采购种类繁杂、数量较大，包括产品配件的采购都具有较强的专业技术性，因此采购合同有时会涉及一些专业技术知识，或部分条款属于业务条款。

（2）设备价格波动呈周期性。风电机组的价格变化是产业链成本波动的一个体现，它反映了整个产业的供需关系。风电机组厂家除个别关键部件外，大多零部件均需外部采购，因此外购的零部件成本上升导致风电机组价格上涨。这种价格波动由整个风电市场的供需环境变动所导致，呈周期性的变化。此外，国内风电行业发展受政策影响较大，近年风电机组价格波动也是由于政策变动导致。

（3）标的种类繁多，供货条件差异大，不同特点的标的涉及的条款繁简程度差异大。风电场项目属于周期短、见效快的新能源项目，交货时间与施工进度密切相关，不得提前或延后。

（4）合同变更多，管理需动态。合同变更的目的是通过对原合同的修改，保障合同的更好履行和一定目的的实现。在履约过程中合同变更是正常的事情，设计人员有时会对技术文件、图纸进行修改，可能会导致设备数量、种类的增减。因此，设备采购合同经常出现合同变更或签订增购协议等情况。

9.4.2　合同主要内容

1. 合同签订原则及注意事项

合同的主要内容一般包括合同主体、合同标的、质量验收标准、设备清单数量、价格费用、交货时间、支付方式、违约责任等。

风电场设备采购合同是采购方与供应商，经过双方一定形式的谈判协商，达成一致意见而签订的体现供需关系的法律性文件，合同双方都应遵守和履行。设备采购合同是经济合同，双方受《中华人民共和国民法典》相关规定保护并承担相应责任。其内容条款一般应包括：双方主体信息；采购设备的名称、规格型号、技术标准、数量以及价格（应包含单价和总价）；交货期、交付方式和交货地点；验收方法、售后服务、双方的权利义务；结算方式、违约责任、合同的变更解除与纠纷的解决方式等。在具体签订过程应遵守以下几个原则：①有效性原则，即合同的当事人必须具备法人资格；②合法性原则，即合同的内容和手续应符合国家法律、法规中有关合同管理的规定；③平等互利、充分协商的原则；④等价、有偿的原则。

此外，需要重点注意以下方面：

（1）设备价格与支付。设备采购合同通常采用固定总价合同，在合同交货期内价格不进行调整。应该明确合同价格所包括的设备名称、套数，以及是否包括附件、配件、工具和损耗品的费用，是否包括调试、保修服务的费用等。合同价内应该包括设备的税费、运杂费、保险费等与合同有关的其他费用。

（2）设备数量。在设备合同中应明确设备名称、套数、随主机的辅机、附件、易损耗备用品、配件和安装修理工具等。

（3）技术标准。应注明设备系统的主要技术性能，以及各部分设备的主要技术标准和技术性能。

（4）现场服务。合同可以约定设备安装工作由供货方负责还是采购方负责。如果由采购方负责，可以要求供货方提供必要的技术服务、现场服务等。其中包括供方派必要的技术人员到现场向安装施工人员进行技术交底，指导安装和调试，处理设备的质量问题，参加试车和验收试验等。在合同中应明确服务内容，现场技术人员在现场的工作条件、生活待遇及费用等。

（5）验收和保修。成套设备安装后一般应进行试车调试，合同中应明确成套设备的验收办法以及是否保修、保修期限、费用负担等。

2. 合同价款的支付

根据《标准设备采购招标文件》（2017 年版）合同条款规定，除专用合同条款另有约定外，买方应通过以下方式和比例向卖方支付合同价款：

（1）预付款。合同生效后，买方在收到卖方开具的注明应付预付款金额的财务收据正本一份并经审核无误后 28 日内，向卖方支付签约合同价的 10％作为预付款。

买方支付预付款后，如卖方未履行合同义务，则买方有权收回预付款；如卖方依约履行了合同义务，则预付款抵作合同价款。

（2）交货款。卖方按合同约定交付全部合同设备后，买方在收到卖方提交的下列全部单据并经审核无误后 28 日内，向卖方支付合同价格的 60％：①卖方出具的交货清单正本一份；②买方签署的收货清单正本一份；③制造商出具的出厂质量合格证正本一份；④合同价格 100％金额的增值税发票正本一份。

（3）验收款。买方在收到卖方提交的买卖双方签署的合同设备验收证书或已生效的验收款支付函正本一份并经审核无误后 28 日内，向卖方支付合同价格的 25％。

（4）结清款。买方在收到卖方提交的买方签署的质量保证期届满证书或已生效的结清款支付函正本一份并经审核无误后 28 日内，向卖方支付合同价格的 5％。如果卖方应向买方支付费用的，买方有权从结清款中直接扣除该笔费用。除专用合同条款另有约定外，在买方向卖方支付验收款的同时或其后的任何时间内，卖方可在向买方提交买方可接受的金额为合同价格 5％的合同结清款保函的前提下，要求买方支付合同结清款，买方不得拒绝。

3. 监造及交货前检验

（1）监造。专用合同条款约定买方对合同设备进行监造的，双方应按专用合同条款约定履行。

1）在合同设备的制造过程中，买方可派出监造人员，对合同设备的生产制造进行监造，监督合同设备制造、检验等情况。监造的范围、方式等应符合专用合同条款和（或）供货要求等合同文件的约定。

2）除专用合同条款和（或）供货要求等合同文件另有约定外，买方监造人员可到合同设备及其关键部件的生产制造现场进行监造，卖方应予配合。卖方应免费为买方监造人员提供工作条件及便利，包括但不限于必要的办公场所、技术资料、检测工具及出入许可等。除专用合同条款另有约定外，买方监造人员的交通、食宿费用由买方承担。

3）卖方制订生产制造合同设备的进度计划时，应将买方监造纳入计划安排，并提前通知买方；买方进行监造不应影响合同设备的正常生产。除专用合同条款和（或）供货要求等合同文件另有约定外，卖方应提前 7 日将需要买方监造人员现场监造的事项通知买方；如买方监造人员未按通知出席，不影响合同设备及其关键部件的制造或检验，但买方监造人员有权事后了解、查阅、复制相关制造或检验记录。

4）买方监造人员在监造中如发现合同设备及其关键部件不符合合同约定的标准，则有权提出意见和建议。卖方应采取必要措施消除合同设备的不符，由此增加的费用和（或）造成的延误由卖方负责。

5）买方监造人员对合同设备的监造，不视为对合同设备质量的确认，不影响卖方交货后买方依照合同约定对合同设备提出质量异议和（或）退货的权利，也不免除卖方依照合同约定对合同设备所应承担的任何义务或责任。

（2）交货前检验。专用合同条款约定买方参与交货前检验的，双方应按专用合同条款约定履行。

1）合同设备交货前，卖方应会同买方代表根据合同约定对合同设备进行交货前检验并出具交货前检验记录，有关费用由卖方承担。卖方应免费为买方代表提供工作条件及便利，包括但不限于必要的办公场所、技术资料、检测工具及出入许可等。除专用合同条款另有约定外，买方代表的交通、食宿费用由买方承担。

2）除专用合同条款和（或）供货要求等合同文件另有约定外，卖方应提前 7 日将需要买方代表检验事项通知买方；如买方代表未按通知出席，不影响合同设备的检验。若卖方未依照合同约定提前通知买方而自行检验，则买方有权要求卖方暂停发货并重新进行检验，由此增加的费用和（或）造成的延误由卖方负责。

3）买方代表在检验中如发现合同设备不符合合同约定的标准，则有权提出异议。卖方应采取必要措施消除合同设备的不符，由此增加的费用和（或）造成的延误由卖方负责。

4）买方代表参与交货前检验及签署交货前检验记录的行为，不视为对合同设备质量的确认，不影响卖方交货后买方依照合同约定对合同设备提出质量异议和（或）退货的权利，也不免除卖方依照合同约定对合同设备所应承担的任何义务或责任。

4. 包装、标记、运输和交付

（1）包装。

1）卖方应对合同设备进行妥善包装，以满足合同设备运至施工场地及在施工场地保管的需要。包装应采取防潮、防晒、防锈、防腐蚀、防震动及防止其他损坏的必要保护措施，从而保护合同设备能够经受多次搬运、装卸、长途运输并适宜保管。

2）除专用合同条款另有约定外，买方无须将包装物退还给卖方。

（2）标记。

1）除专用合同条款另有约定外，卖方应按合同约定在设备包装上以不可擦除的、明显的方式作出必要的标记。

2）根据合同设备的特点和运输、保管的不同要求，卖方应对合同设备清楚地标注"小心轻放""此端朝上，请勿倒置""保持干燥"等字样和其他适当标记。如果合同设备中含有易燃易爆物品、腐蚀物品、放射性物质等危险品，卖方应标明危险品标志。

（3）运输。

1）卖方应自行选择适宜的运输工具及线路安排合同设备运输。

2）除专用合同条款另有约定外，卖方应在合同设备预计启运 7 日前，将合同设备名称、装运设备数量、重量、体积（用 m^3 表示）、合同设备单价、总金额、运输方式、预计交付日期和合同设备在装卸、保管中的注意事项等预通知买方，并在合同设备启运后 24h 之内正式通知买方。

3）卖方在进行通知时，如果合同设备中包括单个包装超大和（或）超重的，卖方应将超大和（或）超重的每个包装的重量和尺寸通知买方；如果合同设备中包括易燃易爆物品、腐蚀物品、放射性物质等危险品，则危险品的品名、性质和在装卸、保管方面的特殊要求、注意事项和处理意外情况的方法等，也应一并通知买方。

（4）交付。

1）除专用合同条款另有约定外，卖方应根据合同约定的交付时间和批次在施工场地卸货后将合同设备交付给买方，买方对卖方交付的合同设备的外观及件数进行清点核验后应签发收货清单。买方签发收货清单不代表对合同设备的接受，双方还应按合同约定进行后续的检验和验收。

2）合同设备的所有权和风险自交付时起由卖方转移至买方，合同设备交付给买方之前包括运输在内的所有风险均由卖方承担。

3）除专用合同条款另有约定外，买方如果发现技术资料存在短缺和（或）损坏，卖方应在收到买方的通知后 7 日内免费补齐短缺和（或）损坏的部分。如果买方发现卖方提供的技术资料有误，卖方应在收到买方通知后 7 日内免费替换。如由于买方原因导致技术资料丢失和（或）损坏，卖方应在收到买方的通知后 7 日内补齐丢失（和）或损坏的部分，但买方应向卖方支付合理的复制、邮寄费用。

5. 开箱检验、安装调试、考核、验收

（1）开箱检验。

1）合同设备交付后应进行开箱检验，即合同设备数量及外观检验。开箱检验在专用合同条款约定的下列任一种时间进行：①合同设备交付时；②合同设备交付后的一定期限内。

如开箱检验不在合同设备交付时进行，买方应在开箱检验 3 日前将开箱检验的时间和地点通知卖方。

2）除专用合同条款另有约定外，合同设备的开箱检验应在施工场地进行。

3）开箱检验由买卖双方共同进行，卖方应自费派遣代表到场参加开箱检验。

4）在开箱检验中，买方和卖方应共同签署数量、外观检验报告，报告应列明检验结果，包括检验合格或发现的任何短缺、损坏或其他与合同约定不符的情形。

5）如果卖方代表未能依约或按买方通知到场参加开箱检验，买方有权在卖方代表未在场的情况下进行开箱检验，并签署数量、外观检验报告，对于该检验报告和检验结果，视为卖方已接受，但卖方确有合理理由且事先与买方协商推迟开箱检验时间的除外。

6）如开箱检验不在合同设备交付时进行，则合同设备交付以后到开箱检验之前，应由买方负责按交货时外包装原样对合同设备进行妥善保管。除专用合同条款另有约定外，在开箱检验时如果合同设备外包装与交货时一致，则开箱检验中发现的合同设备的短缺、损坏或其他与合同约定不符的情形，由卖方负责，卖方应补齐、更换及采取其他补救措施。如果在开箱检验时合同设备外包装不是交货时的包装或虽是交货时的包装但与交货时不一致且出现很可能导致合同设备短缺或损坏的包装破损，则开箱检验中发现合同设备短缺、损坏或其他与合同约定不符情形的风险，由买方承担，但买方能够证明是由于卖方原因或合同设备交付前非买方原因导致的除外。

7）如双方在专用合同条款和（或）供货要求等合同文件中约定由第三方检测机构对合同设备进行开箱检验或在开箱检验过程中另行约定由第三方检验的，则第三方检测机构的检验结果对双方均具有约束力。

8）开箱检验的检验结果不能对抗在合同设备的安装、调试、考核、验收中及质量保证期内发现的合同设备质量问题，也不能免除或影响卖方依照合同约定对买方负有的包括合同设备质量在内的任何义务或责任。

（2）安装调试。

1）开箱检验完成后，双方应对合同设备进行安装、调试，以使其具备考核的状态。安装、调试应按照专用合同条款约定的下列任一种方式进行：①卖方按照合同约定完成合同设备的安装、调试工作；②买方或买方安排第三方负责合同设备的安装、调试工作，卖方提供技术服务。

除专用合同条款另有约定外，在安装、调试过程中，如由于买方或买方安排的第三方未按照卖方现场服务人员的指导导致安装、调试不成功和（或）出现合同设备损坏，买方应自行承担责任。如在买方或买方安排的第三方按照卖方现场服务人员的指导进行安装、调试的情况下出现安装、调试不成功和（或）造成合同设备损坏的情况，卖方应承担责任。

2）除专用合同条款另有约定外，安装、调试中合同设备运行需要的用水、用电、其他动力和原材料（如需要）等均由买方承担。

3）双方应对合同设备的安装、调试情况共同及时进行记录。

（3）考核。

1）安装、调试完成后，双方应对合同设备进行考核，以确定合同设备是否达到合同约定的技术性能考核指标。除专用合同条款另有约定外，考核中合同设备运行需要的用水、用电、其他动力和原材料（如需要）等均由买方承担。

2）如由于卖方原因合同设备在考核中未能达到合同约定的技术性能考核指标，则卖方应在双方同意的期限内采取措施消除合同设备中存在的缺陷，并在缺陷消除以后，尽快进行再次考核。

3）由于卖方原因未能达到技术性能考核指标时，为卖方进行考核的机会不超过三次。如果由于卖方原因，三次考核均未能达到合同约定的技术性能考核指标，则买卖双方应就合同的后续履行进行协商，协商不成的，买方有权解除合同。但如合同中约定了或双方在考核中另行达成了合同设备的最低技术性能考核指标，且合同设备达到了最低技术性能考核指标的，视为合同设备已达到技术性能考核指标，买方无权解除合同，且应接受合同设备，但卖方应按专用合同条款的约定进行减价或向买方支付补偿金。

4）如由于买方原因合同设备在考核中未能达到合同约定的技术性能考核指标，则卖方应协助买方安排再次考核。由于买方原因未能达到技术性能考核指标时，为买方进行考核的机会不超过三次。

5）考核期间，双方应及时共同记录合同设备的用水、用电、其他动力和原材料（如有）的使用及设备考核情况。对于未达到技术性能考核指标的，应如实记录设备表现、可能原因及处理情况等。

（4）验收。

1）如合同设备在考核中达到或视为达到技术性能考核指标，则买卖双方应在考核完成后7日内或专用合同条款另行约定的时间内签署合同设备验收证书一式两份，双方各持一份。验收日期应为合同设备达到或视为达到技术性能考核指标的日期。

2）如由于买方原因合同设备在三次考核中均未能达到技术性能考核指标，买卖双方应在考核结束后7日内或专用合同条款另行约定的时间内签署验收款支付函。除专用合同条款另有约定外，卖方有义务在验收款支付函签署后12个月内应买方要求提供相关技术服务，协助买方采取一切必要措施使合同设备达到技术性能考核指标。买方应承担卖方因此产生的全部费用。在上述12个月的期限内，如合同设备经过考核达到或视为达到技术性能考核指标，则买卖双方应按照约定签署合同设备验收证书。

3）除专用合同条款另有约定外，如由于买方原因在最后一批合同设备交货后6个月内未能开始考核，则买卖双方应在上述期限届满后7日内或专用合同条款另行约定的时间内签署验收款支付函。

除专用合同条款另有约定外，卖方有义务在验收款支付函签署后 6 个月内应买方要求提供不超出合同范围的技术服务，协助买方采取一切必要措施使合同设备达到技术性能考核指标，且买方无须因此向卖方支付费用。

在上述 6 个月的期限内，如合同设备经过考核达到或视为达到技术性能考核指标，则买卖双方应按照约定签署合同设备验收证书。

4）在上述第 2）项和第 3）项情形下，卖方也可单方签署验收款支付函提交买方，如果买方在收到卖方签署的验收款支付函后 14 日内未向卖方提出书面异议，则验收款支付函自签署之日起生效。

5）合同设备验收证书的签署不能免除卖方在质量保证期内对合同设备应承担的保证责任。

6. 质量保证期与质保期服务

（1）质量保证期。

1）除专用合同条款和（或）供货要求等合同文件另有约定外，合同设备整体质量保证为验收之日起 12 个月。如对合同设备中关键部件的质量保证期有特殊要求的，买卖双方可在专用合同条款中约定。在由于买方原因合同设备在三次考核中均未能达到技术性能考核指标情形下，无论合同设备何时验收，其质量保证期最长为签署验收款支付函后 12 个月。如由于买方原因在最后一批合同设备交货后 6 个月内未能开始考核的情形下，无论合同设备何时验收，其质量保证期最长为签署验收款支付函后 6 个月。

2）在质量保证期内如果合同设备出现故障，卖方应自费提供质保期服务，对相关合同设备进行修理或更换以消除故障。更换的合同设备和（或）关键部件的质量保证期应重新计算。但如果合同设备的故障是由于买方原因造成的，则对合同设备进行修理和更换的费用应由买方承担。

3）质量保证期届满后，买方应在 7 日内或专用合同条款另行约定的时间内向卖方出具合同设备的质量保证期届满证书。

4）如由于买方原因合同设备在三次考核中均未能达到技术性能考核指标情形下，如在验收款支付函签署后 12 个月内由于买方原因合同设备仍未能达到技术性能考核指标，则买卖双方应在该 12 个月届满后 7 日内或专用合同条款另行约定的时间内签署结清款支付函。

5）如由于买方原因在最后一批合同设备交货后 6 个月内未能开始考核情形下，如在验收款支付函签署后 6 个月内由于买方原因合同设备仍未进行考核或仍未达到技术性能考核指标，则买卖双方应在该 6 个月届满后 7 日内或专用合同条款另行约定的时间内签署结清款支付函。

6）在上述第 3）、第 4）种情形下，卖方也可单方签署结清款支付函提交买方，如果买方在收到卖方签署的结清款支付函后 14 日内未向卖方提出书面异议，则结清款支付函自签署之日起生效。

（2）质保期服务。

1）卖方应为质保期服务配备充足的技术人员、工具和备件并保证提供的联系方式畅通。除专用合同条款和（或）供货要求等合同文件另有约定外，卖方应在收到买方通知后 24h 内做出响应，如需卖方到合同设备现场，卖方应在收到买方通知后 48h 内到达，并在到达后 7 日内解决合同设备的故障（重大故障除外）。如果卖方未在上述时间内作出响应，则买方有权自行或委托他人解决相关问题，或查找和解决合同设备的故障，卖方应承担由此发生的全部费用。

2）如卖方技术人员需到合同设备现场进行质保期服务，则买方应免费为卖方技术人员提供工作条件及便利，包括但不限于必要的办公场所、技术资料及出入许可等。除专用合同条款另有约定外，卖方技术人员的交通、食宿费用由卖方承担。卖方技术人员应遵守买方施工现场的各项规章制度和安全操作规程，并服从买方的现场管理。

3）如果任何技术人员不合格，买方有权要求卖方撤换，因撤换而产生的费用应由卖方承担。在不影响质保期服务并且征得买方同意的条件下，卖方也可自负费用更换其技术人员。

4）除专用合同条款另有约定外，卖方应就在施工现场进行质保期服务的情况进行记录，记载合同设备故障发生的时间、原因及解决情况等，由买方签字确认，并在质量保证期结束后提交给买方。

9.4.3 合同管理要点

风电场项目中，一般应由采购部门负责合同的主体商谈、编写、签署工作，法务部门制定合同管理规定并负责合同审核工作，财务部门也负责合同审核工作，项目实施部门与技术部门确认合同的技术部分。每个采购合同需经过各部门的确认及审核后，方可进入签署环节。

风电场项目设备采购合同的管理应当做好以下工作：

（1）加强对采购合同签订的管理，一方面是重视签订合同的前期准备工作，在签订合同之前，应当认真研究市场需要和货源情况，掌握企业的经营情况、库存情况和合同对方单位的情况，依据企业的购销任务收集各方面的信息，为签订合同、确定合同条款提供信息依据；另一方面是要对签订合同过程加强管理，在签订合同时，要按照有关法规和规定的要求，严格审查，使签订的合同合理合法。

（2）建立合同管理机构体系，设置专门机构或专职人员，建立合同登记、汇报检查制度，以统一保管合同、统一监督和检查合同的执行情况，及时发现问题，采取措施，处理违约，提出索赔，解决纠纷，保证合同的履行。合同当事方密切协作，以利于合同的实现。

（3）妥善处理合同争议，当企业的经济合同发生纠纷时，双方当事人可协商解决。协商不成时，企业可以向国家工商行政管理部门申请调解或仲裁，也可以直接向法院起诉。

（4）信守合同，树立企业良好形象。合同的履行情况不仅关系到企业经营活动的顺利进行，而且也关系到企业的声誉和形象。因此，加强合同管理，有利于树立良好的企业形象。

在风电场项目设备采购中，合同管理贯穿于整个采购过程之中。为了实现风电场项目建设的总体目标，做好设备采购合同管理十分重要，以下管理要点需要引起重点关注：

1. 加强设备采购策划

风电场工程设备既相互独立又有必然的联系。在风能作用下，风电机组发出低电压等级的电能，经箱式变压器初次升压后，经场内集电线路送至升压站，通过相应电压等级母线上的高压开关柜控制，经主变压器再次升压，最终通过相应电压等级的户外或户内高压配电装置［空气绝缘开关（air insulated switchgear，AIS）或气体绝缘金属封闭开关设备（gas insulated switchgear，GIS）］送出升压站。与此同时，风电机组计算机监控系统和升压站计算机监控系统对全过程进行控制，两套系统功能各自独立但数据又相互通信。风电场工程设备的安装也有一定次序，其安装与土建还存在一定的交叉，如塔筒吊装在前，风机吊装在后，然后是箱式变压器安装；升压站电气一次设备安装在前，电气二次设备安装在后；塔筒中的基础环安装在风机基础混凝土浇筑前完成；风机安装前须完成相应道路施工；升压站设备安装前须完成设备基础施工。因此，在风电场工程设备采购之初就应做好设备采购策划，合理划分各类工程设备的范围，结合工程进度计划网络图有序编排采购计划，确保设备到货时间与安装时间及相关土建工期匹配，避免由于工作面的交叉导致的不良施工干扰，为风电场顺利调试运行创造有利的前提条件。

2. 公开招标择优选择

风电场工程设备的专业性较强，设备制造厂家仅针对部分设备有一定的技术和行业优势，不能制造并供应所有的风电场设备，因此各类设备应分别选择具有相应技术能力的设备制造商。随着风电的不断发展，与之相配套的设备制造商越来越多，竞争越来越激烈，市场价格也越来越透明。公开招标是相关法律法规的要求，也是市场发展的必然。在公开招标的过程中，发包人应本着公开、公平、公正的原则，对各投标人的投标文件进行详细评审，在众多投标人中择优选择中标人。通过公开招标，发包人可选择技术力量雄厚、装备能力强的设备制造商承担风电场设备供应，同时也会推动风电设备制造行业的技术革新，通过技术创新来降低设备成本，提高企业竞争力，间接促进整个行业生产力的良性发展。

3. 选派人员驻厂监造

风电场风电机组、塔筒、主变压器、箱式变压器等主要设备的生产进度制约着风电场工程建设进度，其产品质量又关系着运营期的发电效益，因此发包人应选派专业人员常驻设备制造厂家进行设备监造。相关专业人员应实时跟踪设备投料情况及生产进度，全面掌握设备制造过程并及时处理存在的问题，做好现场的签证和记录，定期向发包人汇报设备制造进度和质量控制情况。发包人可根据设备监造专业人员的汇报情况，主动开展设备管理工作，与设备制造厂家及时沟通与协商，共同确保合同设备保质保量按期交货，更加顺利地推进工程建设。

4. 制订台账确保按期交货

风电场工程设备种类繁多，设备供应商复杂，设备采购合同数量也相应较多。为预防设备交货延误、保证设备交货进度，在设备采购合同签订后，发包人应实时清理和统计各类设备的合同交货时间和进度，制订相应的设备台账并及时更新，根据设备监造人员的汇报情况记录设备生产情况，在合同设备生产出现问题时进行预判和分析，及时根据合同约定与设备供应商协商，更加有效地对设备采购合同进行管理。

5. 重视重、大件运输方案

在风电场建设过程中，尤其是山区风电场，机舱、主变压器等重件设备及叶片、塔筒等大件设备的运输是一个比较突出的问题。由于山区风电场地形地貌较复杂，风机机位的选择较分散，为保证风机、塔筒设备的安装须修建较长的场内道路。修建道路的费用较高，而风电场技术经济指标却是有限的，若要使道路标准适应落后的运输车辆，代价是比较大的，甚至会影响到项目的可行性，唯一的办法就只能依靠运输机械设备的技术创新来适应现有的场内道路标准。目前，针对风机叶片的山区运输，国内已研发相关特种运输机械，通过将叶片倾斜放置来降低叶片运输对扫空半径和转弯半径的要求。采用特种运输机械设备虽然在机械使用费上有一定增加，但是却大大降低了场内道路建设标准，在一定程度上节省了土建部分投资和工期。因此，发包人应重视风电场重、大件设备运输方案，主动或通过设备厂家寻求优化方案以降低工程建设成本，避免由于运输方案疏漏造成设备无法运输至交货地点，对工程建设带来不利影响。

6. 规范验收及支付程序

风电场工程设备采购合同对设备的出厂试验和检验、交货验收、初步验收、最终验收都有相应的约定，每一次签证都代表对相应环节的认可，同时关系到合同款项的支付。发包人应根据管理要求规范相应的验收及支付程序，包括制定相关管理办法、授权双方的签字代表、规定申请和签证的格式、明确现场签证和支付申请的流程等。

通过规范验收及支付程序，可为合同支付提供可靠的依据，避免合同双方在合同履行期间的争议，增加合同变更与索赔的可追溯性。

9.4.4 合同风险管理

风电场项目设备采购合同是采购过程中的一个重要环节，它是前期采购调研、资料收集、对比同类产品、核对技术参数、编制招标文件、组织招标等一系列繁琐工作的成果体现，也是处理后期采购付款、验收等具体交易及可能出现纠纷的主要依据。加强采购合同的管理与风险控制，可以有效防范和控制采购合同的法律风险，为企业争取最大的利益。根据采购合同管理的流程，一般采购合同的管理可以分为三个阶段，即前期管理（签订过程）、中期管理（履行过程）、后期管理（档案管理）。加强采购合同管理即是加强对这三个阶段的风险控制。

1. 前期风险控制

（1）资格审查。一方面对双方的主体资格进行审查，确保合同的效力。合同签订双方具有民事权利和行为能力，采购合同才具有合法性、有效性；另一方面调查双方的资信和履约能力，包括经济实力、信用、不良行为等，从而规避合同执行时的风险。

（2）合同条款审查。双方就采购行为活动达成一致后，签约时应审查合同条款，要将采购数量、质量、货款支付、履约期限、地点、方式等内容，均列入合同条款中。条款内容要简明扼要，不能出现歧义，突出实用性和效力性；重要的条款内容，可聘请律师进行审查。为了避免纠纷造成的损失，可结合自身情况，编制标准采购合同，避免人为疏忽造成合同条款遗漏，提高合同签订的主动性，最大程度维护自身利益。

2. 中期风险控制

（1）变更管理。履行合同时，应遵循诚实守信的原则，提高合同条款的执行力。在履约期间，如果发现条款有误、不公平，或受到政策影响可能损害甲方的利益，应该和供应商积极协商，按照规定程序进行变更。

（2）纠纷管理。履约期间出现纠纷行为，应以合同规定或法律法规为准，双方协商后及时解决问题。如果双方协商后意见一致，可签订书面协议；双方协商后无法解决，则采取仲裁、诉讼等方式。

（3）付款管理。财务部门应该依据采购合同的条款，审核办理结算业务。审核期间，应对发票、合同、入库单等单据进行仔细审核，确保单据真实合法。没有按照合同履约，或者没有签订书面协议的，财务部门可以拒绝付款，并向负责人报告。

3. 后期风险控制

（1）合同登记管理。采购合同的后期管理，主要是档案管理工作，分类归档时，应利用信息技术，对合同的制定、履行、变更等资料进行登记，实现全程管理、封闭管理。一般来说，合同档案可以分为招标文件、采购合同、验收报告等，可以方便管理人员进行查询和使用。

（2）评估履行情况。采购合同履行后，应该建立合同履行评估制度，以年度为单位，在年末对履约情况进行分析，及时发现履约过程中的问题，并制订改进措施。如此，才能查缺补漏，促进履约能力的不断提升，切实降低合同风险的发生率。

综上所述，风电场项目采购合同风险管理对于保证整个项目的安全运行具有非常重要的作用，科学、有效地进行采购合同风险管理能够推动项目的如期完成，同时可以有效保证企业获得更好的经济利益，推动企业的健康发展。

9.5 本 章 小 结

本章围绕风电场项目设备采购和合同管理进行了阐述。首先按发电设备、升压变电设备、通信及控制设备三类不同的设备介绍了采购时需关注的核心因素；其次介绍了风电场项目设备招标的招标方式和招标程序；接着从成本、质量、进度和商务角度分别识别风电场项目设备采购中的风险因素，并提出有针对性的风险管理措施；最后，总结风电场项目设备采购的特点，包括专业性强、设备价格周期性变化、标的和供货条件差异大、合同变更多等。本章详细列举了风电场项目设备采购合同的主要内容；提出风电场项目设备采购合同管理要点：加强设备采购策划，公开招标择优选择，选派人员驻厂监造，制订台账确保按期交货，重视重、大件运输方案，规范验收及支付程序。通过对前期（签订过程）、中期（履行过程）、后期（档案管理）三个阶段的风险控制，加强风电场项目采购合同风险管理。

第 10 章　风电场项目其他类型采购与合同管理

项目采购与合同管理是项目管理的重要组成部分，几乎贯穿着整个项目生命期，除施工、设备等主体工程外，风电场项目勘察设计、监理等其他类型的采购与合同管理直接影响项目管理的模式和项目的合同类型，对项目整体管理同样起着举足轻重的作用。

本章从风电场项目勘察设计采购、监理采购，以及风电场国际工程采购入手，以采购方式、范围与程序，招标、评标、决标及合同管理等内容为主线，介绍风电场项目其他类型采购内容、运作模式及项目实施过程中合同管理的相关制度和措施。

10.1　勘察设计采购与合同管理

勘察设计是风电场项目建设的基础保障，通过勘察设计，能够详细地掌握项目建设场地的地质条件、水文状况及地质结构，为建设方案的设计及后期的施工提供重要依据，确保建设方案的科学性和合理性。合同是勘察设计单位开展各项经济活动的基础与载体，合同管理对其经营效益和运作起着重要作用。

10.1.1　勘察设计采购方式、范围与程序

风电场项目采购方式主要分为招标采购和非招标采购。其中，招标采购方式主要包括公开招标和邀请招标，非招标采购方式主要包括竞争性谈判、询价采购、单一来源采购。风电场项目勘察设计采购方式取决于诸多影响因素，如政策规定、项目规模、融资方式、项目类型、专业复杂性、市场条件等，选择科学合理的采购方式，可以提高工作效率、降低企业成本、预防腐败现象。相关企业要遵循采购方式选择的原则，熟悉相关政策和法律的规定，严格按照风电场项目采购方式的有关规定有序组织风电场项目勘察设计采购。目前，风电场项目勘察设计采购主要采用招标方式。

风电场项目勘察设计是对项目场地的地形、地质及水文等要素进行测量、测绘、测试、观察、调查、勘探、试验、鉴定、研究和综合评价，形成勘察成果技术资料，为风电场项目的可行性评价、选址、规划、设计和施工提供科学可靠的依据。工程地质条件复杂或具有特殊要求的大型风电场项目勘察一般分为四个阶段：为建设项目选

址及可行性研究做准备的可行性研究勘察；为初步设计提供依据的初步设计勘察；为施工图设计做准备的详细勘察；为项目地基工程施工做准备的施工勘察。

广义的风电场项目勘察设计采购内容包括发包方式、分标、采购方式、审查机制和评标机制的策划。考虑到风电场项目交易主体、交易客体、交易环境的影响，风电场项目勘察设计发包方式主要有单独发包和勘察、设计总承包两种。勘察任务可以单独委托给具有相应资质的勘察单位实施，也可以将其包括在设计招标任务中，由勘察设计单位总承包。也就是说，由具有相应能力的设计单位完成或由其选择承担勘察任务的专业勘察分包单位承包。另外，由于勘察项目的勘察服务内容比较单一，从技术管理角度考虑，一般不再划分标段，可由同一个勘察单位承担项目的全部勘察工作，但是对于地质情况复杂、建设规模大的海上、山上风电场项目，需要划分标段的，则分别进行招标。

10.1.2　勘察设计招标

招标人委托勘察任务的目的是为项目选址和进行设计工作取得现场实际资料。设计招标的目的是通过设计竞争，择优确定综合指标较好的方案和设计单位，以达到拟建项目能够采用先进的技术和工艺，降低工程造价，缩短建设周期和提高经济效益的目的。

1. 勘察设计招标的特点

（1）风电场项目勘察招标的特点：如果勘察工作仅委托勘察任务而无科研要求，委托工作大多属于用常规方法实施的内容（地形图测绘、岩土、水文勘察）。任务比较明确具体，可以在招标文件中给出任务的数量指标，如地质勘探的孔位、探眼数量、总钻探进尺长度等。

（2）风电场项目设计招标的特点：投标人将招标人对项目的设想变为可实施的方案。招标人在设计招标文件中对投标人所提出的要求可能比较模糊，各种指标不是很明确具体，只是简单介绍风电场项目的实施条件以及预期达到的技术经济指标、投资限额、进度要求等。投标人要根据招标条件、现场踏勘资料和相关文件资料，将风电场项目的设想变为可实施的初步方案，然后在投标文件中分别报出各自对项目的构思方案、实施计划和设计费用报价。招标人通过开标、评标程序对各方案进行比较，综合评定择优确定中标方案和中标人。

2. 勘察设计招标应具备的条件

按照国家颁布的有关法律、法规，风电场项目勘测设计招标应具备如下条件：

（1）具有经过审批机关批准的设计任务书或项目建议书。

（2）具有国家规划部门划定的项目建设地点、平面布置图和用地红线图。

（3）具有开展设计必需的可靠的基础资料，包括建设场地勘测的工程地质、水文地质初步勘测资料或有参考价值的场地附近的工程地质、水文地质详细勘测资料；水、电、燃气、供热、环保、通信、市政道路等方面的基础资料；符合要求的勘测地形图等。

（4）勘察设计所需资金已经落实。

（5）有设计要求说明等。

3. 勘察设计招标文件的主要内容

风电场项目勘察设计招标和一般工程项目招标要求相似，招标采购单位应当根据招标项目的特点和需求编制招标文件。招标文件包括以下内容：

（1）招标公告或投标邀请书。

（2）投标人须知（包括密封、签署、盖章要求等）。

（3）投标人应当提交的资格、资信证明文件。

（4）投标报价要求、投标文件编制要求和投标保证金交纳方式。

（5）招标项目的技术规格、要求和数量，包括附件、图纸等。

（6）合同主要条款及合同签订方式。

（7）交货和提供服务的时间。

（8）评标方法、评标标准和废标条款。

（9）投标截止时间、开标时间及地点。

（10）省级以上财政部门规定的其他事项。

4. 勘察设计的招标方式

我国工程建设中，招标方式一般为公开招标或邀请招标。2018 年 3 月，国家发展和改革委员会印发了《必须招标的工程项目规定》（中华人民共和国国家发展和改革委员会令第 16 号），其中明确指明的必须招标的项目包括：①全部或者部分使用国有资金投资或者国家融资的项目；②使用国际组织或者外国政府贷款、援助资金的项目；③不属于上述情形的大型基础设施、公用事业等关系社会公共利益、公众安全的项目；④勘察、设计、监理等服务的采购，单项合同估算价在 100 万元人民币以上，同一项目中可以合并进行的勘察、设计、施工、监理以及与工程建设有关的重要设备、材料等的采购，合同估算价合计达到前款规定标准的，必须招标。且《必须招标的工程项目规定》指出全国适用统一原则，各地不得另行调整。

目前，我国风电场项目勘察设计采购主要采取公开招标。国有资金投资控股或者占主导地位的风电场项目，以及国务院发展和改革部门确定的国家重点项目和省、自治区、直辖市人民政府确定的地方重点项目，除符合邀请招标相关条件依法获得批准外，应当公开招标。大型风电场项目尤其是山上风电场、海上风电场，其地质和气候条件复杂多变，勘察设计工作难度大且专业性高，勘察设计合同估价相对较高，通常满足规定中必须招标的工程项目的条件。

邀请招标也称选择性招标，是由采购人根据供应商或承包商的资信和业绩，选择一定数目的法人或其他组织（不能少于 3 家），向其发出投标邀请书，邀请他们参加投标竞争，从中选定中标供应商的一种采购方式。在下列情形之一的，经批准可以进行邀请招标：①具有特殊性，只能从有限范围的供应商处采购的；②采用公开招标方式的费用占政府采购项目总值的比例过大的。

我国风电场项目建设和运营市场已经较为成熟，市场上符合相关资质条件的企业较多，竞争较为激烈；此类项目一般不属于国家不宜公开的秘密工程，项目总体建设金额大，公开招标费用占额比例相对较小；并且采取邀请招标方式审批流程复杂，风电场项目业主不得不考虑因此产生的时间成本。因此，风电场勘察设计采购较少采取邀请招标的方式。

5. 勘察设计招标的内容和范围

风电场项目勘察设计招标按照其规模和难度，一般不划分标段，要求勘察设计单位提供工程各个阶段全过程的服务，主要工作内容和专业范围涉及土建、微观选址、电气、技经、地质、道路等。

风电场项目勘察招标的内容：由于风电场建设项目的性质、规模、复杂程度以及建设地点的不同，设计前所需的勘察也各不相同，主要有自然条件观测、地形图测绘、资源探测、岩土工程勘察、安全性评价、工程水文地质勘察、环境评价和环境基底观测、模型试验和科研 8 大类别。依据总体方案平面图及设计单位提出的技术方面的要求，进行勘察方案设计及实施。

一般风电场项目设计招标的内容为总体规划设计、方案设计（含概念设计）、初步设计和施工图设计等几个阶段的设计。

对技术复杂而又缺乏经验的大型风电场项目，在必要时还要增加技术设计阶段。风电场项目设计招标一般多采用总体规划设计、方案设计（含概念设计）、技术设计招标或施工图设计招标。为了保证设计指导思想连续地贯彻于设计的各个阶段，一般由方案设计（含概念设计）中标的设计单位承担初步设计或施工图设计任务。

通常，风电场项目勘察设计合同中规定的勘测设计具体工作范围包括但不限于：设计方负责风电场项目勘测设计，地质勘察、微观选址、地形图测绘、可行性研究（达到初步设计深度）、优化设计、施工图设计、竣工图编制等阶段的全过程勘察设计及相关服务，其中还包括设计人员的现场服务（包括沉降观测）、编制施工招标工程量清单、编制设备与材料招标技术规范书、参加评标等。

此外，风电场项目勘察设计对各个阶段需要完成的任务和工作通常也有相关规定。一般来说，每期风电场项目各阶段完成内容包括但不限于：

（1）可行性研究（达到初步设计深度）阶段工作内容。此阶段工作内容主要包括设计准备、配合业主落实设备资料、方案研究、方案优化、设计文件编制、概算编制、按类整理成册、参加初步设计审查以及根据审查结论进行的可行性研究批准范围内的修改工作，通过风电场项目业主组织的审查。在可行性研究（达到初步设计深度）总说明书中，还应对现场总平面布局方案和安全文明施工保证措施进行专篇描述，在设计上考虑为安全文明施工创造条件。

（2）施工图设计阶段工作内容。此阶段主要工作内容包括配合业主落实设备资料、编制招标技术规范书、签订设备技术协议等设计准备工作，以及施工图总图设计及评审验收、施工图详图设计、成品审核、设计交底、工地现场服务（包括沉降观测）、参加试运行及竣工验收、竣工图编制、文件归档等工作。

（3）竣工图编制阶段主要工作内容。风电场项目竣工图编制阶段的主要工作内容是以施工图为基础，并根据各参与方审核确认的"设计变更通知单""工程联系单"等变更文件，以及现场施工验收记录和调试记录等资料编制竣工图。且竣工图的编制内容应与施工图设计、设计变更、施工验收记录、高度记录等相符合，应真实反映工程验收的实际情况。

风电场项目勘察设计程序要按照项目实施各个阶段的进度计划安排相应的设计任务，并能够满足项目开展的时间节点要求。此外，勘察设计单位根据项目进度要求按设计阶段详细列出各专业主要图纸的交付计划。一般来说，勘察设计文件交付进度表见表 10-1。

表 10-1　勘察设计文件交付进度表

序号	设 计 内 容	交 付 进 度
1	初步设计（或可行性研究达到初步设计深度）阶段	
1.1	勘测报告文件	满足初步设计和施工图要求
1.2	初步设计（送审稿）	满足初步设计审查的需要
1.3	概算书（送审稿）	满足初步设计审查的需要
1.4	初步设计（最终稿）	全套文件
1.5	概算书（最终稿）	全套文件
2	施工图设计阶段	
2.1	施工图设计文件	满足施工要求
2.2	编制招标技术规范书	满足施工要求
2.3	设备材料清册	满足施工要求
3	竣工图设计文件	满足项目验收要求

6. 勘察设计招标的程序

风电场项目的建设可以分为规划建议、立项决策、勘察设计、施工、竣工验收等阶段。其中，勘察设计阶段是承前启后、决定项目建设成效的关键阶段。对于风电场项目勘察设计招投标程序来说，和一般建设工程的招标程序类似，依次包括招标登记、组织与建设规模相适应的工作班子或委托招标代理机构、发布招标公告或投标邀请书、编制发售预审文件（如有）、确定合格投标人、编制发售招标文件、组织现场踏勘与答疑（如有）、接受投标文件、组织评标委员会、开标评标、确定中标人、招标投标情况书面报告。

10.1.3　勘察设计评标与决标

1. 评标原则

评标是根据投标文件按专项技术方案、投资匡算及控制造价措施、质量管理和保证、设计组织及技术服务保障、资格、业绩、信誉和获奖等方面的优劣，以及对招标文件的响应程度进行综合评价比较。投标文件应实质上响应招标文件的要求。所谓实质上响应招标文件的要求，就是其投标文件应与招标文件所有条款、条件和规定相符、无显著差异或保留。投标单位如对招标文件的某些条款、条件和规定持有异议或保留，应明确提出依据和对应的建议，评委将根据其合理程度予以评价。如果投标文件实质上不响应招标文件条款、条件和规定。招标单位将予以拒绝，并且不允许通过修正或撤销其不符合要求的差异或保留，使之成为具有响应性的投标。

2. 评标办法

常用的风电场项目勘察设计评标办法主要采取经评审的低价中标法和综合评标法。经评审的低价中标法中能够满足招标文件的各项要求，投标价格最低的投标即可作为中选投标；综合评标法，俗称"打分法"，把涉及投标人的各种资格资质、技术、商务以及服务的条款，都折算成一定的分数值，总分为 100 分。评标时，对投标人的每一项指标进行符合性审查、核对并给出分数值，最后汇总比较，取分数值最高者为中标人。

以某风电场项目勘察设计招标为例，其采用综合评标法进行评标，要点如下：

（1）评委根据对投标文件各项进行评价比较，包括投标单位的设计意图、对投标文件的响应、业绩和获奖情况等，对每一个投标文件进行综合评价比较，评比各投标文件的优势，为中标单位明确顺序。

（2）评标采用百分制，考虑的因素有规划设计、岩土工程详勘及测量、风机微观选址、场内升压变电站总平面布置设计（含效果图）、建筑物设计（含形象设计与效果图）、集电线路设计、风机基础设计、场内道路设计、工程投资估算合理性及控制造价措施、设计组织及技术服务保障措施、设计文件交付进度。其中规划设计、风机微观选址、场内升压变电站总图布置、建筑物形象设计、集电线路设计、设计文件交付进度的权重分值相对较高。

（3）最低报价并不是被授予合同的唯一标准。

3. 决标

决标是风电场项目勘察设计招标工作程序之一，是最终选择中标单位的过程。决标应在评标的基础上进行。就决标而言，在风电场项目勘察设计合同的决标中，包括开标、评标和定标这样几个环节。决标中的公开、公平、公正原则是非常重要的。首先，招标人应当在规定的期限内，通知投标者参加，在有关部门的监督下，当众开标，宣布评标、定标办法，启封投标书和补充函件，公布投标书的主要内容和标底；其次，招标人在评标中应平等地对待每一个投标人，不偏袒某一方，按照公正合理原则，对投标人的投标进行综合评价；最后，在综合评价的基础上择优确定中标人。

中标人一旦确定就是定标。决标具有承诺的性质，其实质是指定标具有承诺的性质。既然是承诺，那定标就表示合同的订立，就对双方当事人都具有约束力。因此，招标人在决定中标人后，应向中标人发出中标通知，然后在规定的期限内与中标人正式签订风电场项目勘察设计合同。

10.1.4　勘察设计其他采购方式

1. 勘察设计的非招标采购方式

风电场勘察设计采购主要采用招标的方式，少数风电场项目勘察设计采取非招标采购方式，如竞争性谈判、单一来源采购、询价采购、框架采购等其他采购方式。

竞争性谈判是指谈判小组与符合资格条件的供应商就勘察设计采购事宜进行谈判，供应商按照谈判文件的要求提交响应文件和最后报价，采购人从谈判小组提出的成交候选人中确定成交供应商的采购方式。例如永仁县大雪山风电场勘察设计、甘肃省民勤红沙岗百万千瓦级风电基地第三风电场工程勘察设计、前山公司徐闻黄塘（49.5MW）风电场项目剩余机组勘察设计、湖南永州江永龙田风电 110kV 送出工程勘察设计等项目均采用公开竞争性谈判。

单一来源采购是指采购人从某一特定供应商处采购勘察设计服务的采购方式。例如，大唐钟祥华山观风电场增容项目建设用地红线图勘察设计服务等。

询价采购是指询价小组向符合资格条件的供应商发出采购货物询价通知书，要求供应商一次报出不得更改的价格，采购人从询价小组提出的成交候选人中确定成交供应商的采购方式。例如，大唐普格甘天地二期风电场勘察设计、镶黄旗 150MW 风电项目林地勘察设计、华能马山风电送出线路工程勘察设计采购等。

框架采购的实质就是采购部门在现有供应商的基础上，通过招标方式确定分规模、不同类型的勘察设计价格，根据实际需求数量直接向中标人下达订单的采购方式。

目前国内风电场项目勘察设计市场比较完善，竞争有序，许多企业的采购管理理念也向供应链的管理理念、集中采购理念、科学理性采购理念转变，为框架采购提供了良好的外部条件。

2. 非招标采购方式的规定

中华人民共和国财政部令第 74 号《政府采购非招标采购方式管理办法》规定，采购人、采购代理机构采购以下货物、工程和服务之一的，可以采用竞争性谈判、单一来源采购方式采购；采购货物的，还可以采用询价采购方式：

（1）依法制定的集中采购目录以内，且未达到公开招标数额标准的货物、服务。

（2）依法制定的集中采购目录以外、采购限额标准以上，且未达到公开招标数额标准的货物、服务。

（3）达到公开招标数额标准、经批准采用非公开招标方式的货物、服务。

（4）按照招标投标法及其实施条例必须进行招标的工程建设项目以外的政府采购工程。

符合下列情形之一的风电场项目勘察设计采购，可以采用竞争性谈判方式采购：

（1）招标后没有供应商投标或者没有合格标的，或者重新招标未能成立的。

（2）技术复杂或者性质特殊，不能确定详细规格或者具体要求的。

（3）非采购人所能预见的原因或者非采购人拖延造成采用招标所需时间不能满足用户紧急需要的。

（4）因艺术品采购、专利、专有技术或者服务的时间、数量事先不能确定等原因不能事先计算出价格总额的。

10. 1. 5　勘察设计合同管理

风电场项目勘察设计期间，当事人双方需签订合同，通过合同保护权益，保障勘察设计的优质性。风电场项目勘察设计中的合同管理，是一项特殊的工作。合同是解决勘察设计纠纷的依据，必须做好合同管理的工作，才能维护工程勘察设计的市场化。风电场项目建设工程中，为了规范勘察设计的方式，促使其符合市场原则，在合同管理中要落实《建设工程勘察设计合同管理办法》，要求其严格按照管理办法进行勘察设计。既要履行合同管理办法，又要遵循市场原则。

1. 风电场项目勘察设计的合同管理措施

合同管理是保障风电场项目勘察设计有序进行的依据，合同管理措施则是一项重点的工作，与合同应用存在直接的联系，风电场项目勘察设计中，必须全面落实合同管理措施，便于完善合同的实践应用。

（1）细化合同管理办法。合同管理措施中，需根据风电场项目勘察设计的实际情况，细化合同管理的办法，严格划分勘察设计中的技术责任，利用合同的方式规定相关权益，同时确保权益的合法性。首先风电场项目在勘察设计中，依照规定内容，要求双方签订合同，合同内的条例对工程中的新建、改建等都存在规范性；然后按照建设工程市场的实况，规范合同管理，以免合同中出现违规的内容，确保合同管理的细节部分；最后依照合同中的条例，细化双方的责任，如果合同双方提出不同的建议，也可采取书面形式进行约束，主要是针对可能发生的纠纷，提前进行规范，保障合同管理措施的可行性，满足建设工程勘察设计的实践需求。

（2）强化合同管理监督职能。监督职能是合同管理的有效作用，可以发挥合同在风电场项目勘察设计中的作用。由于建设工程现场的环境、地质不同，因此在不同（类型）的风电场项目中，勘察设计的行为、活动存在差异，也就表示合同管理的措施存有差别。在合同管理中强化监督职能，有利于辅助合同内容的执行，为风电场项目勘察设计提供指导策略，促使勘察设计能够与周围的自然环境、地质环境保持和谐性。

（3）深化合同管理法规控制。在风电场项目勘察设计中，双方签订合同后，合同已经具有法律效应，深化合同管理的法规控制，可以充分发挥行政部门的责任，维护勘察设计现场的秩序。建设勘察设计中出现违法行为时，行政部门可以要求司法机关依照合同进行审判，如果当事人对处罚有异议，也可实行复议或诉讼，其表明法规控制管理方法的公平、公正，也能体现出合同的执行力。目前，各地区建设工程勘察设计中的合同管理，非常重视法规控制的应用，以此来规范合同的管理方法，提高合同管理在风电场项目勘察设计中的规范性。

2. 风电场项目勘察设计的合同管理实践分析

风电场项目勘察设计合同管理的实践，规范了合同管理的行为，一方面维护了合同本身的价值，另一方面规划了合同管理的手段。

（1）委托方的合同管理。招标人与具有相应资质和能力的承包方建立合同关系，合同中规定，风电场项目勘察设计的委托方，需要向承包方提供工作资料，而且要负责工作资料的真实性。合同管理时，根据委托的内容，执行相关的合同条例。例如委托的工作是工程勘察，在勘察前期完成勘察技术的规划并且附图，提供勘察设计中的技术资料。

（2）合同文件的编制管理。建设工程勘察设计中，委托方有可能提出变更要求，此时需针对变更的项目，重新编制相关的规划文件和技术资料，委托方需核定因变更引起承包商二次编制文件增加的额外费用。因此，在合同文件编制管理过程中应重视合同变更引起的相关费用约定和责任归属问题等。

（3）合同的监督管理。监督管理实践中，应落实勘察设计合同的内容，监督合同管理的执行，保障双方的权益，体现合同管理的实践职责，完善合同管理中的实践活动，保障风电场项目勘察设计的质量。

合同管理对风电场项目勘察设计具有基础维护作用，可为解决勘察设计中的合同纠纷提供相关的依据。合同管理的工作内容，应符合勘察设计的特殊性，在管理措施中实行档案管理方法，同时结合条例应用，强化合同管理的工作内容，发挥合同管理的作用，体现合同管理措施的积极性。

10.2　监理采购与合同管理

风电场项目的大型化、复杂化，以及实施中大量采用先进技术等，要求项目的建设过程必须具有较高的管理水平。风电场项目监理组织是完成风电场项目监理工作的基础和前提。在风电场项目的不同组织管理模式下，可采用不同的风电场项目监理委托方式。工程监理单位接受建设单位委托后，需要按照一定的程序和原则实施监理。

10.2.1　监理采购方式、范围与程序

风电场项目监理采购取采购的广泛意义，主要指风电场项目对监理人的招标，例如利用公开招标和邀请招标的方式进行监理人的选择，不同风电场项目采用的招标方式不同，视项目具体情况而定。监理人招标的服务范围也很广，包括但不限于施工监理、调试监理、试生产监理以及其他工作。监理人的招标要在规定时间、地点按照法定的程序进行。

10.2.2　监理招标

风电场项目与一般工程类似，要按法定的招标程序进行监理人的选择。

1. 招标方式

监理招标采购一般采用公开招标和邀请招标两种方式。

两类招标方式的差异有：

（1）发布信息的方式不同。公开招标采用公告的形式发布，邀请招标采用投标邀请书的形式发布。

（2）选择的范围不同。公开招标针对的是一切潜在的对招标项目感兴趣的法人或其他组织，招标人事先不知道投标人的数量；邀请招标针对的是招标人已经了解的法人或其他组织，而且事先已经知道潜在投标人的数量。

（3）竞争的范围不同。由于公开招标使所有符合条件的法人或其他组织都有机会参加，竞争的范围很广，竞争性体现得也比较充分，招标人拥有绝对的选择权，容易获得最佳招标效果；邀请招标中投标人的数目有限，竞争范围有限，风电场项目招标人拥有的选择余地相对较小，有可能提高中标的合同价，也有可能将某些在技术上或报价上更有竞争力的供应商或承包商遗漏。

（4）公开的程度不同。公开招标中，所有的活动都必须严格按照预先指定并为大家所知的程序和标准公开进行，大大减少了作弊的机会；相对而言，邀请招标的公开程度逊色一些，产生不法行为的机会也就多一些。

（5）成本不同。邀请招标不发公告，招标文件只送几家招标人比较了解的单位，这使整个招投标的时间大大缩短，招标费用也相应减少。公开招标的程序比较复杂，耗时较长，费用也比较高，同时参加投标的单位可能鱼龙混杂，增加了评标的难度。

由此可见，两种招标方式各有千秋，因此风电场项目监理招标方式若存在选择问题，应在招标准备阶段根据相关法律及风电场项目监理市场情况进行认真研究。

2. 招标范围

风电场项目中应用监理人招标的范围很广，包括施工监理（塔架安装、基础施工和变电站内建筑安装等工程）、调试到移交试生产监理、达标投产的全过程监理。监理工作应按照四控制（质量、成本、进度、安全）、两管理（合同、信息）、一协调（协调业主和设备、施工承包商的关系）的原则进行。土方回填、混凝土浇筑和塔架及风机主设备吊装工程必须旁站监理。

监理的具体工作很宽泛，但不限于以上提到的相关工作。现以某省 200MW 风电场项目工程的监理工作为例。

（1）施工监理。其主要包括：现场总平面图布置，临时水电的管理与协调工作；施工图会审和交底，并对图纸中存在的问题向设计单位提出书面意见和建议；分部工程、关键工序、隐蔽工程的质量检查和验收；参与主要设备招标与评标、合同谈判；审查分包单位、试验单位的资质；检查进场原材料、设备、构件的采购、入库、保管、领用等执行情况；遇到威胁安全的重大问题时，有权提出"暂停施工"的通知，并通报项目法人参与事故调查。

（2）调试监理。其主要包括：参与对调试单位的招标、评标、合同谈判工作，提出监理意见，并督促其合同的履行，维护项目法人及承包商的合法权益；主持审查调试计划、调试方案、调试措施及调试报告；参与协调工程的分部试运行和整套试运行工作；负责分步试运行和整套试运行的质量验收工作；严格执行分部试运行验收制度，分部试运行不合格不准进入整套启动试运行；对在试生产期中出现的设计问题、设备质量问题、施工问题提出监理意见；协助项目法人完成达标投产工作。

（3）试生产监理。其主要对在试生产期间出现的设计问题、设备质量问题、施工问题提出监理意见。

（4）其他工作。其主要包括：编制整理监理工作的各种文件、通知、记录、检测资料、图纸等，合同完成或终止时交给项目法人；建立工程项目在质量、安全、投资、进度、合同等方面的信息和管理网络，在项目法人、设计、设备、施工、调试单位的配合下，收集、发送和反馈工程信息，形成信息共享；在监理合同签订生效后，由总监理师组织编写监理规划，报项目法人批准后实行；参与和协助项目法人组织的与工程建设相关的工程进度、安全、质量及造价控制等方面的协调会、审查会、检查会及验收会等活动。

（5）监理资料的整理。其主要包括编制整理监理工作的各种文件、通知、记录、检测资料、图纸等，合同完成或终止时交给项目法人。

3. 招标程序

风电场项目监理人招标的程序与一般工程类似，监理招标采购流程图如图 10-1 所示。

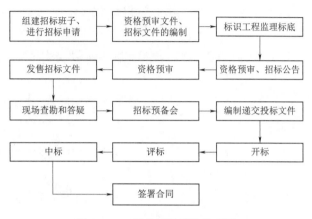

图 10-1 监理招标采购流程图

10.2.3 监理评标与决标

风电场项目监理评标是监理招投标工作中的核心环节，由招标人成立的评标委员会，以监理招标文件中注明的评标方法及评分细则，对投标人的投标文件进行公平、公正的审查，评分对比，逐步确定投标人的排名顺序，并确定最终的中标人。监理评标的基本程序一般包括：①评标准备工作；②初步评审；③详细评审；④确定中标人。

其中，初步评审主要包括形式评审、资格评审和响应性评审三部分，形式评审主要是专家对比投标人名称是否与企业法人营业执照、监理企业资质证书一致；投标函是否有法定代表人或其委托代理人签字或盖章和盖单位公章；投标文件格式是否满足招标文件的要求。资格评审主要是企业是否具备有效的企业法人营业执照，监理企业是否具备有效的监理企业资质证书，监理资质等级是否符合国家规定标准，注册监理工程师是否符合国家规定的资质标准等。响应性评审主要审查监理服务期、投标有效期、投标保证金、现场监理机构人员配备是否满足招标文件的要求。

在监理评标的初步评审中，往往需要提供企业法人营业执照副本、监理企业资质证书副本、项目总监理工程师注册证书、监理人员资格证书等相关证书原件备核查。

详细评审指的是评标专家根据招标文件规定的评标标准和评分细则，对通过初步评审的投标文件做进一步的比较。评标的方法一般包含经评审的最低价法、综合评估法、专家评议法等。评审的最低价法适用于技术通用或者招标人没有特殊要求的项目。综合评估法通常采用打分的方式，对评分项目进行量化评分。评分因素和所占的权重数值需在招标文件中做出明确的规定。其中，综合评估法运用较为广泛。作为综合评估法的核心依据，评分细则内评分指标或者指标权重的变动，将直接影响到最终的评分结果。因此，选择合理公平的评分指标和权重，对评选最满意的监理单位意义重大。

在评标的基础上择优选择中标人之后，一旦定标，决标的过程相应结束。

10.2.4　监理合同管理

10.2.4.1　监理合同的概念和特征

建设工程委托监理合同简称监理合同，是指委托人与监理人就委托的工程项目管理内容签订的明确双方权利、义务的协议。

在风电场项目建设实施阶段，委托人与监理人签订的监理合同，与其他施工所涉及合同的最大区别，表现在标的性质上。勘察设计合同、施工承包合同、物资采购供应合同、加工承揽合同等的标的，都会产生新的物质成果或信息成果，而监理合同的标的是"服务"。监理人与委托人签订书面监理委托合同后，依据法律、行政法规及有关的技术标准、设计文件，在授权范围内代表委托人对委托人与第三方所签订合同履行过程中的工程质量、工期和进度、建设资金使用等执行监理工作。即监理人凭借自己的知识、经验、技能为委托人提供监督、协调、管理的服务。

鉴于风电场项目监理合同标的的特殊性，合同方当事人的监理人，仅接受发包人委托，对风电场项目建设过程中的设计、施工、安装、物资供应、设备加工和制造等合同的履行进行监督、管理和协调有关各方的工作，完成国际工程通行的建设活动中"咨询工程师"（简称工程师）的职能。监理合同是委托合同的一种，除具有委托合同的共同特点外，还具有以下特点：

（1）监理合同的当事人双方应当是具有民事权利能力和民事行为能力、取得法人资格的企事业单位、其他社会组织，个人在法律允许的范围内也可以成为合同当事人。作为委托人必须是具有国家批准的风电场建设项目落实投资计划的企事业单位、其他社会组织及个人，而接受委托的监理人必须是依法成立具有法人资格的监理企业，并且所承担的工程监理业务应与企业资质等级和业务范围相符合。

（2）委托监理合同的标的是服务，风电场项目实施阶段所签订的其他合同，如勘察设计合同、施工承包合同、物资采购合同、加工承揽合同的标的物是产生新的物质成果或信息成果，而监理合同的标的是服务，即监理工程师凭据自己的知识、经验、技能受业主委托为其所签订其他合同的履行实施监督和管理。

（3）监理合同是非承包性合同。首先，监理人不向委托人承包工程。其次，尽管监理合同也有服务起止期限的规定，但这个期限又与所监理的其他合同能否顺利实现直接相关，如果被监理的合同因非监理人责任的原因延期或延误完成，则监理合同的期限也要相应顺延。在合同约定的有效期内，如果所监理的工程不能顺利完成，监理人不仅不对委托人承担赔偿工程延误损失的责任，而且有权要求委托人对相应延展合同期内的服务工作给予额外的酬金补偿，对工程质量的缺陷，监理人不负直接责任，保质、保量完成工程是其他合同承包实施者的义务，监理人仅负责质量的控制和检验。因此监理合同是一种非承包性的服务合同。

10.2.4.2　风电场监理合同的几个重要内容

1. 委托的监理业务

（1）委托工作的范围。监理合同的数量代表监理工程师为委托人提供服务的范围和工作量。风电场项目中委托人委托监理业务的范围非常广泛。

（2）在监理合同中明确约定的监理人执行监理工作的要求，应当符合《建设工程监理规范》（GB/T 50319—2013）的规定。例如针对风电场项目的实际情况派出监理工作需要的监理机构以及人员，编制监理规划和监理细则，采取与实现监理工作目标相应的监理措施，从而保证监理合同得到真正的履行。

2. 监理合同的履行期限、地点和方式

订立监理合同时约定的履行期限、地点和方式是指合同中规定的当事人履行自己的义务完成工作的时间、地点以及结算酬金。在签订《建设工程委托监理合同》时双方必须商定监理期限，标明何时开始，何时完成。合同中注明的监理工作开始实施和完成日期是根据工程情况估算的，合同约定的监理酬金是根据这个时间估算的。如果委托人根据实际需要增加委托工作范围或内容，导致需要延长合同期限的，双方可以通过协商，另行签订补充协议。

此外，监理酬金支付方式也必须明确：首期支付多少，是每月等额支付还是根据工程进度支付，支付货币的币种等。

3. 监理人的权利与义务

（1）监理人的权利。监理人的权利包括合同中规定的权利和履行监理任务时所享有的权利。这里主要介绍履行监理任务时的权利。

1）风电场项目有关事项和工程设计的建议权。风电场建设工程有关事项包括工程规模、设计标准、规划设计、生产工艺设计和使用功能要求。在设计标准和使用功能等方面，监理人有向委托人和设计单位建议的权利，在工程设计方面，有按照安全和优化方面的要求，就某些技术问题自主向设计单位提出建议的权利。但如果由于提出的建议提高了工程造价或延长了工期，应事先征得委托人的同意，如果发现工程设计不符合建筑工程质量标准或约定的要求，应当报告委托人要求设计单位更改方案，并向委托人提出书面报告。

2）对风电场项目质量、工期和费用的监督控制权。其主要表现为对承包人报送的工程施工组织设计和技术方案，按照保质量、保工期和降低成本的要求，自主进行审批并向承包人提出建议；征得委托人同意后，发布开工令、停工令、复工令；对工程上使用的材料和施工质量进行检验；对施工进度进行检查、监督，未经监理工程师签字，建筑材料、建筑构配件和设备不得在工地上使用，施工单位不得进行下一道工序的施工；对工程实施竣工日期提前或延误期限的鉴定；在工程承包合同方确定的工程范围内，工程款支付的审核和签认权，以及结算工程款的复核确认与否定权。未经监理人签字确认，委托人不支付工程款，不进行竣工验收。

（2）监理人的义务。

1）监理单位应履行与项目有关的、正常的、附加的和额外的服务。其中正常的服务是指委托工作范围内所述的服务；附加的服务是指通过双方的书面协议另外附加于正常服务的那类服务；额外的服务是指除正常的或附加的服务之外，监理单位需做的任何工作或支出的费用。

2）认真地尽职和行使职权。监理单位在根据合同履行其义务时，应运用合理的技能，谨慎而勤奋地工作。当服务包括行使权力、履行授权的职责，或当项目法人和任何第三方签订的合同条款需要时，监理单位应根据合同进行工作，如果未在合同中对该权力和职责的详细规定加以说明，则这些详细规定必须是监理单位可以接受的。

3）任何由项目法人提供或支付的供监理单位使用的物品都属于项目法人的财产，并应在实际应用中如此标明，当服务完成或终止时，监理单位应将履行服务中使用的设备、设施及未使用的物品库存清单提交给项目法人，并按项目法人的指示移交此类物品。

10.3　国际工程采购与合同管理

风电场项目国际工程采购与合同管理的概念可以从一般国际工程采购与合同管理中引申过来。风电场项目国际工程设备材料采购一般是指风电场项目业主一方（买方）通过招标、询价等形式选择合格的供货（卖方），购买风电场国际工程项目建设所需要的设备和材料的过程。设备材料采购不仅包括单纯的采购工程设备、材料等货物，还包括按照工程项目的要求进行的设备、材料的综合采购（购买、运输、安装、调试等）以及交钥匙工程（即工程设计、土建施工、设备采购、安装调试等实施阶段全过程的工作）。风电场项目国际工程承包合同管理，是指合同管理部门根据合同的内容对工程项目的实施过程进行有效管理，按合同的规定顺利完成项目。

10.3.1 采购方式及程序

风电场项目国际工程采购，即国际工程业主对风电场工程建设项目进行的招标采购。国际工程采购大多数采用世界银行推广的采购方式及程序，其他机构（包括多边和双边机构）贷款的采购方式和程序也基本和世界银行类似，通常采用的采购方式主要包括招标采购和非招标采购两类。其中，招标采购包括国际竞争性招标、有限国际招标；非招标采购包括国际或国内询价采购、直接签订合同。

1. 国际竞争性招标

早在 1951 年，世界银行就对国际竞争性招标（international competitive bidding，ICB）的采购方式进行推广，通过世界银行贷款的项目都采用这种方式。实践证明，采用这种竞争性的方式，不仅能够很好地达到世界银行对采购的基本要求，还能帮助借款方以最低价格获得符合要求的工程总承包商，保证所有合格的投标者都有机会参加投标，确保更加公开公正地进行采购。

国际竞争性招标即公开招标，是一种无限竞争的采购方式。这种方式指招标人通过公开的宣传媒介或相关国家的公众媒体发布招标信息，使世界各国所有合格的承包商都有均等机会参与投标，不限制投标方个数。各国的投标方根据招标要求编制并递交自己的标书，招标人根据投标报价、工期要求及拟用于工程的设备等多种因素进行评标直至选择最终中标人。

国际竞争性招标程序的目的是使招标人能够经济有效地选择出所需的投标方，并保证承包商有一个公平参与投标竞争的机会。

国际竞争性招标的基本程序一般为：①刊登采购总公告；②资格预审；③招标通知；④发售招标文件；⑤投标；⑥开标；⑦评标；⑧授标；⑨签订合同。

2. 有限国际招标

有限国际招标（limited international bidding）是采用不公开刊登招标公告而直接邀请供应商或承包商进行投标的一种采购方式。

按照世界银行的规定，有限国际招标方式适用于下述情况：

（1）采购金额较小。

（2）能够提供所需货物的供货商、服务的提供者或工程的承包商数量有限。

（3）有其他特殊原因，证明不能完全按照国际竞争性招标方式进行采购等。

有限国际招标除了不刊登广告之外，其程序与国际竞争性招标的程序基本是相同的。由于有限国际招标不必刊登广告，因此其必须先确定拟邀请参加投标的厂商名单。对于世界银行贷款的项目，此名单（包括厂商名称、详细地址）先由招标人提出，然后报世界银行审核确认。为了保证价格具有竞争性，至少要有 3 家以上受邀请的承包商，授标应在至少评比 3 家的基础上做出决定。

3. 国际或国内询价采购

国际询价采购（international shopping，IS）和国内询价采购（national shopping，NS）是在比较几家国内外厂家（一般至少三家以上）报价的基础上进行的采购，这种方式只适用于采购现货或价值较小的标准规格设备，或者适用于小型、简单的土建工程。

4. 直接签订合同

不通过前述两种形式而直接签订合同（direct contracting，DC）的方式，适用于下述情况：

（1）对于已按照世界银行同意的程序授标并签约而且正在实施中的工程或货物合同，在需要增加类似的工程量或货物量的情况下，可通过这种方式延续合同。

（2）考虑与现有设备配套或设备标准化方面的一致性，可采用此方式向原来的供货厂家增购货物。

（3）所需设备具有专营性，只能从一家厂商购买。

（4）负责工艺设计的承包人要求从指定的一家厂商购买关键的部件，以此作为保证达到设计性能或质量的条件。

（5）在一些特殊情况下，如抵御自然灾害，或由于需要早日交货，可采用直接签订合同方式进行采购，以免由于延误而花费更多的费用。通常，项目中哪些子项需要采用直接采购，金额多大，以及世界银行有什么要求，在贷款协定和评估报告中，均有具体规定，项目单位不能自行改变采购方式。确需改变或调整时，世界银行融资项目要事先争得世界银行的同意。

10.3.2　工程招标

根据世界银行的统计，在我国以往的世界银行贷款项目中，国际竞争性招标采购的金额占贷款采购总金额的 70% 以上，其他采购方式不到 30%，风电场国际工程采购也不例外，大部分的风电场项目业主也是通过国际竞争性招标方式最终选择总包方的。

10.3.2.1　招标方式

1. 公开招标

（1）定义。公开招标指的是风电企业委托招标代理机构在合法的公共信息平台上发布物资采购公告，并对参与投标的厂商或代理商有严格的资质要求，只有满足资质要求的企业才能够进行投标。公开招标又称无限竞争招标，由招标单位通过报刊、广播、电视等方式发布招标广告，有投标意向的承包商均可参与投标资格审查，审查合格的承包商可购买领取招标文件，参加投标。

（2）特点。公开招标的优点是投标承包商多，竞争范围大，业主有较大的选择空间，有利于降低工程造价、提高工程质量和缩短工期。其缺点是由于投标的承包商数量较多，招标工作量大，组织工作复杂，需要投入较多的人力、物力，招标过程所需时间较长，因而此类招标方式主要适用于投资额度大，工艺、结构复杂的较大型工程建设项目。不难看出，公开招标有利有弊，但优势十分明显。

2. 邀请招标

（1）定义。邀请招标是招标人以投标邀请书邀请独立法人或者相关组织参加投标的一种招标方式。邀请招标又称有限制竞争招标，是一种由招标人选择若干供应商，向其发出投标邀请，由被邀请的供应商投标竞争，从中选定中标者的招标方式。邀请招标具有不公开邀标公告、受邀单位才能参与、投标人数量有限制等特点。这种方式不发布广告，业主根据自己的经验和所掌握的信息资料，向有能力承担该项工程的 3 个及以上承包商发出投标邀请书，收到邀请书的单位有权利选择是否参加投标。邀请招标与公开招标一样必须先按规定的招标程序进行，制订统一的招标文件，投标人必须按招标文件规定进行投标。

（2）特点。邀请招标的优点是参加竞争投标的投标商数目可由招标单位控制，目标集中，招标的组织工作较容易，工作量比较小。其缺点是由于参加的投标单位相对较小，竞争性范围较小，使招标单位对投标单位的选择余地较少，如果招标单位在选择被邀请的承包商前所掌握信息资料不足，则会失去发现最适合承担该项目承包商的机会。

在我国工程招标实践中，过去常把邀请招标和公开招标同等看待。实践中，一般没有特殊情况的风电场建设项目，都要求必须采用公开招标或邀请招标。

10.3.2.2 招标程序

风电场项目国际工程招标是以招标人或招标人委托的招标代理机构（tendering agency）为主体进行的活动。风电场国际工程招标流程图如图 10 - 2 所示。

工作主要包括以下方面：

（1）招标组织。对大型风电场项目，建设单位一般要构建招标领导小组和工程招标管理机构。领导小组对招标过程的重大问题进行决策，招标管理机构则负责工程招标实施。

（2）招标准备。招标人进行招标首先必须做好招标准备，内容包括落实招标条件、建立招标机构和确定招标计划 3 个方面。招标条件是指招标前必须具备的基本条件，如招标项目按照国家有关规定需要履行

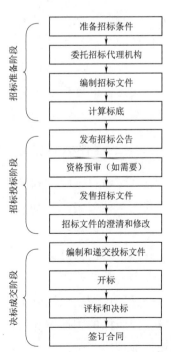

图 10 - 2 风电场国际工程招标流程图

项目审批手续的，应当先履行审批手续，取得批准；招标人有进行招标项目的响应资金或者资金来源已经落实等。施工招标计划一般包括确定招标范围、招标方式和招标工作进程等。

（3）招标公告、投标邀请、资格审查、招标文件发售。公开招标一般要求招标人在报刊上或其他场合发布工程招标公告；经批准的邀请招标，一般向特定的 3 家以上潜在承包人发送投标邀请书。在招标公告（或邀请书）中一般要说明风电场项目概况、工程分标情况、投标人资格要求等。对公开招标，招标人经过对送交资格预审文件的所有承包商进行认真的审核之后，通知那些招标人认为有能力承包本风电场项目的承包商前来购买招标文件。

（4）接受标书。接受标书即招标人接受投标人递交投标书的过程。通过资格预审的承包商购买招标文件后，一般先仔细研究招标文件，进行投标决策分析，若决定投标，则派人员赴现场考察，参加建设单位召开的标前会议，仔细研究招标文件，制订施工组织设计，进行工程估价，编制投标文件等，并按照招标文件规定的日期和地点把投标书送达招标人。

（5）开标。开标指在招标投标活动中，由招标人主持、邀请所有投标人和政府行政监督部门或公证机构人员参加，并在预先约定的时间和地点，当众开启投标文件的过程。工程施工开标时，一般要宣布各投标人的报价。

（6）评标。评标指招标人组织评标委员会，由该委员会按照招标文件规定的标准和方法，对各投标人的投标文件进行评价、比较和分析，从中选出中标候选人的过程。评标的最后结果是评标报告，其中包括推荐带有排序的 3 个中标候选人。

（7）决标。决标指在评标委员会推荐的中标候选人的基础上，由招标人最终确定中标人的过程。评标委员会一般推荐 3 个中标候选人，并有明确排序，招标人一般确定排名第一者中标，并与其签订工程合同。

10.3.3　工程评标与决标

风电场项目国际工程采购评标在通常情况下不仅要看投标报价的高低，还要综合考虑其他多种因素。例如买方在设备材料运抵现场过程中可能要支付的运费和保险费，设备在评审预定的寿命期内可能投入的运行费和维护费等。国际工程设备材料采购评标通常采用两类方法，即评标价比较法和评分法。

1. 评标价比较法

评标价比较法以国际工程设备材料采购的费用为基础，对所有投标文件进行评审比较，按照标的物性性质和特点的不同，又可分为最低报价法、综合评标价法和寿命期费用评标价法三种。

（1）最低报价法。采购简单商品、半成品、原材料以及其他技术规范等简单的货物，由于它们的性能、质量相同或容易进行比较，评标仅以投标报价作为唯一尺度，即将合同授予报价最低的投标人。价格计算分两种情况：若拟采购的货物由买方国内生产，则投标报价应为工厂交货价、仓库交货价、展室交货价或货架交货价；若拟采购的货物从国外进口，则报价使用包括货款、保险费、运费的成本加保险加运费（cost insurance and freight，CIF）价（适用于水上运输）或运费、保险费付至目的地（carriage and insurance paid to，CIP）价（适用于包括多式联运在内的各种运输方式）。无论采用哪种方式，报价都包括制造和装配货物所使用的材料、部件及货物本身已支付或将支付的关税、产品税、销售税和其他税款。

（2）综合评标价法。综合评标价法是综合考虑投标报价以外的各种评标因素，并将这些因素用货币表示，然后在投标报价的基础上增加或减掉这些费用得到综合评标价，最低价中标。采购机组、车辆等大型设备时，多采用这种方法。综合评标价的计算有一定难度，主要依靠评标成员的经验和水平。除投标报价外，尚需要考虑以下因素：

1）国内运费和保险费。在一般情况下，对每份投标文件而言，设备材料从国内工厂（出厂价情况下）或目的港（CIF 价情况下）到达最终目的地的距离不同、运输条件各异，因而国内运费、保险费及其他有关费用也就各不相同。这部分费用一般由买方承担，应在每份投标文件的评审中区别对待。将它们换算为评标价格时，可按照运输部门（铁路、公路、水运）、保险公司以及其他有关部门公布的取费标准，计算设备材料运抵最终目的地将要发生的费用。

2）交货期。招标文件规定的交货期一般都有一个范围。因提前交货而使买方获益者，除非另有规定，一般在招标文件中规定不给予评标优惠。投标文件提出的交货期超过招标文件规定的最迟日期时，其标书一般都被拒绝；交货期在允许范围以内的投标文件，应相互比较，并按一定标准将各标书不同交货期的差别及其给买方带来的不同效益影响作为评标因素之一计入标价。例如，以所允许幅度范围内最早交货期为准，每迟交货一个月，按投标价的某一日分比（一般为 2%）计算折算价，将其加到投标报价上去。

3）支付条件。在一般国际工程设备材料采购中，招标文件都规定在签订合同、装船或交货、验收时分别支付货款的一部分，投标人在报价时应考虑规定的付款条件。如果投标文件对此有较大偏离且令买方无法接受，则可视为非响应性投标而予以拒绝。反之，如果投标文件对付款条件的偏离在可接受的范围内，应将因偏离而给买方增加的费用（资金利息等），按招标文件中规定的贴现率换算成评标时的净现值，作为评标价的一部分加到报价之上。

4）零配件和售后服务。零配件的评价以设备运行期一定时间内各类易损配件的获取途径和价格作为评标要素。售后服务的评价内容一般包括安装监督、设备调试、提供备件、负责维修、人员培训等工作，评价提供这些服务的可能性和价格。

评标时如何对待这两笔费用，要视招标文件的规定区别对待。若这些费用已要求投标人包括在投标报价之内，则评标时不再考虑这些因素；若要求投标人在投标报价之外单报这些费用，则应将其加到报价上。如果招标文件中没有作出上述任何一种规定，则评标时应按投标文件技术规范附件中由投标人填报的备件名称、数量计算可能需购置的总价格，以及由招标人自行安排的售后服务价格，然后将其加到投标报价上去。

5）性能、质量及生产能力。投标设备应具有招标文件技术规范中规定的性能和生产效率。如所提供设备的性能、生产能力等某些技术指标没有达到技术规范要求的基准参数，则各种参数同基准参数相比每降低 1%，或相差一个计量单位，应在投标报价上增加若干金额。为了减少制订技术标准和评标时的工作量，实际操作中往往只将若干主要性能参数作为评标时应考虑的因素。

将以上各项评审价格加到投标报价上去后，累计金额即为该投标文件的综合评标价。

（3）寿命期费用评标价法。这种方法是在综合评标价的基础上，在进一步加上一定运行年限内的费用作为评标价格。采购生产线、成套设备、车辆等远行期内各种后续费用（零配件、油料、燃料、维修等）较高的货物时，可采用寿命期费用评标价法。评标时应首先确定一个统一的设备评审寿命期，然后再根据各投标文件的实际情况，在投标报价上加上该寿命期内所发生的各项运行和维护费用，再减去寿命期末设备的残值。计算各项运行和维护费用及残值时，都应按招标文件中规定的贴现率折算成净现值。这些以贴现值计算的费用包括以下方面：

1）估算寿命期内所需的燃料、油料、电力和热能等消耗费。

2）估算寿命期内所需零配件及维修费用。所需零配件及维修费用可按投标人在技术规范附件中提供的担保数字，或过去已用过、可作参考的类似设备实际消耗数据为基础，以运行时间来计算。

3）估算寿命期末的残值。以上在综合评标价法和寿命期费用评标价法中得出的评标价，仅在评标时作为投标比较、排名之用，以便选择中标人，而在签订合同时仍以原投标报价为准。

2. 评分法

评分法是将各评分因素按其重要性确定权重（所占百分比），再按此权重分别对各投标文件的报价和各种服务进行评分，累计得分最高者中标。

设备材料采购评价投标文件优劣的因素包括：①投标价格；②在买方将设备材料由买方国国内工厂或目的港运至最终目的地过程中发生的运费、保险费和其他费用；③投标文件中所报的交货期；④偏离招标文件规定的付款条件；⑤备件价格；⑥技术服务和培训费；⑦设备的性能、质量、生产能力；⑧买方国国内提供所报设备备件及售后服务情况。

评分因素确定后，应依据采购标的物的性质、特点以及各因素对买方总投资的影响程度具体划分权重和评分标准，应分清主次，不能一概而论。最终由评标人对各因素进行评分，累计得分最高的投标人即为中标人。

10.3.4　合同管理

风电场项目国际工程采购合同是指国际风电场项目的业主与承包商为了建设风电场项目而设定权利义务关系所签订的工程采购合同。业主是风电场项目国际工程的所有者，而承包商则是从事风电场项目国际工程建设的专业公司。

1. 风电场项目国际工程合同的特征

（1）法律适用多样性。风电场项目国际工程合同一般情况下是受国际工程管理所约束的项目合同。国际工程合同必须遵守项目所在国、签约方隶属国等多个国家的法律，在签约时均不能违反签约各方的法律，为保持公平性，合同双方一般会选择第三国的法律作为合同的仲裁适用法律。

（2）付款货币多样化。由于风电场项目国际工程合同一般涉及项目所在国的境内和境外，合同货币可以约定为一种或多种，但实际支付的时候项目所在国发生的一般为所在国当地货币，境外部分采用国际通用货币。

（3）干系人众多。风电场项目国际工程合同的签约人只有业主和承包方，但在合同执行过程中会涉及多方干系人。如业主的咨询公司、咨询工程师；承包商、承包商的分包商；以及银行融资机构、保险公司等。因此，作为承包商来说，要想把风电场国际工程合同履约好，不仅要处理好和业主的关系，还要处理好与干系人的关系。

（4）风险大。风电场项目国际工程相较于其他国际工程项目具有短平快的特点，尤其是执行期间涉及不同的国别，其风险性也比较大，承包商需在合同签订前对构成风险的因素进行认真调查与分析，并在合同谈判中尽量规避风险。

2. 风电场项目国际工程合同的主要内容

在国际工程实施过程中，业主和承包方首先应遵从风电场项目所在国法律和法规的约定，这些法律、法规都是项目实施期间必须要遵守的。同时，国际上相关专业的组织及协会会起草和编制各类合同条件，并随着国际工程承包事业的不断发展，在实践过程中逐步形成了标准的模板。目前国际上比较常用的施工合同条件主要有国际咨询工程师联合会编制的各类合同条件；英国土木工程师学会（Institution of Civil Engineers，ICE）的"ICE 土木工程施工合同条件"；英国皇家建筑师学会、英国咨询工程师学会、英国皇家测量师学会等联合制定"联合合同委员会（Joint Contracts Tribunal，JCT）合同条件"；美国建筑师学会（American Institute of Architects，AIA）

的"AIA 合同条件"等。

风电场国际工程采购作为国际工程的一类，同样适用于上述合同条件。我们以国际通用的 FIDIC 合同来举例简要介绍下风电场国际工程合同的内容。

FIDIC 合同条件一般包含两部分：第一部分为通用条件；第二部分为专用条件。通用条件是对通用的责权利进行约定，而专用条件针对的就是某一个特定的项目所必须明确的特定条件。因此，合同的编制方在编制合同内容的过程中只需要将主要精力放在对专用条件的制定上。而且，FIDIC 编制的各类合同的专用条件中，有许多建议性的措辞范例。因此，业主及其监理工程师往往会结合风电场项目的特性、所在的国别、合同实施过程中的不同要求，来针对性地对该风电场项目的承包合同进行编制。

10.4 本 章 小 结

本章主要介绍了风电场项目除施工、设备以外包括勘察设计、监理等其他类型的项目采购与合同管理，并特别介绍了风电场项目国际工程的采购与合同管理。各小节分别阐述了采购方式、范围与程序，并详细介绍了勘察设计、监理等其他类型的招标（包括内容、范围、程序等）、评标（包括评标方法、细则等）与决标及合同管理（包括合同管理的措施、合同内容等），并结合风电场项目的特点和工程实践的典型，描述了风电场项目勘察设计、监理等采购与合同管理的一系列规定与做法。在风电场项目国际工程采购与合同管理一节中详细地介绍了风电场国际工程招标、评标与决标的整个过程，突出了国际工程与国内工程采购的一些区别和不同的规定和做法；尤其着重介绍了风电场国际工程 EPC 总承包项目的合同管理制度和合同风险管理的实施保障措施，引入国内外一些成功的合同管理的理念与实践，为风电场国际工程采购合同管理提供参考与借鉴。

风电场项目其他类型的采购与合同管理对整个项目全过程的管理具有举足轻重的作用，并且与项目的顺利实施和最终目标的实现密切相关。尽管本章介绍了风电场项目其他类型采购与合同管理的一般做法和规定，但还要结合具体的风电场项目特点和环境灵活机动地选择适宜的采购与合同管理方式，以期更好地达到项目建设的目的和成效。

第 11 章　风电场项目工程变更与索赔管理

工程变更与索赔一直占据合同管理的重要地位，风电场项目中同样如此。只有在认清变更和索赔问题的基础上通过科学管理才能确保风电场项目顺利交付。本章将从变更内容、变更程序、价格调整和索赔类型、索赔程序、工期索赔、费用索赔等方面分别对风电场项目的变更和索赔进行分析。通过本章内容，有助于读者加强对风电场项目工程变更与索赔的理解，从而避免不必要的争议与损失。

11.1　工　程　变　更　管　理

11.1.1　工程变更及其内容

受自然条件、人为设计错误、发包人需求、承包人失误等主客观因素的影响，风电场项目招投标时的情形和实际情形必然存在一定偏差。为使风电场项目建设工作正常进行，在工程项目施工过程中，按照合同约定的程序，监理人根据工程需要，下达指令对合同文件中的原设计或经监理人批准的施工方案等的改变，统称为风电场项目工程变更。

11.1.1.1　工程变更范围

目前，国家未针对风电场项目出台官方招标文件示范文本，但从风电场项目实践来看，风电场项目工程变更范围与标准施工招标文件约定的工程变更范围整体一致，略有不同。《中华人民共和国标准施工招标文件》（2007 年版）的合同通用条款规定工程变更范围如下：

（1）取消合同中任何一项工作，但被取消的工作不能转由发包人或其他人实施。

（2）改变合同中任何一项工作的质量或其他特性。

（3）改变合同工程的基线、标高、位置或尺寸。

（4）改变合同中任何一项工作的施工时间或改变已批准的施工工艺或顺序。

（5）为完成工程需要追加的额外工作。

某风电场项目道路工程招标文件示范文本在沿用上述框架的基础上，对第（1）条和第（5）条略作补充，其中，第（1）条变为取消合同中任何工作，但转由他人实施的工作除外；第（5）条变为增加或减少合同中任何工作，或追加额外的工作。

11.1.1.2 工程变更内容

风电场项目工程变更主要包括由发包人提出的工程变更、由承包人提出的工程变更、由设计单位提出的工程变更以及由监理单位提出的工程变更。

1. 由发包人提出的工程变更

考虑到风电场项目招标和实际建设时存在时间差，在此时间差内，发包人基于自身效益最大化的追求对项目的需求可能发生变动。例如，其为提升风电场项目质量，要求提高项目的建设标准、更换建设材料；其为缩短风电场项目工期，要求加速施工等。

2. 由承包人提出的工程变更

承包人面对的是具体的风电场项目建设实施工作，在实践工作中，存在多方面的不确定因素，例如：所需建筑材料难以采购，承包人需选用其他替代性材料；风电场项目设计文件与实际工作条件相互矛盾，承包人无法按照设计图纸要求进行施工等。这些不确定因素阻碍了承包人的正常工作展开，此时承包人需提出相应变更以推动工作进展。

3. 由设计单位提出的工程变更

风电场项目所在地的工程地质勘察工作不严格按照规定程序进行、勘察内容不全面等不规范行为会导致设计变更；风电场项目图纸设计错误及漏项也会导致设计进行变更；另外，虽已有成熟的设计规范，但对于某些特殊区域和位置，仍需进行有针对性的调整和变动，这同样会产生变更。

4. 由监理单位提出的工程变更

监理单位根据风电场工程的需要指示承包人进行增加或减少合同中任何一项工作内容、增加或减少合同中关键项目的工程量、取消合同中任何一项工作、改变合同中任何一项工作的标准或性质、追加为完成工程所需的仟何额外工作等。

11.1.2 工程变更程序

与一般工程项目变更程序相同，风电场项目工程变更程序主要包括提出变更、审批变更、变更估价、公布及实施变更等环节，如图 11-1 所示。

1. 提出变更

风电场项目建设的任一参与方认为原设计图纸、技术标准等存在不妥之处均可向监理工程师提出变更，并提交工程变更申请报告。工程变更申请报告内容主要是：①工程变更的原因；②工程变更的范围及内容；③与工程变更有关的图纸文件及计算资料；④工程变更项目的施工技术要求；⑤工程变更对造价的影响。

针对发包人提出的变更，应通过监理单位向承包人提出；针对承包人提出的变

更，须经有关工程师同意后，再由相应设计
单位提供变更的相应图纸和说明，变更超过
原设计标准或者批准的建设规模时，发包人
应及时办理规划、设计变更等审批手续；针
对监理单位提出的变更，应在经发包人同意
变更的前提下再向承包人提出；涉及设计变
更的，应由设计人提供变更后的图纸和说明。

2. 审批变更

风电场项目审批变更的主要工作包括变
更的审核与批准。其中，变更的审核是由监
理工程师对已提交的工程变更申请报告进行
综合分析。审核的内容主要是：①工程变更
有无必要及是否合理；②工程变更后是否降
低工程的质量标准，是否影响工程完工后的
运行与管理；③工程变更在技术上是否可
行、可靠；④工程变更的费用及工期是否经
济合理；⑤工程变更能否做到尽可能不对后
续施工在工期和施工条件上产生不利影响。

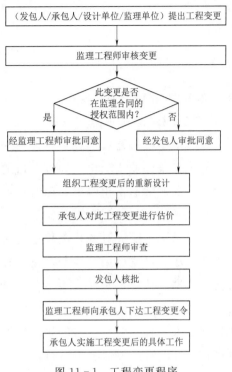

图 11-1　工程变更程序

在此基础上，监理工程师给出变更建议，并向发包人以书面形式提出变更计划，
说明计划变更工程范围和变更的内容、理由，以及实施该变更对合同价格和工期的影
响。当工程变更的额度在监理合同的授权范围之内时，监理工程师可直接决定是否批
准此变更；但对于那些超监理工程师授权范围的工程变更，监理工程师须报发包人审
批，发包人同意变更的，由监理人向承包人发出变更指示。发包人不同意变更的，监
理人无权擅自发出变更指示。

3. 变更估价

执行变更主要包括工程变更后的重新设计和工程变更估价两方面工作。一方
面，工程变更获得批准后，由发包人委托原设计单位负责完成具体变更工程的重新
设计工作，设计单位应在规定时间内提交工程变更设计文件，包括施工图纸。如果
原设计单位拒绝进行工程变更设计，发包人可委托其他单位设计。另一方面，承包
人应就工程变更进行估价，提出工程变更的单价或价格，并报监理工程师审查，发
包人核批。

4. 公布及实施变更

在工程变更经重新设计且变更价格通过发包人的核批后，需将变更信息及时告知
有关单位、部门。承包人根据监理工程师下达的工程变更指令组织实施工程变更后的

具体工作。若承包人对工程变更指令的内容有不满意的地方，其可以提出调整或补偿要求。

11.1.3　工程变更价格调整

11.1.3.1　价格调整的必要性

1. 变更引起本项目和其他项目的价格调整

在风电场项目建设过程中，任何一项工程变更都有可能引起本项目及其他关联性项目的施工条件发生变化，导致项目的单价或总价发生变化，此时原先设定的价格必然会与目前的情形不相匹配，为实现项目的顺利推进，有必要对项目进行价格调整。

2. 变更涉及的工程量变化幅度超过一定数值时的价格调整

此种情形主要针对的是工程量变化幅度较大的项目。一般而言，工程施工费用分为不变费用和可变费用两部分。在工程报价中，总是将不变费用分摊到一定工程量的可变费用中，从而形成工程单价。显然，当实际工程量超出工程量清单中的工程量时，不变费用的分摊量会变小；反之，不变费用的分摊量会变大。因此，在工程量变化幅度较大，且不变费用占的比重较大时，会造成单价的明显变化，为实现项目的顺利推进，此时有必要对项目进行价格调整。

11.1.3.2　价格调整的原则

发、承包双方应当在风电场项目的施工合同中约定相关工程变更的价格调整原则，合理分配双方的合同价款变动风险，有效控制工程造价。因此，工程变更引起项目发生变化的，应按照下列原则进行调整：

（1）适用相同项目价格。已标价工程量清单中有适用于变更工作的子目的，采用该子目的单价。

（2）参照类似项目价格。已标价工程量清单中无适用于变更工作的子目，但有类似子目的，可在合理范围内参照类似子目的单价，由监理人商定或确定变更工作的单价。

（3）商定价格。已标价工程量清单中无适用或类似子目的单价，可按照成本加利润的原则，由监理人按商定确定变更工作的单价。

11.2　工 程 索 赔 管 理

11.2.1　工程索赔及其分类

风电场项目工程索赔是指在合同实施过程中，依据法律、合同规定以及惯例，一方当事人对不应由自己承担责任的情况而引发的损失，向另一方当事人提出给予赔偿或补偿要求的行为。索赔是双向的，承包人可向发包人发起索赔（施工索赔），发包人也可向承包人发起索赔（反索赔）。

风电场项目的选址通常在山区、丘陵、高原、草原牧区甚至海上等位置，受气象、水文、地形、地质等自然条件影响较大，施工环境复杂多变，易出现工程设计不符合实际或考虑不周的情况，索赔事件因而常有发生。

11.2.1.1 按索赔依据划分

1. 合同内索赔

合同内索赔以合同条款为依据，索赔方提出的索赔要求需在合同中有明文规定。

2. 合同外索赔

合同外索赔通常难以从合同条款中找到直接的根据，必须依据适用于合同关系的法律来解决索赔问题；或合同中虽无明确文字表述，但根据合同中某些条款的含义，可引申出索赔方有索赔的权利。合同外索赔对索赔方熟悉合同和相关法律法规的程度要求较高，并需要索赔方有较丰富的索赔经验。

3. 道义索赔

道义索赔又称额外支付，指承包人的索赔要求虽无合同和法律依据，但承包人认为自己有要求补偿的道义基础，从而就自己所遭受的损失向发包人提出具有优惠性质的补偿要求。如承包人虽顺利完成合同规定的施工任务，但合同履行期间为克服巨大困难而蒙受重大损失，由此向发包人寻求具有优惠性质的额外付款。

11.2.1.2 按索赔目的划分

1. 工期索赔

工期索赔指承包人因非承包人直接或间接责任导致的施工进度延误而要求批准顺延合同工期的索赔。工期索赔在形式上表现为对权利的要求，即承包人为避免因工期拖延而被发包人追究责任的权利。工期索赔在很大程度上以费用索赔为最终目的。

2. 费用索赔

费用索赔是整个工程合同的索赔重点和最终目标，指承包人因非承包人直接或间接责任导致的合同价外费用支出，向发包人提出经济补偿的要求，以挽回不应由其承担的经济损失。

11.2.1.3 按索赔事件的影响划分

1. 工程延误索赔

工程延误索赔指承包人因发包人未按合同要求提供施工条件而向发包人提出的索赔要求。

根据我国《企业投资项目核准和备案管理条例》（国务院令第673号）和《政府核准的投资项目目录》（国发〔2016〕72号）规定："风电站由地方政府在国家依据总量控制制定的建设规划及年度开发指导规模内核准""实行核准管理的项目，企业未依照本条例规定办理核准手续开工建设或者未按照核准的建设地点、建设规模、建设内容等进行建设的，由核准机关责令停止建设或者责令停产"；然而实践表明有部分项目在核准缺失时仍能正常开工建设，如此可能引发项目停工、延误等一系列问题，此时便会引发承包人和设备供应商向发包人提起索赔，此类索赔的处理在工程实务中尤为棘手。

2. 工程变更索赔

工程变更索赔指承包人因发包人或监理工程师指令变更工程量或增添附加工程、修改设计、变更工程施工顺序等造成的工期延长和费用增加向发包人提出的索赔要求。

近些年来我国南方地区开工建设的山地风电场项目数量与日俱增。但是由于我国南方山地地区的风能资源储量普遍不足，为确保项目的投资收益率，建设方愈加倾向选择单机容量大的风机设备，叶片长度也随之增加；加之我国南方山地风电场项目复杂的建设环境，以上这些对风电场建设过程中的道路建设、设备运输和设备吊装作业水平均提出了更高的要求。目前，我国适用于这些风机吊装作业的大型设备数量仍然不足，风电吊装作业中增加主吊造成吊装费用大幅上涨的现象也时有发生，这种合同金额的大幅变动势必会引发工程变更索赔。

3. 合同被迫中止索赔

合同被迫中止索赔指在合同非正常中止时，无责任的受害方依据其蒙受经济损失而向对方提出的索赔要求，合同非正常中止的原因包括发包人违约、承包人违约以及不可抗力事件等。

4. 工程加速索赔

工程加速索赔又称赶工索赔，指由于发包人或监理工程师指令加快施工速度，缩短工期，导致承包人额外增加人、财、物的支出而引起的索赔。工程加速索赔过程中需关注劳动生产率。

5. 不利现场条件索赔

不利现场条件索赔指项目建设过程中，因属于不可抗力的自然灾害、意外风险和有经验的承包人不能合理预见的不利施工条件或外界障碍而引起的索赔，如地质地基、水文气象条件等方面的不利条件。

6. 其他索赔

要素市场（包括劳动力市场、材料市场、设备市场等）价格上涨、存贷款利率及汇率变动、政策法令调整等因素同样有可能引起索赔事件的发生。

11.2.1.4　按索赔的处理分式划分

1. 单项索赔

单项索赔指承包人因某一干扰事件的发生而及时提出的索赔要求。在干扰事件发生后，管理人员会立即采取有关措施，并在合同规定的有效期内（通常为承包人知道或应当知道索赔事件发生后 28 天内）向发包人或监理工程师提交索赔要求和报告。单项索赔原因单一、责任明晰，处理工作简单，且涉及金额一般不大，因此双方较易达成共识。

2. 总索赔

总索赔又称一揽子索赔，指在工程竣工和移交前，承包人将施工过程中已经提出但因各种原因未能及时解决的索赔问题集中整合，向发包人提出总索赔，双方在工程交付阶段进行谈判，以一揽子方案解决索赔问题。由于涉及众多索赔事件及佐证资料，总索赔的责任往往难以界定，同时补偿额度较大且计算困难，因而不推荐采用此种索赔方式。

11.2.2　工程索赔程序

风电场项目工程索赔程序主要包括承包人提出索赔要求、监理人（发包人）审核索赔报告、承包人决定是否接受索赔处理结果等环节，工程索赔程序如图 11-2 所示。

11.2.2.1　承包人提出索赔要求

我国住房和城乡建设部发布的《建设工程施工合同（示范文本）》（GF-2017-0201）（以下简称为《施工合同》）规定，索赔事件发生后，承包人认为有权得到追加付款和（或）延长工期的，应在知道或应当知道索赔事件发生后 28 天内，向监理人递交索赔意向通知书，并说明发生索赔事件的事由，该意向通知书是承包人就具体的索赔事件向监理工程师和发包人提出的索赔愿望和要求；若承包人未在前述 28 天内发出索赔意向通知书，则丧失要求追加付款和（或）延长工期的权利，监理工程师和发包人有权拒绝承包人的索赔要求。

承包人应在发出索赔意向通知书后 28 天内，向监理人正式递交索赔报告；索赔报告应详细说明索赔理由以及要求追加的付款金额和（或）延长的工期，并附必要的记录和证明材料。若索赔事件具有持续影响，承包人应按合理时间间隔继续递交延续索赔通知，说明持续影响的实际情况和记录，列出累计的追加付款金额和（或）工期延长天数；并在该索赔事件影响结束后的 28 天内，向监理人递交最终索赔报告，说明最终要求索赔的追加付款金额和（或）延长的工期，同时附上必要的记录和证明材料。

11.2.2.2　监理人（发包人）审核索赔报告

监理人收到承包人的索赔报告后，应当及时分析承包人报送的索赔资料，并对不合理的索赔要求进行反驳或提出疑问，承包人有义务对监理人提出的各种质疑做出完整答复或提交原始记录副本。

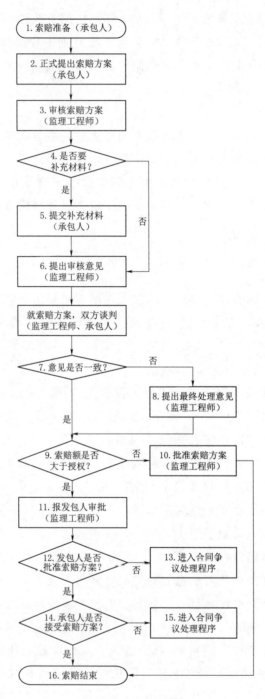

图 11-2 工程索赔程序

《施工合同》规定，监理人应在收到索赔报告后 14 天内完成审查并报送发包人。发包人应在监理人收到索赔报告或有关索赔的进一步证明材料后的 28 天内，由监理人向承包人出具经发包人签认的索赔处理结果；发包人逾期答复的，则视为认可承包人的索赔要求。即监理人应在收到索赔通知书或有关索赔的进一步证明材料后的 42 天内，将索赔处理结果答复承包人。

11.2.2.3 承包人决定是否接受索赔处理结果

承包人接受索赔处理结果，发包人应在做出索赔处理结果答复后 28 天内完成赔付，索赔事件的处理即告结束；承包人不接受索赔处理结果，可按合同中相关争议解决条款处理。双方通过协商达成互谅互让的解决方案是最理想的处理方式；如无法达成和解，承包人有权提交仲裁或诉讼解决。

11.2.3 工期索赔

工程延期作为工程实务中的普遍现象，通常会引发诸如承包人无法顺利交付工程项目、发包人无法如期盈利的一系列问题。解决此类问题的关键点是进行有效的工期索赔。

11.2.3.1 工期拖延与索赔处理

在合同履行过程中，导致工期拖延的干扰事件多种多样，但只有某些特定的情况才能进行工期索赔，见表 11-1。

表 11-1 需进行工期索赔的几种情况

情　　况	责　任　方	处　理　方　式
可原谅不补偿延期	责任不在任何一方，如不可抗力、恶性自然灾害	工期索赔
可原谅应补偿延期	发包人违约，非关键线路上工期拖延引起费用损失	费用索赔
	发包人违约导致整个工程延期	工期及费用索赔
不可原谅延期	承包人违约导致整个工程延期	承包人承担违约补偿并承担违约后发包人要求加快施工或终止合同所引起的一切经济损失

对已经发生的工期延长，发包人通常采取两种解决办法：①不采取加速措施，工程按照原定施工方案实施，同时顺延合同工期；②指令承包人采取加速措施，以期部分乃至全部弥补损失的工期。

承包人提出工期索赔的目的通常有两个：①免去或推卸自己对已经产生的工期延长的合同责任，使自己尽可能地少支付乃至不支付工期延长的罚款；②对因工期延长造成的费用损失或因加速措施而增加的费用进行索赔。

11.2.3.2 工期索赔的计算

工期索赔的常用计算方法包括以下几种：

1. 比例分析法

（1）比例分析法通常用于计算因设计变更等原因而导致的工期延误，可细分为比价法和平均值法。

比价法以合同价所占比例计算。若在施工过程中由于发包人的原因导致某分项工程受到干扰使工期延误,可按照下列公式计算工期索赔:

1) 工程延期下的工期索赔(已知受干扰部分工程的拖延时间)值为

$$工期索赔值 = \frac{受干扰部分工程的合同价}{原合同总价} \times 受干扰部分工程工期的拖延时间$$

2) 工程变更的工期索赔(已知额外增加工程量的价格)值为

$$工期索赔值 = \frac{受干扰部分工程的合同价}{原合同总价} \times 原合同总工期$$

(2) 比价法相对简单,但有时会脱离实际情况,此时需要用到平均值法,即若因同一个干扰事件的影响,造成若干项分项工程工期延误,其公式为

$$工期索赔值 = \overline{D} + \Delta d$$

$$\overline{D} = \sum_{i=1}^{n} \frac{d_i}{n}, i = 1, 2, 3, \cdots, n$$

$$\Delta d = \frac{\sum_{i=1}^{n} |d_i - \overline{D}|}{n}, i = 1, 2, 3, \cdots, n$$

式中　$\overline{D}$——各项工程延误的平均时间;

Δd——考虑各分项工程对总工期影响的不均匀性而增加的工期调整量;

n——受影响的分项工程数;

d_i——各项工程延误的时间。

2. 网络分析法

网络分析法是通过对比干扰事件发生前后的网络计划,将上述两种工期进行对比,得出工期索赔值的计算方法。当发生一些非承包人责任引发的干扰事件时,网络计划中的某些施工环节随之发生变化,使得某些工序的工期可能发生延误。如果发生延误工期的工序是在网络计划的关键路径上或原来虽然不在关键路径上,但是延误后变为关键路径,则造成的延误工期为索赔工期,该值为总时差的差值;当然,若该工作延误后仍为非关键工作,则不存在工期索赔问题,具体可按照下列公式计算工期索赔:

(1) 由于非承包人自身责任的事件导致关键线路上的工序暂停施工,工期索赔值为

工期索赔值 = 关键线路上工序暂停施工的日历天数

(2) 由于非承包人自身责任的事件导致非关键线路上的工序暂停施工,工期索赔值为

工期索赔值 = 工序暂停施工的日历天数 - 该工序的总时差天数

需要注意的是,工期索赔天数小于或等于 0 时,工期不能索赔。

3. 气候影响平均值预测法

风电场项目建设中，经常会出现因恶劣气候干扰造成的承包人工期延误，此时承包人理当向发包人提出工期索赔要求。但目前对于恶劣气候条件并未形成统一的判断标准，譬如什么样的雨天是正常的、可预见的，不能延长工期？什么样的雨天又是恶劣气候，可以延长工期？为应对此种困境，有关部门根据往年气象资料，每年对各月份的降雨进行估计，作为承包人在确定工期时的参考以及合同履行过程中工期索赔的依据。换言之，若实际降雨量明显超过估计值，承包人的工期索赔要求就应当得到支持。

11.2.4 费用索赔

作为整个工程合同索赔重点和最终目标的费用索赔，理应得到关注和重视。通过费用索赔，既可促使合同双方履约，维护双方利益，又可使风电场项目造价更为合理。

11.2.4.1 索赔费用的构成

费用索赔以补偿实际损失为原则，包括直接损失和间接损失。需要注意的是，索赔对发包人不具有任何惩罚性质，故不应被发包人视为不必要开支，更不应被视为承包人的意外收入。因此，所有干扰事件引发的损失及其计算，均需要详尽的具体证明支持，并在索赔报告中出具这些证据。索赔费用的构成通常可概括为如下几个方面：

1. 人工费

人工费包括完成合同以外的工作而额外增加的人工费用；非承包人原因引起的工效降低所增加的人工费用；法定人工费增加；非承包人原因的工程延误引起的人员窝工费和工资上涨费等。

2. 施工机械使用费

施工机械使用费包括完成合同外工作而增加的机械使用费；非承包人原因导致工效降低增加的机械使用费；发包人原因导致机械停工的窝工费。

3. 材料费

材料费包括索赔事项材料的实际用量超过计划用量而增加的材料费；非承包人原因引起的材料价格上涨量；非承包人原因引起的材料超期储存费用。

4. 管理费

管理费包括承包人完成额外工程、索赔事项工作和工期延长期间的管理费。

5. 分包费用

分包费用是指分包人的索赔费用，也要如数列入总承包人的索赔款项中。

6. 利息

利息包括拖期付款的利息；索赔款的利息；错误扣款的利息；工程变更引起的工程延误增加的投资利息。

7. 利润

通常，工程范围变更、文件有缺陷或技术性错误引发的索赔，承包人可以将利润列入索赔款项；但对于工程暂停的索赔，利润已经包括在每项实施工程内容的价格之内，同时延长工期并未影响某些项目的实施，也未引起利润减少。因此在工程暂停的费用索赔中加进利润损失很难得到发包人的支持。

11.2.4.2 索赔费用的计算方法

在介绍计算方法前，需要强调确定赔偿金额的两大原则：①所有的赔偿金额，都应该是承包人为履行合同而必须支出的费用；②按上述金额赔偿后，应使承包人恢复到干扰事件发生前的财务状况。

费用索赔的计算方法多种多样，工程实务中需根据具体情境选择适当的计算方法。这里简要介绍两种最主要的方法。

1. 总费用法

总费用法相对简单，是在数次索赔事件后，重新计算工程实际发生的总费用。将实际总费用减去投标时的估算总费用，就是索赔金额。这种方法的基本思路是把固定总价合同转化为成本加酬金合同，并按成本加酬金的方法计算索赔值。由于可能包含承包人过失所导致的费用增加，且不容易被发包人和仲裁机构认可，因此这种方法在工程实务中并不多见。

2. 分项法

分项法相比总费用法较显复杂，处理起来相对困难，但此方法能较好地反映实际情况，有利于索赔报告的分析和评价。同时，此方法应用较广，在逻辑上也更容易被人们接受。分项法计算步骤如下：

(1) 分析每个（类）干扰事件影响的费用项目。

(2) 分别计算上述每个费用项目受影响后的实际成本，将其与合同报价中的费用值进行对比。

(3) 将上述费用项目的计算所得列表汇总并求和，即得总费用索赔值。

11.2.4.3 不可索赔的费用

某些与索赔事件有关的费用，按惯例通常是不可索赔的，它们包括：

(1) 承包人进行索赔所支出的费用。

(2) 因事件影响而使承包人调整施工计划，或修改分包合同等而支出的费用。

(3) 因承包人的不适当行为或未能尽最大努力而扩大的部分损失。

(4) 除确有证据证明发包人或监理工程师有意拖延处理时间外，索赔金额在索赔处理期间的利息。

11.2.5 工程索赔的预防和反索赔

11.2.5.1 工程索赔的预防

应对索赔最好的方式就是防止对方提起索赔，这要求我们在风电场项目实务中要采取积极有效的预防措施：

（1）发包人要全面履行施工合同中规定的各项义务，避免自身违约；同时加强合同管理工作，使对方无法找到索赔的理由和依据，以防止自身处于被索赔的地位。

1）编制好施工合同文件。施工合同文件是履行合同的基础和准则，施工合同文件中的缺陷或失误往往会导致施工索赔的发生。因此，编制合同文件时要仔细，应考虑到在施工中可能产生的各种问题，使合同文件的规定符合实际情况，并注意各条款间的一致性。

2）加强施工现场管理，做好现场情况记录工作。施工现场记录是处理索赔问题的主要依据。现场情况记录可以是照片、录像、日记、现场描述、会议记录等。有些承包人为谋取不当得利，会不择手段，混淆是非，提出索赔；此时发包人备有的工程照片、录像等原始资料将是最有力的反驳依据。

3）加强施工现场协调，及时解决施工干扰。对于大型建设项目，经常有数家承包人同时施工，施工干扰经常出现；若这种干扰得不到及时、妥善的解决，就很可能会引起索赔事件的发生。

假如合同参与方都能很好地履行合同规定的各项义务，就能在最大程度上杜绝损失发生，进而减少合同争议和索赔。

（2）如果在合同履行过程中干扰事件已经发生，就要立即开展合同依据的研究和分析工作，尽量收集证据，为后续提起反索赔或反击对手的索赔做好充足的准备。

首先向对方提出索赔也不失为一个行之有效的预防措施。在工程实务中，干扰事件发生的责任通常是双方的，事件原因相互交织、错综复杂，难以对责任做出清晰界定。采取首先提出索赔的策略，既可以防止自身因超过索赔时限而失去索赔机会，又可以占据索赔中的有利地位，取得索赔的主动权，为索赔问题的最终解决留下回旋的余地。

具体到风电场项目中，项目选址和勘察设计工作的水准与后期索赔事件的发生不无关系。根据《风力发电场设计规范》（GB 51096—2015）规定："风力发电机组、变电站、集电线路等选址应避开不良地质灾害易发生的区域；海上风力发电场工程设计应收集工程区及其附近的气象站和海洋水文观测站资料、海洋水文测验资料。"

风力发电机组的选择同样重要，根据 GB 51096—2015 规定："风力发电机组应根据区域地理环境、风能资源适宜性、安全等级、安装运输条件、运行检修条件等因素选择。"

11.2.5.2　反索赔

1. 反索赔的内涵

关于反索赔的内涵，相关行业的从业者并没有形成一个统一的认识。有一种观点认为，承包人向发包人提出的补偿要求是索赔，发包人向承包人提出的补偿要求则是反索赔；还有一种观点认为，索赔是双向的，发包人和承包人均可以向对方提起索赔，合同任何一方针对对方提出的索赔要求进行反驳、反击的行为，则被认为是反索赔。

国际上普遍认为，应当根据索赔的发起人来界定索赔与反索赔：通常把承包人就非承包人责任引起的实际损失，向发包人提出的工期延长或经济补偿的要求称为"索赔"；把发包人向承包人提出的，由于承包人原因引起发包人损失的补偿要求称为"反索赔"。如上文所述，上述两种要求均以补偿实际损失为原则，并不包含处罚的含义。该定义得到了国际工程界的公认和广泛应用，具有特定的明确含义，也是本书所认同和采用的观点。

2. 反索赔的范围

《建设工程施工合同（示范文本）》（GF－2017－0201）规定："根据合同约定，发包人认为有权得到赔付金额和（或）延长缺陷责任期的，监理人应向承包人发出通知并附有详细的证明；承包人接受索赔处理结果的，发包人可从应支付给承包人的合同价款中扣除赔付的金额或延长缺陷责任期。"FIDIC 的《施工合同条件》规定："如果雇主认为按照任何合同条件或其他与合同有关的条款规定他有权获得支付和（或）缺陷通知期的延长，则雇主或工程师应向承包人发出通知并说明细节；此笔款额（这里指索赔款额）应在合同价格及支付证书中扣除。"

具体而言，承包人违约的情形多种多样，有时是全部或部分不履行合同，有时是没有按期履行合同等，大致可分为以下几种情况：

（1）承包人没有如约递交履约保函。

（2）由于承包人的责任延误了工期。如推迟开工或施工组织不当延误工期，影响工程交付使用而使发包人蒙受损失。

（3）施工质量缺陷责任。施工质量缺陷常包括：建筑物出现倾斜、开裂和建筑材料不符合合同要求而危及建筑物安全等。对于施工质量缺陷，除了要求承包人自费对其修补外，还要求就其质量缺陷而给发包人造成的损失进行补偿。

（4）其他原因。包括：

1）承包人运送自己的施工设备和材料时，损坏了沿途的公路或桥梁。

2）承包人的建筑材料或设备不符合合同要求而要重复检验时所带来的费用开支。

3）由于承包人的原因造成工程拖期时，在超出计划工期的拖期时段内监理工程师的服务费用，发包人要求由承包人承担的等。

11.2.6 工程索赔与工程变更的异同

由前文所述概念可知，工程索赔与工程变更是两个不同的概念，其区别主要体现在如下方面：

（1）目的不同。工程索赔的目的是通过赔偿或补偿等手段来弥补受损当事人的损失；而工程变更的目的是为使风电场项目建设工作正常进行，对初始合同进行修改与补充以维持风电场建设合同的稳定状态。

（2）诱因不同。诱使索赔事件产生的是当事人无故遭受的损失；而工程变更的诱因包括主客观两方面。

（3）对项目的影响力不同。索赔对于项目所施加的负面影响要比变更大得多。

（4）处理难度不同。处理索赔要比处理变更复杂、困难得多。

（5）处理时间不同。索赔往往采取事后处理的措施；而变更采取的是事前处理的措施。

（6）对自主性的要求不同。索赔是基于事实进行补偿协调谈判；而变更须使各方意见一致方能执行。

工程索赔与工程变更虽存在上述区别，但两者都是针对承包人承担额外工作量或者额外费用的一种补偿手段。另外，工程索赔与工程变更间并非毫无关联性，在变更所涉及的工期或费用未能得到有效解决时，变更可以转换成为索赔；在索赔事件被纳入项目合同正常执行的范畴内时，索赔也可转换成为变更。

【案例 11-1】 某近海风电场项目风电机组基础变更与索赔分析

2015 年，某近海风电场项目风电机组基础及安装工程Ⅰ、Ⅱ标段宣布中标人，并与之签订《某近海风电场项目风电机组基础及安装工程Ⅰ、Ⅱ标段建设施工合同》，合同总额为 8.9 亿元。合同约定：Ⅰ标段包括 37 台 4MW 风电机组基础工程及所有风电机组安装所涉及的全部工作；Ⅱ标段包括 18 台 3MW 风电机组基础工程及所有风电机组安装所涉及的全部工作。两个标段计划工期均为 2015 年 4 月开工，2016 年 10 月31 日完工。

该近海风电场项目总装机容量 202MW，动态总投资 32.8 亿元，共安装 37 台单机容量为 4MW 的风电机组和 18 台单机容量为 3MW 的风电机组。

本项目采用高桩承台基础和单桩基础，同时采用整体安装和分体安装开展施工，其中Ⅰ标段风电机组基础所用钢管桩工程量为 22173.98t，钢管桩直径 1700mm。但是，设计单位在建设施工合同履行过程中提出工程变更，即钢管桩直径由 1700mm 变更为 1600mm。

钢管桩直径的变更给项目承包人造成了不必要的经济损失，因而承包人向发包人请求给予赔偿或补偿要求，即承包人向发包人发起索赔。具体而言，承包人索赔依据如下：

（1）对清单单价的调整符合相关规定。《建设工程工程量清单计价规范》（GB 50500—2013）9.4 条"项目特征不符"中规定：承包人应按照发包人提供的设计图纸实施合同工程，若在合同履行期间出现设计图纸（含设计变更）与招标工程量清单任一项目的特征描述不符，且该变化引起该项目工程造价增减变化的，应按照实际施工的项目特征和相关条款的规定重新确定相应工程量清单项目的综合单价，并调整合同价款。

根据上述规定，该工程钢管桩属于设计变更导致的与招标工程量清单的项目特征不符，可以进行综合单价调整。具体到钢管桩桩径变化计价的问题上，承包人可通过向交通运输部水运工程定额站发函咨询综合单价调高的合理性，以得到权威工程造价管理机构的支持。

（2）工程量变更应遵循公平互惠原则。案例中钢管桩变更并非由承包人提出，此项变更节约了发包人的投资，而承包人进场施工船舶、机械设备、施工人员等均无变动，施工费用没有减少，由于工程量减少发生的费用无法被包含在其他项目中，也没有其他可替代工作。因此，承包人有权主张得到合理的费用及利润补偿。

（3）钢管桩桩径的变化并没有使施工措施费用减少。根据《海上风电场工程概算定额》（NB/T 31008—2011）中编号 3121 规定，钢管桩桩径变为 1600mm，仍在 1400～1800mm 桩径调整范围之内，施工所需的资源消耗相同，承包人的施工措施费用没有减少。

由前述索赔分类可知本索赔属于因工程量变更的工程变更索赔。依照变更后图纸计算且经过各方签证的工程量为 18532.224t，工程量减少了 3641.756t，工程量偏差为 16.4％。此工程量偏差超过规范规定的工程量变化幅度（工程量偏差超过 15％时的变更需要进行价格调整），且不变费用所占比重较大，为实现项目的顺利推进，故有必要对其进行价格调整。同时，依据价格调整原则可知，在变更工程量与已标价工程量清单中的该项目工程量的对比变化幅度超过 15％时，应由合同当事人商定变更工作的单价；依据 GB 50500—2013 规定可知，工程量偏差超过 15％时，项目单价应依照本规范规定调整，即"当工程量减少 15％以上时，减少后剩余部分的工程量的综合单价应予调高"。

据此，发包人针对钢管桩变更提出了以下组价措施：

根据《海上风电场工程概算定额》规定，钢管桩桩径由 1700mm 变为 1600mm，仍在 1400～1800mm；意味着变更前后的人工和机械投入保持不变，换言之，工程变更中虽然缩小了钢管桩桩径，但直接工程费中的人工费和施工机械使用费并没有相应减少。因此可保持人工费和机械费总价不变，按照变更前后的重量调整单价；材料费仍按照投标时价格执行；并相应调整管理费和利润。承包人接受上述索赔处理结果，索赔事件即告结束。

通过对上述案例的分析可知，工程量变更索赔是一项复杂而困难的工作：对于索赔方，索赔事由论证要充足，索赔计价方法和款额要得当；被索赔方也要给出双方都可接受的方案，力争友好解决，防止对立情绪。只有这样才能使索赔工作得到理想的结果，实现合同双方的互利共赢。

11.3 本 章 小 结

本章围绕风电场项目的变更和索赔管理的相关内容展开介绍。针对风电场项目的变更管理，基于变更范围从发包人、承包人、设计单位及监理单位等不同角度介绍了变更内容、变更程序的主要环节，以及价格调整的必要性、原则和程序等。

针对风电场项目的索赔管理，分别以索赔的依据、索赔的目的、索赔事件的影响和索赔的处理方式为标准对索赔进行分类；介绍了索赔程序的主要环节、工期索赔和费用索赔的计算方法，以及工程索赔的预防和反索赔等。

基于前述内容分析了索赔和变更的异同点，并结合风电场项目实际案例做了相应的变更与索赔分析。

参 考 文 献

［1］ 舟丹. 全球海上风电发展趋势［J］. 中外能源，2019，24（2）：98.

［2］ 李耀华，孔力. 发展太阳能和风能发电技术 加速推进我国能源转型［J］. 中国科学院院刊，2019，34（4）：426－433.

［3］ 雷栋，摆念宗. 我国风电发展中存在的问题及未来发展模式探讨［J］. 水电与新能源，2019（5）：74－78.

［4］ 王秀强. 风电行业发展图鉴：跌宕起伏十年，行稳致远［J］. 能源，2018（11）：136－141.

［5］ 韩雪，陶冶. 2018年我国风电产业发展形势及2019年展望［J］. 中国能源，2019（5）：43－47.

［6］ 赵龙生，钟史明，王肖祎. 积极发展风电成为主力电源之一［J］. 机械制造与自动化，2019（3）：202－206.

［7］ 李英，王淼. 我国海上风电发展面临的挑战与法律建议［J］. 大众用电，2019（6）：6－7.

［8］ 罗承先. 世界风力发电现状与前景预测［J］. 中外能源，2012，17（3）：24－31.

［9］ 曹毅，涂亮，聂金峰，等. 欧洲海上风电标准化经验及其对我国的启示［J］. 南方电网技术，2019（3）：3－11.

［10］ 李翔宇，Gayan Abeynayake，姚良忠，等. 欧洲海上风电发展现状及前景［J］. 全球能源互联网，2019，2（2）：116－126.

［11］ 黄超，郑艳，朱凌. 2018年德国海上风电发展现状分析［J］. 海洋经济，2019（2）：60－63.

［12］ 王卲萱，高健，刘依阳. 美国海上风电产业发展现状与对策分析［J］. 海洋经济，2017，7（2）：49－54.

［13］ 陆忠民. 风电场环境影响评价［M］. 北京：中国水利水电出版社，2016.

［14］ 王卓甫，丁继勇，杨志勇. 工程招投标与合同管理［M］. 北京：中国建筑工业出版社，2018.

［15］ 刘亚臣，李闫岩. 工程建设法学［M］. 2版. 大连：大连理工大学出版社，2015.

［16］ 杨高升，杨志勇，李红仙，等. 工程项目管理 合同策划与履行［M］. 北京：中国水利水电出版社，2011.

［17］ 姜荣荣. 建设工程合同策划研究［D］. 南京：河海大学，2004.

［18］ 谭明聪. 业主合同策划在长虹"红太阳二号"工程投资控制中的应用研究［D］. 成都：四川大学，2006.

［19］ 丁见程. 房地产开发项目建设工程合同管理研究［D］. 南京：东南大学，2015.

［20］ 李启明. 土木工程合同管理［M］. 2版. 南京：东南大学出版社，2008.

［21］ 张灵芝，徐伟，成虎. 工程施工合同争议成因模型［J］. 土木工程与管理学报，2016（4）：76－82.

［22］ 杨宇. 创建和谐的建设工程施工合同争议解决机制［J］. 建筑经济，2007（9）：50－53.

［23］ 成舒. 我国风电项目成本管理的优化研究［D］. 北京：北京化工大学，2018.

［24］ 杨志勇，丁继勇，简迎辉. 工程项目采购与合同管理［M］. 2版. 北京：中国水利水电出版社，2019.

［25］ FIDIC. Conditions of Contract for EPC/Turnkey Projects（second Edition）［M］. New Jersey：Wiley－Blackwell，2017.

［26］ 冯甲林. 陆上风电场项目EPC总承包管理实践［J］. 中国水运，2018，18（8）：111－112.

［27］ 谭忠杰，宋阳. EPC模式下的合同价款确定方式分析［J］. 建筑经济，2019，40（3）：50－53.

［28］ 马丰云. 大型风电场项目建设项目风险管理［J］. 低碳世界，2017（18）：127－128.

[29] 代鹏. 风电工程建设中的管理模式及风险因素探究 [J]. 装备维修技术, 2019 (1)：13 - 14.

[30] 王卓甫, 谈飞, 张云宁, 等. 工程项目管理 理论、方法与应用 [M]. 北京：中国水利水电出版社, 2007.

[31] 本丛书编审委员会. 建筑工程施工项目招投标与合同管理 [M]. 北京：机械工业出版社, 2007.

[32] 徐田柏, 付红. 工程招投标与合同管理 [M]. 大连：大连理工大学出版社, 2010.

[33] 李晓霞, 刘蕴博. 海上风电场建设指南 [M]. 武汉：湖北科学技术出版社, 2016.

[34] 杨高升, 杨志勇, 李红仙, 等. 工程项目管理—合同策划与履行 [M]. 北京：中国水利水电出版社, 2011.

[35] 王卓甫, 杨高升. 工程项目管理 原理与案例 [M]. 3 版. 北京：中国水利水电出版社, 2013.

[36] 费志平. 风电场项目勘察设计招标文件 [DB/OL]. https：//www. doc88. com/p - 86316993415301. html. 2020.

[37] 吕文. 建设工程勘察设计的合同管理措施分析 [J]. 建筑工程技术与设计, 2015 (15)：1366.

[38] 张君茂. 对监理服务采购的研究和创新 [D]. 苏州：苏州科技大学, 2019.

[39] 陈观福. 国际风电 EPC 总承包项目管理：埃塞俄比亚 ADAMA 风电 EPC 总承包项目管理实践 [M]. 北京：机械工业出版社, 2015.

[40] 何君. 中南院海外总承包合同风险管理改进方案研究 [D]. 长沙：湖南大学, 2018.

[41] 视觉三峡. 江苏响水海上风电场建设始末 [EB/OL]. (2016 - 11 - 03) [2020 - 03 - 15]. http：// news. bjx. com. cn/html/20161103/785968. shtml.

[42] 侯步云. 三航局中标江苏响水近海风电场项目 [EB/OL]. (2015 - 4 - 10) [2020 - 03 - 15]. http：//www. boraid. cn/company_news/news_read. php? id = 363 998.

[43] 练越. 以江苏响水风电钢管桩变更为例浅谈工程量索赔 [J]. 港工技术与管理, 2019 (4)：50 - 53.